U0228571

环保公益性行业科研专项经费项目系列丛书

三峡库区农业非点源污染特征与控制技术

沈珍瑶　刘瑞民　宫永伟　　著

洪　倩　陈　磊

科学出版社

北　京

内 容 简 介

  本书以三峡库区为研究区,以库区内典型小流域为重点研究对象,深入探讨了三峡库区农业非点源污染的模拟技术与控制技术。在模拟技术方面,创造性地提出了适合三峡库区特征的非点源污染模拟"小流域精细模拟参数推广法",获得了三峡库区的非点源污染负荷时空分布特征,确定了非点源污染产生的关键源区和关键影响因素;在控制技术方面,建立了适合三峡库区大宁河流域特征的 TMDL 框架,提出了基于水环境功能区划的排污权交易体系,构建了点源与非点源排污权交易模型,同时将工程性与非工程性 BMPs 相结合,对关键源区的 BMPs 设计进行了多目标优化。

  本书可供环境科学、环境工程、生态学以及水利学等学科的研究工作者以及大专院校师生参考,也可以作为环境管理部门、农业管理部门以及水资源管理部门决策者和管理者的参考书和工具书。

图书在版编目(CIP)数据

三峡库区农业非点源污染特征与控制技术/沈珍瑶等著 . —北京:科学出版社,2015

(环保公益性行业科研专项经费项目系列丛书)

ISBN 978-7-03-045746-2

Ⅰ.①三…　Ⅱ.①沈…　Ⅲ.①农业污染源-非点源污染-污染控制-研究-重庆市　Ⅳ.①X501

中国版本图书馆 CIP 数据核字(2015)第 225228 号

责任编辑:刘宝莉　陈　婕 / 责任校对:桂伟利
责任印制:张　倩 / 封面设计:陈　敬

科 学 出 版 社 出版

北京东黄城根北街 16 号
邮政编码:100717
http://www.sciencep.com

中国科学院印刷厂 印刷
科学出版社发行　各地新华书店经销

*

2015 年 10 月第 一 版　开本:720×1000 1/16
2015 年 10 月第一次印刷　印张:16 3/4　插页:2
字数:340 000

定价:120.00 元
(如有印装质量问题,我社负责调换)

序

我国作为一个发展中的人口大国,资源环境问题是长期制约经济社会可持续发展的重大问题。党中央、国务院高度重视环境保护工作,提出了建设生态文明、建设资源节约型与环境友好型社会、推进环境保护历史性转变、让江河湖泊休养生息、节能减排是转方式调结构的重要抓手、环境保护是重大民生问题、探索中国环保新道路等一系列新理念新举措。在科学发展观的指导下,"十一五"环境保护工作成效显著,在经济增长超过预期的情况下,主要污染物减排任务超额完成,环境质量持续改善。

随着当前经济的高速增长,资源环境约束进一步强化,环境保护正处于负重爬坡的艰难阶段。治污减排的压力有增无减,环境质量改善的压力不断加大,防范环境风险的压力持续增加,确保核与辐射安全的压力继续加大,应对全球环境问题的压力急剧加大。要破解发展经济与保护环境的难点,解决影响可持续发展和群众健康的突出环境问题,确保环保工作不断上台阶出亮点,必须充分依靠科技创新和科技进步,构建强大坚实的科技支撑体系。

2006 年,我国发布了《国家中长期科学和技术发展规划纲要(2006-2020 年)》(以下简称《规划纲要》),提出了建设创新型国家战略,科技事业进入了发展的快车道,环保科技也迎来了蓬勃发展的春天。为适应环境保护历史性转变和创新型国家建设的要求,国家环境保护总局于 2006 年召开了第一次全国环保科技大会,出台了《关于增强环境科技创新能力的若干意见》,确立了科技兴环保战略,建设了环境科技创新体系、环境标准体系、环境技术管理体系三大工程。五年来,在广大环境科技工作者的努力下,水体污染控制与治理科技重大专项启动实施,科技投入持续增加,科技创新能力显著增强;发布了 502 项新标准,现行国家标准达 1263 项,环境标准体系建设实现了跨越式发展;完成了 100 余项环保技术文件的制修订工作,初步建成以重点行业污染防治技术政策、技术指南和工程技术规范为主要内容的国家环境技术管理体系。环境科技为全面完成"十一五"环保规划的各项任务起到了重要的引领和支撑作用。

为优化中央财政科技投入结构,支持市场机制不能有效配置资源的社会公益研究活动,"十一五"期间国家设立了公益性行业科研专项经费。根据财政部、科技部的总体部署,环保公益性行业科研专项紧密围绕《规划纲要》和《国家环境保护"十一五"科技发展规划》确定的重点领域和优先主题,立足环境管理中的科技需求,积极开展应急性、培育性、基础性科学研究。"十一五"期间,环境保护部组织实施了公益性行业科研专项项目 234 项，涉及大气、水、生态、土壤、固废、核与辐射等领域，共有包括中央级科研院所、高等院校、地方环保科研单位和企业等几百家单位参与，逐步形成了优势互补、团结协作、良性竞争、共同发展的环保科技"统一战线"。目前，专项取得了重要研究成果，提出了一系列控制污染和改善环境质量技术方案，形成一批环境监测预警和监督管理技术体系，研发出一批与生态环境保护、国际履约、核与辐射安全相关的关键技术，提出了一系列环境标准、指南和技术规范建议，为解决我国环境保护和环境管理中急需的成套技术和政策制定提供了重要的科技支撑。

为广泛共享"十一五"期间环保公益性行业科研专项项目研究成果，及时总结项目组织管理经验，环境保护部科技标准司组织出版"十一五"环保公益性行业科研专项经费系列丛书。该丛书汇集了一批专项研究的代表性成果，具有较强的学术性和实用性，可以说是环境领域不可多得的资料文献。丛书的组织出版，在科技管理上也是一次很好的尝试，我们希望通过这一尝试，能够进一步活跃环保科技的学术氛围，促进科技成果的转化与应用，为探索中国环保新道路提供有力的科技支撑。

中华人民共和国环境保护部副部长

吴晓青

2011 年 10 月

前　　言

　　三峡水库的建设意义十分重大,它在防洪、发电、航运等方面发挥着不可或缺的作用,但一直以来,三峡水库的水环境问题也为国内外所关注。为了保障三峡水库的水质,《三峡库区及其上游水污染防治规划(2001—2010 年)》于 2001 年经国务院批准实施,在三峡库区及其上游全面启动治污工程,一定程度上保障了水库水环境的质量。但三峡库区水环境污染的防治是一个庞大的系统工程,单纯地针对点源污染的治理很难取得良好的效果,还需要系统考虑非点源污染的影响。由于针对非点源污染的研究相对较少,加之非点源污染模拟与控制的复杂性,非点源污染的控制手段和方法尚不完善。因此需要对三峡库区的非点源污染进行深入的研究,为三峡库区的水污染防治提供科学的决策依据。

　　近年来,我们在环保公益性行业科研专项经费项目"三峡库区农业非点源污染特征及控制技术研究"(No. 200709024)、国家杰出青年科学基金项目"流域水污染控制"(No.51025933)、国家自然科学基金项目"三峡库区大宁河流域非点源污染的不确定性研究"(No.40771193)和国家自然科学基金青年基金项目"三峡库区农业非点源污染 BMPs 多目标优化研究"(No.41001352)等共同资助下,全面开展了有关三峡库区农业非点源污染方面的研究,以库区内典型小流域为重点研究对象,通过资料收集、现场调查、实地监测、计算机模拟、室内统计分析等多种研究方法,阐明了三峡库区农业非点源污染的主要特征,辨析了影响库区农业非点源污染的主要因素,并提出了库区农业非点源污染控制技术路线。

　　全书共 8 章。第 1 章介绍研究背景以及相关技术的国内外进展,并确定研究模型(SWAT),给出了研究的总体框架;第 2 章介绍三峡库区的概况,以及 SWAT 模型的发展历史、基本原理等;第 3 章提出"小流域精细模拟推广法"计算方法和操作流程,在综合考虑数据可获得性及分区均匀性的基础上将库区划分为四个区域,并在各个分区中选取典型小流域,对于每一个典型小流域分别进行精细模拟;第 4 章汇总三峡库区农业非点源污染模拟结果,并开展污染负荷时空分布特征研究,确定关键源区,分析影响因素,同时探讨下垫面条件对非点源污染影响的不确定性问题;第 5 章选择三峡库区大宁河流域(巫溪段)为研究区,建立研究区的 TMDL 框架,确定合适的安全余量值,并将污染负荷在不同区域间进行分配,提出合理的污染控制体系;第 6 章明确提出排污权的时间效应和空间效应,并基于水环境功能区划构建排污交易模型,分析模型模拟过程中的不确定性大小和不确定性影响等;第 7 章介绍流域层面和源区层面的管理措施控制效果,考察非工程性措施对非点源污染的削减效果,然后在亚流域层面将工程性与非工程性措施相结合,开展 BMPs 多目标优化设计工作;第 8 章为结论。

本书写作分工如下:第 1 章由刘瑞民、沈珍瑶撰写;第 2 章由陈磊、刘瑞民撰写;第 3 章由沈珍瑶、刘瑞民、洪倩、王秀娟、孙宗亮撰写;第 4 章由洪倩、沈珍瑶撰写;第 5 章由宫永伟、沈珍瑶、陈磊撰写;第 6 章由韩兆兴、沈珍瑶撰写;第 7 章由许亮、刘瑞民、洪倩撰写;第 8 章由刘瑞民、陈磊撰写。全书由沈珍瑶和刘瑞民统稿。此外,参加研究和书稿整理工作的还有谢晖、黄琴、廖谦、陈涛、张培培、邱嘉丽、王嘉薇、于雯雯等。本书内容涉及的相关研究得到了水利部长江水利委员会、西南大学等单位的大力支持,在此深表谢意。

由于作者水平所限,不妥之处在所难免,欢迎批评指正。

作　者

2014 年 12 月

目　　录

序

前言

第1章　总论 ··· 1

　1.1　研究背景 ·· 1

　1.2　国内外研究进展 ·· 3

　　1.2.1　大尺度非点源污染定量化研究 ····························· 5

　　1.2.2　非点源污染的不确定性影响 ······························ 10

　　1.2.3　非点源污染管理控制研究 ································· 11

　　1.2.4　三峡库区非点源污染研究进展 ····························· 13

　1.3　研究内容 ··· 14

　参考文献 ··· 15

第2章　研究区概况及模型介绍 ·· 26

　2.1　研究区概况 ··· 26

　　2.1.1　地域范围 ·· 26

　　2.1.2　地质地貌 ·· 27

　　2.1.3　气候地理 ·· 27

　　2.1.4　水文特征 ·· 29

　　2.1.5　水质状况 ·· 30

　　2.1.6　农业发展状况 ·· 31

　　2.1.7　社会经济情况 ·· 31

　　2.1.8　生态环境问题 ·· 31

　2.2　SWAT 模型介绍 ·· 33

　　2.2.1　基本原理 ·· 34

　　2.2.2　水文过程 ·· 34

　　2.2.3　侵蚀过程 ·· 36

　　2.2.4　营养物质迁移 ·· 37

　　2.2.5　参数率定及验证 ·· 39

　参考文献 ··· 40

第3章　三峡库区典型流域非点源污染研究 ······························· 41

　3.1　小流域精细模拟参数推广法 ····································· 41

　3.2　研究区分区及典型小流域选取 ·· 42
　　3.2.1　分区研究进展 ··· 42
　　3.2.2　三峡库区分区 ··· 43
　3.3　御临河流域非点源污染精细模拟 ·· 47
　　3.3.1　流域概况 ·· 47
　　3.3.2　数据库构建 ··· 47
　　3.3.3　参数率定及验证 ·· 57
　3.4　小江流域的非点源污染精细模拟 ·· 61
　　3.4.1　流域概况 ·· 61
　　3.4.2　数据库构建 ··· 62
　　3.4.3　参数率定及验证 ·· 64
　3.5　大宁河流域非点源污染精细模拟 ·· 67
　　3.5.1　流域概况 ·· 67
　　3.5.2　数据库构建 ··· 68
　　3.5.3　参数率定及验证 ·· 71
　3.6　香溪河流域非点源污染精细模拟 ·· 75
　　3.6.1　流域概况 ·· 75
　　3.6.2　数据库构建 ··· 75
　　3.6.3　参数率定及验证 ·· 77
　3.7　基于参数推广的分区模拟及研究 ·· 80
　　3.7.1　数据库构建 ··· 80
　　3.7.2　分区模拟概况 ·· 82
　　3.7.3　推广模拟验证 ·· 83
　3.8　小结 ·· 84
　参考文献 ··· 84
第4章　三峡库区农业非点源污染特征研究 ··· 86
　4.1　三峡库区农业非点源污染时空分布特征 ····································· 86
　　4.1.1　空间分布特征 ·· 86
　　4.1.2　时间分布特征 ·· 91
　　4.1.3　关键源区识别 ·· 97
　4.2　三峡库区农业非点源污染影响因素分析 ···································· 106
　　4.2.1　下垫面条件对非点源污染的影响 ·· 106
　　4.2.2　不同影响因素的方差分析 ··· 123
　4.3　不同下垫面条件的不确定性分析 ·· 125
　　4.3.1　FOEA方法介绍 ·· 126

　　　4.3.2　基于土地利用的不确定性分析 ……………………………… 127

　　　4.3.3　基于土壤类型的不确定性分析 ……………………………… 133

　4.4　小结 …………………………………………………………………… 138

　参考文献 …………………………………………………………………… 139

第 5 章　典型小流域 TMDL 框架及负荷分配 ……………………………… 142

　5.1　国内外相关研究进展 ………………………………………………… 142

　　　5.1.1　总量控制技术进展 ……………………………………………… 142

　　　5.1.2　TMDL 技术进展 ……………………………………………… 144

　5.2　大宁河流域 TMDL 框架 …………………………………………… 146

　　　5.2.1　TMDL 一般流程 ……………………………………………… 146

　　　5.2.2　大宁河 TMDL 框架 ………………………………………… 149

　　　5.2.3　水质问题描述 …………………………………………………… 150

　　　5.2.4　流域分区 ………………………………………………………… 151

　　　5.2.5　流域水沙和总磷模拟 ………………………………………… 153

　　　5.2.6　污染源评价 ……………………………………………………… 154

　　　5.2.7　负荷计算和分配方法 ………………………………………… 156

　5.3　污染模拟不确定性分析 ……………………………………………… 157

　　　5.3.1　模型参数的不确定性分析 …………………………………… 158

　　　5.3.2　模型输入的不确定性分析 …………………………………… 165

　　　5.3.3　模型结构的不确定性分析 …………………………………… 168

　5.4　TMDL 负荷分配方案 ……………………………………………… 171

　　　5.4.1　三类不确定性的比较 ………………………………………… 171

　　　5.4.2　MOS 的确定 …………………………………………………… 172

　　　5.4.3　负荷分配 ………………………………………………………… 173

　5.5　不同分区治理措施建议 ……………………………………………… 176

　5.6　小结 …………………………………………………………………… 179

　参考文献 …………………………………………………………………… 179

第 6 章　点源/非点源排污权交易及不确定性 …………………………… 184

　6.1　排污权交易的时空效应 ……………………………………………… 184

　　　6.1.1　排污权交易的时间效应 ……………………………………… 184

　　　6.1.2　排污权交易的空间效应 ……………………………………… 188

　6.2　点源/非点源排污权交易模型 ……………………………………… 191

　　　6.2.1　必要性分析 ……………………………………………………… 191

　　　6.2.2　模型假设 ………………………………………………………… 192

　　　6.2.3　基于水环境功能区划的模拟模型 …………………………… 192

　　　6.2.4　模型计算流程 ……………………………………………… 193
　6.3　典型流域排污权交易模型 ………………………………………… 193
　　　6.3.1　环境容量时间划分 …………………………………………… 193
　　　6.3.2　环境容量计算结果 …………………………………………… 194
　　　6.3.3　收益成本函数 ………………………………………………… 198
　　　6.3.4　污染物排放情况及空间效应 ………………………………… 198
　　　6.3.5　基于概率约束的排污交易模型 ……………………………… 200
　6.4　模型模拟结果分析 ………………………………………………… 202
　　　6.4.1　总消减成本 …………………………………………………… 204
　　　6.4.2　水环境功能约束 ……………………………………………… 205
　　　6.4.3　概率约束分析 ………………………………………………… 206
　　　6.4.4　与 MOS 的关系分析 ………………………………………… 208
　　　6.4.5　工程性减排措施 ……………………………………………… 209
　　　6.4.6　非点源污染消减的不确定性 ………………………………… 216
　　　6.4.7　制度设计 ……………………………………………………… 218
　6.5　小结 ………………………………………………………………… 219
　参考文献 ………………………………………………………………… 220
第7章　最佳管理措施模拟及优化设计研究 ……………………………… 223
　7.1　最佳管理措施简介 ………………………………………………… 223
　7.2　典型流域管理措施模拟 …………………………………………… 225
　　　7.2.1　土地利用方式变化 …………………………………………… 225
　　　7.2.2　耕作管理措施 ………………………………………………… 226
　　　7.2.3　化肥施用管理 ………………………………………………… 229
　　　7.2.4　管理措施综合比较 …………………………………………… 230
　7.3　亚流域 BMPs 优化设计 …………………………………………… 231
　　　7.3.1　BMPs 数据库构建 …………………………………………… 231
　　　7.3.2　优化程序设计 ………………………………………………… 239
　　　7.3.3　设计方案及结果讨论 ………………………………………… 242
　7.4　小结 ………………………………………………………………… 251
　参考文献 ………………………………………………………………… 251
第8章　结论 ………………………………………………………………… 254
彩图

第1章 总　　论

1.1　研究背景

随着社会经济的迅速发展,流域(区域)水环境污染问题也越来越突出。造成水环境污染的来源,可分为点源(point source,PS)污染和非点源(nonpoint source,NPS)污染两大类(Edwards,Withers,2008;沈珍瑶等,2008)。点源污染一般指工业废水和城市生活污水的排放,通常由排污口排入水体,其污染源具有集中性;而非点源污染是指降雨产流过程中的冲刷或侵蚀或者灌溉等使得大面积上的污染物进入水体而造成的污染,其污染源具有广泛性、随机性和不确定性(夏军,2004;Ongley et al.,2010;Faramarzi et al.,2013)。非点源污染主要包括城市非点源污染和农业非点源污染。就目前而言,农业非点源污染对水体的影响更为显著(Shortle et al.,2012;Shen et al.,2013c)。

随着点源污染控制能力的提高,非点源污染的严重性已逐渐表现出来,非点源污染成为了水环境污染的主要原因(Liu et al.,2013)。全球约有30%~50%的地表水受到非点源污染的影响(Dennis et al.,1997)。目前,在美国,水污染主要来自于非点源污染,据估计,即使点源全部实现零排放,河流达标率也仅有65%(Arhonditsis et al.,2000)。丹麦270条河流94%的氮负荷、52%的磷负荷是由非点源污染引起的,而农业非点源正是各种导致水体污染的最主要因素之一(Kronvang et al.,1996)。荷兰农业非点源输出提供的总氮(total nitrogen,TN)、总磷(total phosphorus,TP)分别占水环境污染总量的60%和40%~50%(Boers,1996)。此外,许多其他国家也发现由农业非点源污染导致的水环境恶化问题正日益凸显(Granlund et al.,2000;Collins,Anthony,2008;Fonseca et al.,2014)。

在我国,非点源污染已对水环境造成重大影响,许多流域均有相关报道。其中,云南洱海的非点源负荷占总负荷的60%~80%(杨建云,2004),山东南四湖流域非点源氮磷污染约占40%~60%(李爽等,2013),太湖非点源污染负荷占总负荷的40%~60%(金洋等,2007),而在滇池流域,悬浮物、总氮和总磷的主要贡献者也均为非点源污染(邢可霞等,2004),此外,在我国的黄河流域(程红光等,2006;于婕,李怀恩,2013)、长江流域(刘瑞民等,2006a;龙天渝等,2008;刘瑞民等,2008;田甜等,2011)、珠江流域(程炯等,2008;李开明等,2013)以及松辽流域(王秀娟等,2009;汤洁等,2012;刘瑞民等,2013)等流域,非点源污染也不容忽视。在水污染控制方面,自我国实施流域污染物总量控制以来,水环境质量有了一定的改善。但长期以来,我国在流域水环境管理中以点源污染治理为主,较少考虑非点源污染对水质的影响。忽视对非点源污染的控制,既不利于总量控制的顺利实施,又很难达到预期的环境目标(沈珍瑶,韩兆兴,2010)。

近年来,长江流域三峡库区的非点源污染尤为严重(钟成华,2004;余炜敏等,2004;梁常德等,2007;王秀娟等,2011)。由表 1.1~表 1.3 可见,近年来三峡库区部分一级支流断面的水质状况不容乐观,几大典型支流如御临河、澎溪河、大宁河和香溪河等河流的水质经常超标,水质污染严重影响着三峡水库水环境功能的发挥。随着库区点源污染的有效治理,农业非点源污染已经日趋成为库区水体的主要污染来源,特别是来自农田的固体悬浮物对长江水体的污染贡献率达到 90%(余炜敏,2005)。这是由库区的特殊性所决定的,三峡库区地貌主要以丘陵、山地为主,耕地类型大多数为坡耕地,且库区植被覆盖率低,很容易造成水土流失。对于库区水体来说,一方面,径流携带的大量泥沙进入库区,不仅增加水体悬浮物负荷,还会在库区沉积,减小库区有效库容;另一方面,土壤中大量养分也随土坡流失而被带入库区水体,成为非点源污染物,严重影响库区水质。农业非点源污染对三峡库区水体环境存在极大的安全隐患,已经成为水质恶化的主要原因之一(Shen et al.,2009;贾海燕等,2011;宋林旭等,2013)。农业非点源污染对三峡库区水质污染(尤其是氨氮)的贡献率会越来越高,研究三峡库区的非点源污染负荷的时空分布,为流域水资源保护规划提供科学依据已经成为亟待解决的问题。

表 1.1　2005 年三峡库区一级支流断面水质类别

断面名称	所属河流	1月	2月	3月	4月	5月	6月	7月	8月	9月	10月	11月	12月	全年
北碚	嘉陵江	III	III	III	III	III	III	V	III	III	IV	III	III	III
临江门	嘉陵江	III	III	IV	III	III	III	V	III	III	III	III	IV	III
武隆	乌江	II	III	III	III	III	III	III	III	III	III	III	III	III
御临河口	御临河	III	III	III	III	IV	III	V	V	III	IV	III	IV	IV
澎溪河口	澎溪河	IV	III	IV	III	III	III	III	III	III	IV	IV	IV	IV
大宁河口	大宁河	III	III	III	III	III	III	III	III	III	III	IV	III	III
香溪河口	香溪河	III	III	III	III	III	III	III	III	III	III	IV	IV	IV

注:河口断面水质评价执行《地表水环境质量标准 GB 3838—2002》湖库标准,下同。

表 1.2　2006 年三峡库区一级支流断面水质类别

断面名称	所属河流	1月	2月	3月	4月	5月	6月	7月	8月	9月	10月	11月	12月	全年
北碚	嘉陵江	IV	III	III	III	III	IV	V	III	II	III	II	III	III
临江门	嘉陵江	III	III	III	III	III	III	III	III	V	V	IV	III	IV
武隆	乌江	III	III	III	III	III	III	IV	III	III	III	III	IV	III

续表

断面名称	所属河流	1月	2月	3月	4月	5月	6月	7月	8月	9月	10月	11月	12月	全年
御临河口	御临河	V	III	IV	III	V	IV	V	IV	III	V	IV	IV	IV
澎溪河口	澎溪河	IV	IV	IV	III	IV	III	III	III	III	IV	IV	IV	IV
大宁河口	大宁河	IV	IV	IV	III	IV	III	III	III	IV	IV	IV	IV	IV
香溪河口	香溪河	IV	V	IV	劣V	III	IV	IV	III	IV	IV	IV	IV	IV

表1.3 2007年三峡库区一级支流断面水质类别

断面名称	所属河流	1月	2月	3月	4月	5月	6月	7月	8月	9月	10月	11月	12月	全年
北碚	嘉陵江	II	II	II	II	II	II	II	II	II	II	II	II	II
临江门	嘉陵江	III	III	II	II	II	IV	III	III	III	III	III	III	III
武隆	乌江	III	III	II	II	III	IV	III	III	III	III	III	III	III
御临河口	御临河	IV	IV	IV	IV	III	IV	IV	IV	IV	IV	IV	IV	IV
澎溪河口	澎溪河	IV	IV	IV	IV	IV	IV	IV	IV	IV	IV	IV	IV	IV
大宁河口	大宁河	IV	IV	IV	IV	IV	IV	IV	IV	IV	IV	IV	IV	IV
香溪河口	香溪河	IV	IV	IV	IV	IV	IV	IV	IV	III	IV	IV	IV	IV

1.2 国内外研究进展

　　非点源污染研究开始于20世纪60年代,主要对以下几个方面进行了研究:非点源污染机理、污染定量化以及污染管理与控制(王晓燕,2003;Shen et al.,2012)。这三个方面环环相扣相辅相成。在近半个世纪的研究历程中,机理方面已针对非点源污染的过程间相互作用及内部各子过程进行了深入探索,如降雨-径流关系(Linsley et al.,1949;Kohler,Richards,1962;Hewlett et al.,1977;Mack,1995)、土壤侵蚀(Wischmeier,Smith,1965;1978;Morgan,1988;Morgan et al.,1998)、污染物迁移(Young et al.,1989;Liu et al.,2014)、受纳水体水质等。定量化研究方面,随着对机理研究的不断进步,也经历了从黑箱到灰箱再到白箱的发展过程,具体而言,则是从经验模型(Haith,1976;Liu et al.,2009)发展到半机理或机理模型(Abbott et al.,1986a;Abbott et al.,1986b;Arnold et al.,1995;Chen et al.,2013);随着3S技术的引入,与其他领域的模型进行耦合形成大型综合化模型也已成为目前的热点(Romstad,2003;Yang et al.,2007)。研究尺度也不断增大,已从最开始的农田尺度(Litwin,Donigian,1978;Williams et al.,1985)到中小流域尺度(Ascough et al.,1997;张雪松等,2003;王晓燕等,2004;Ribarova et al.,2008;Shen et al.,2013b),再发展到超过10000km² 的大尺度流域或区域(Bouraoui et al. ,2005;刘瑞民等,2006b;庞靖鹏,2007;Shen et al. ,2013a),尤其针对前两者,已经逐步建立起一系列适用模型。管理和控制是非点源污染研究的最终目的,包括关键源区的识别(Guo et al. ,2004;Huang,Hong,2010)和最佳管理措施研究(Ristenpart, 1999; D′Arcy, Frost, 2001; Wallbrink, Croke, 2002; Rao et al. , 2009)等。

我国的非点源污染相关研究始于20世纪80年代,由于这一时期是国外发达国家非点源污染模型大发展的时期,因此受此影响,这一时期我国的非点源污染多是农业非点源的宏观特征与负荷定量计算模型的初步研究。期间所采用的模型多是在国外研究成果的基础上根据我国的实际情况进行修改得到的(郑一,王学军,2002;沈珍瑶等,2008)。

进入20世纪90年代,随着对非点源污染问题的进一步研究,农业非点源定量化模型取得了进一步的发展。施为光(2000)以四川清平水库为例,将流域非点源污染负荷分为地面径流污染负荷、地下径流污染负荷和壤中流污染负荷,用水文学方法找出典型水文年河水中地下径流成分,然后分割出壤中流和地下径流,再根据实测的水质和水量资料计算流域非点源污染负荷。李怀恩(1996)建立了用逆高斯分布瞬时单位线法计算流域汇流的非点源污染物迁移机理模型,较好地模拟了于桥水库及宝象河流域洪水、泥沙和多种污染物的产出和迁移。此后,李怀恩等(1997)又通过对非点源污染负荷率过程的标准化处理,提出另一个简单易用的流域非点源污染产污模型,实测资料表明,该方法可用于多种不同类型的污染物,但不适用于次暴雨产生的污染负荷及其过程。李定强等(1998)分析了杨子坑小流域主要非点源污染物氮、磷随降雨径流过程的动态变化规律,建立了降雨量-径流量、径流量-污染物负荷输出量之间的数学统计模型,并用该模型对流域的非点源污染负荷总量进行了计算,得出了流域非点源污染物流失规律。

随着"3S"技术的发展,我国也开始将地理信息系统(geographic information system,GIS)技术应用到农业非点源污染模型的研究中,并取得了一定成果。董亮等(1999)应用GIS建立了西湖流域非点源污染信息数据库;王云鹏(2000)建立了基于遥感(remote sensing,RS)和GIS的非点源信息系统,并得到初步应用;王少平等(2002)对上海集约化畜禽养殖带来的非点源污染负荷及时空分布规律进行了深入研究,将模拟实验、GIS技术和非点源污染模型相结合,探讨了苏州河流域的非点源污染负荷及时空演变规律;王宁等(2002)用Arc/Info和通用土壤流失方程对吉林松湖流域土壤及非点源污染物的流失量进行了定量描述,得出污染物流失的危险发生区以及各地理要素的空间分布,并分析了其相互关系;郝芳华等(2002)利用RS和GIS技术对北京官厅水库流域不同典型水文年的非点源污染负荷进行了模拟研究;李家科等(2008)利用非点源模型对渭河流域非点源进行了模拟计算,结果表明率定好的模型在中国具有很好的适用性。王晓燕等(2008)在密云水库北部,对研究区非点源污染负荷的时空变化进行模拟,并分析了最佳管理措施对非点源污染控制效果。

但我国起步较晚且研究范围较窄,仅涉及非点源污染负荷评价、模型介绍及模型与地理信息系统结合技术等,参与人员还较少,且研究存在一定的阶段性和孤立性,还未形成体系,更未延展深入到系统性的管理、政策的研究。总体而言,在机理研究和中小尺度的定量化研究方面已经取得一定成果,在管理和控制研究方面则相对薄弱(赵同谦等,2008;郭鸿鹏等,2008)。

1.2.1 大尺度非点源污染定量化研究

1. 定量化研究方法

目前,非点源污染定量化研究方法主要包括野外实地监测、人工模拟和计算机模拟等,其中计算机模拟方法不仅可以估算非点源污染负荷量,还可以模拟非点源污染的物理、化学及生物过程,并对非点源污染的情况进行预测。随着模型的不断完善,模型模拟研究成为非点源污染研究最重要的方法(Zhang et al.,2014)。尤其是面对大尺度流域或区域(10000 km² 以上)的复杂性,实地监测和人工模拟的效果有限,因此,模型模拟是大尺度非点源污染定量化研究的普遍选择(Ding et al.,2010)。

归纳起来大致有以下四种模型模拟方法:

(1)大尺度全局匡算模型。该模型的核心为综合考虑自然作用-社会作用的二元结构模型,其中,地形、降水和土壤结构属于自然影响因子,而土地利用方式和开发强度属于社会影响因子(郝芳华等,2006;杨胜天等,2006)。程红光等(2006)利用该模型对黄河流域非点源污染负荷进行了估算与分析,通过流域内非点源污染类型划分(农业生产、农村居民点、畜禽养殖和城市径流)决定参数分类,再根据文献资料、典型区调查和现场试验的结果对模型中的参数进行率定,研究结果表明2000年黄河流域的TN、TP非点源污染负荷已超过点源的污染负荷;吸附态 TN负荷占 TN 污染负荷总量的 69%,吸附态 TP 负荷则只占 32%。该估算方法体系对大尺度的水资源规划具有较好的指导意义,但模型对非点源污染过程作了较大程度的简化,而非点源污染是一个极其复杂的降雨径流和污染物转化过程,该方法更多的是从大尺度和规划层面上做了一定的探索,更适于面向规划层次的需求,适合于无水质资料地区,而对具体管理措施的制定则需要具有更高精度的估算方法。

(2)输出系数法。输出系数法由北美发起,之后经过发展和完善形成较为成熟的输出系数模型(Johnes,1996)。利用相对容易得到的土地利用状况等资料直接建立土地利用与水体非点源污染之间的相关关系,通过多元线性相关分析确定输出系数,不考虑对非点源污染机理分析和对污染物转化相关的实地监测过程,节省了模型建立、参数确定和负荷估算的成本与时间(刘瑞民等,2008;王晓燕等,

2009a)。一般将非点源污染分为城镇用地、农村、农田、人口、牲畜等几大类,再根据土地利用类型的不同(耕地类型按种植作物的不同再进行细分)、居民非点源污染物的排放量、牲畜的数量及分布来确定各自的输出系数。该模型在中小尺度的应用广泛,结果较令人满意(Mattikalli,Richards,1996;Worrall,Burt,1999;Khadam,Kaluarachchi,2006;Bowes et al.,2008)。但不可忽视的是,该模型是对非点源多年平均情况较为稳定的估计,适用于降雨均匀、地势平坦地区,面对降雨多变、地形复杂破碎的大尺度流域,由于缺乏对空间异质性的考虑,在对研究区进行非点源时空演变预测、模拟方面则显得灵敏性和准确度不足,受到一定的限制(Shrestha et al.,2008a)。

(3)改进的输出系数法。针对传统输出系数法的不足,丁晓雯等(2008)提出了改进的输出系数法,引入表征降雨空间异质性和地形空间异质性的因子,并利用该模型对长江上游非点源污染变化规律进行了研究,结果表明,改进的输出系数模拟可以有效提高输出系数法在大尺度流域应用的精确性,在一定程度上弥补了传统输出系数法在空间异质性上考虑不足的缺陷。也有其他学者从其他角度作出了相应改进,且研究显示在评价污染负荷时可以提高精度(蔡明等,2004;Shrestha et al.,2008a;Shrestha et al.,2008b)。但输出系数法从本质上来讲是基于经验的估算模型,在机理方面的缺失会影响其估算结果的科学性,尤其是无法准确量化污染物河道迁移过程,一般引入"入河系数"进行简单换算。入河系数是一个基于流域损失的概念,在大尺度流域的应用具有一定的局限性。由于大尺度的流域河网复杂,不同区域的流域特征分异明显,用同一入河系数来估算不同河网区域的非点源污染入河量的方法忽略了流域特征的异质性;同时,在模拟步长方面,输出系数法较适合模拟年际变化,而在月际变化上则有所不足。因此,改进的输出系数法在整体精度上的不足使得其在大尺度精细定量化估算上仍然有一定的局限性。

(4)小流域模拟汇总法。该方法主要应用机理模型对研究区的小流域逐一进行模拟,然后将每一流域的模拟结果经过一定的数学方法转换汇总形成整个研究区的非点源污染模拟结果。庞靖鹏(2007)应用该方法将流域面积为 15000km² 的密云水库流域分成潮河水系和白河水系分别进行定量化估计,取得了较好的效果。该方法可以获得精确的结果,但是机理模型的应用是一个复杂的过程,在每个小流域进行精确模拟预示着需要一系列烦琐的参数率定和结果验证,当流域的支流水系较复杂时,工作量将会成倍增加。同时,更为重要的一点是,该方法对数据的要求很高,在实测数据充足的基础上,机理模型的应用才能达到满意的模拟效果。而我国的非点源污染定量化研究起步较晚,细致全面的长时间序列监测数据可获得性差,因此,该方法更适合于发达国家在数据较全面的情况下应用。

亦有将机理模型直接应用于大尺度流域的研究,但一般只对针对水文过程进行模拟,如刘昌明等(2003)应用水文模型对高达 42 万 km² 的黄河源头区进行了年径流过程模拟。国内外的相关研究均表明,直接将机理模型应用于大尺度流域时,在资料不足的情况下,对水质的模拟效果不佳(Bouraoui et al.,2005)。

从以上总结可以看出,面对我国监测资料相对缺乏的情况,目前尚无针对大尺度流域的能够满足较高精度要求的定量化研究方法。但从整体而言,机理模型模拟是保证模拟精度的重要手段。

2. 典型机理模型介绍

广泛应用于流域范围内研究非点源污染负荷的模型主要有 HSPF(hydrological simulation program-FORTRAN)、ANSWERS(areal nonpoint source watershed environmental response simulation)、AGNPS(agricultural nonpoint source)和 SWAT(soil and water assessment tool)等。这些模型具有各自的特点,适合研究不同的问题。

HSPF 模型(Bicknell et al.,2001;Chung,Lee,2009)模拟陆地表面、亚表面和地下水的水文路线以及污染物的输移,主要分为 PERLAND 模型和 RCHRES 模型两部分。水文模拟采用"Stanford 流域"水文模型,涉及十余个水文过程;土壤侵蚀模拟采用机理性的侵蚀模型,侵蚀过程被分为雨滴溅蚀、径流冲蚀和径流运移等若干个子过程,并分别进行模拟。HSPF 模型对氮平衡的模拟较为复杂,有机氮也被划分为溶解性和非溶解性两类,通过吸附与解吸相互转化过程。HSPF 模型需要大量的数据,并且对数据的输入要求较高,要求数据连续,至少有连续的降雨记录,最大不足之处就是假设应用模拟的地区对"Stanford 流域"水文模型是适合的,同时还假设污染物在受纳水体的宽度和深度方向上是充分混合的,这相对于实际情况作了较大的简化,势必影响其模拟的精度。

ANSWERS 模型(Beasley et al.,1980;Singh et al.,2006)包括水文模型、泥沙分散—输送模型和几个描述坡面、亚表面、渠中的水流路径的模块,采用概念模型对水文进行模拟,用泥沙连续性方程对土壤侵蚀进行模拟,同时,用方形网格划分研究区,可以模拟土地利用方式对水文和侵蚀响应的影响。但其中的水文模型主要以模拟地表径流为主,对侧向流、壤中流则考虑不多。

AGNPS 模型(Young et al.,1989;Cho et al.,2008)是单降水事件的分布式参数模型,采用方形网格划分单元,包括水文、侵蚀和泥沙输移、氮磷和化学需氧量输移等内容。其研究重点是河流水质,主要研究对象是多级固体颗粒及其附着的氮磷营养盐(张瑛,阮晓红,2003)。其中径流量用 CREAMS(chemical runoff and erosion from agricultural management systems)水文模型计算,土壤侵蚀采用改进的土壤流失方程预测,化学物质的输移则采用 CREAMS 模型和一个饲育场评价模型中的方法进行模拟,泥沙被分为 5 个颗粒等级分别进行计算,总量计算采用修正的 Bagnold 河川动力方程,氮磷及峰值流量采用 CREAMS 模型;在污染物负荷计算中,污染物在土壤中的含量被假设为恒定值,不考虑污染物的平衡过程;化学物质的输移分为溶解态和吸附态进行计算,溶解态的计算与径流量有关,而泥沙吸附态的计算则与产沙量有关(曹文志,洪华生,2002)。该模型主要用于流域面积小于 $200km^2$ 的农业非点源污染分析,在流域景观特征、水文过程和土地利用规划等研究领域均具有较好的适用性,但不适用于流域物理过程的长期演变特征模拟。

SWAT 模型(Arnold et al.,1993;Ullrich,Volk,2009)是一个连续时间的分布式模型,适用于包含各种土壤类型、土地利用和农业管理制度的流域,可用于模拟地表径流、入渗、地下水、壤中流、融雪径流、土壤温湿度、蒸散发、产沙、输沙、作物生长、氮磷等营养物流失、流域水质、农药/杀虫剂等多种过程及耕作、灌溉、施肥、收割、用水调度等多种农业管理措施对这些过程的影响(Shen et al.,2013d)。SWAT 可以模拟 5 种形态的氮磷,不但考虑了氮磷在上层土壤和泥沙中的集聚,同时还利用供求方法计算了作物生长的吸收(赖格英,于革,2005)。在污染负荷计算中,SWAT 模型还增加了氮的生物固定、无机氮向有机氮的转化以及溶解态氮随壤中流的侧向迁移等过程,有机氮被划分为活泼(active)和稳定(stable)两种状态,还增加了对氨态氮挥发过程的模拟。

上述非点源污染(泥沙和营养物质)模型在国外均得到广泛应用,而在我国得到过验证的主要有 SWAT 模型(郝芳华,2003;黄清华,张万昌,2004;秦耀民等,2009)和 AGNPS(曹文志,洪华生,2002;曾远等,2006;Liu et al.,2008),关于HSPF 应用也有部分报道(邢可霞等,2004;梅立永等,2007)。但 AGNPS 模拟流域的空间尺度较小,一般小于 $200km^2$,且没有考虑污染物平衡;同时,在已有的应用研究中发现,HSPF 模型对于每个水文响应单元(hydrologic response units,HRUs)全年的地下存储释放只能设一个固定的参数值,不能模拟瓦管排水(Singh et al.,2005),并且由于对管理措施的模拟也有一定欠缺,其对营养元素的模拟效果略逊于 SWAT。且相对于其他模型而言,HSPF 所用参数更多,率定时间更长(Saleh,Du,2004)。而 SWAT 模型具有基于物理机制、使用常规数据、计算效率高及可模拟长期影响等特点,并且已经在欧洲及北美地区广泛应用,在国内亦得到验证,取得了较为满意的效果(Shen et al.,2014)。因此,本书中选用 SWAT 模型来进行非点源的模拟计算和分析。

3. SWAT 模型应用进展

SWAT 模型是美国农业部农业调查局开发的流域尺度模型,用于模拟地表水和地下水水质和水量。预测土地管理措施对不同土壤类型、土地利用方式和管理条件的大尺度复杂流域的水文、泥沙和农业化学物质产量的影响。

SWAT 模型采用日为时间步长,可进行长时间连续模拟,其计算结果包括各个子流域在各个模拟时段的产水量、产沙量及氮、磷的含量,同时还有各主要河道在出口处各模拟时段的产水量、产沙量及氮、磷的含量。综合而言,该模型具有以下几个特点:

(1) 基于物理过程的模拟。SWAT 模型并非利用输入输出变量之间的回归公式,而是需要流域的气候、土壤性质、地形、植被覆盖以及土地利用等数据。然后利用这些输入数据由 SWAT 模型完成水、沙的运移过程,作物生长,营养物质循环等的模拟。

(2) 输入数据源较易获取。SWAT 模型需要的数据量相对而言不太烦琐,许多数据是属于公开发行的信息,特殊的内部资料可以从政府职能部门直接获取。

(3) 计算效率较高。对于较大流域的计算或者不同的流域管理方案的模拟计算都可以完成而不需要更多的时间或资金上的投入。

(4) 可模拟和研究长期的变化过程。目前许多非点源污染问题都包括了污染源的形成过程以及对于下游水体的长期影响,而 SWAT 可以较好地模拟其相关的变化过程。

SWAT 模型在许多国家尤其在欧美等地方得到了较好的应用,如芬兰(Francos et al.,2001)、德国(Weber et al.,2001)、法国(Plus et al.,2006)、英国(Kannan et al.,2007)以及葡萄牙(Demirel et al.,2009)等,研究者们考察了该模型对径流量、泥沙量和营养负荷的模拟情况,研究结果表明 SWAT 在水文水质的模拟结果和实测值具有较好的一致性,其径流预测值与实测值的相似程度验证阶段可达到 80% 以上,累积泥沙预测值的误差小于 9%,在数据较充足的情况下,总氮的模拟值与预测值相关度一般可达 0.66,能够较好地模拟非点源造成的污染。

目前,SWAT 模型在国内也得到了广泛的应用。胡远安等(2003)应用 SWAT 模型模拟芦溪小流域的水文过程,结果表明,SWAT 能够有效地模拟长时间序列的水文过程,但对短期径流的模拟精度较差,这主要是由模型的内部结构和数据的时间精度决定的。黄清华和张万昌(2004)在地理信息系统和遥感技术的 SWAT 模型改进的基础上,对黑河干流山区流域出口径流进行模型。通过模拟结果比较,表明浅层蓄水层回归因子(基流回归因子)、海拔高度带的划分分别对黑河干流山区流域地下径流和融雪径流过程有重要的影响,是该模型模拟精度高低的关键。李硕等(2004)以江西兴国潋水河流域为研究区域,选择 SWAT 模型,对 1991～2000 年的初步预测结果表明,SWAT 模型能够较好地模拟潋水河流域的径流量和泥沙的变化,产水和产沙 10 年平均精确度分别为 89.9% 和 70.2%。范丽丽等(2008)应用 SWAT 模型对对大宁河流域农业非点源污染进行了研究,验证结果表明该模型在大宁河流域具有较好的适用性。张永勇等(2009)对海河流域水量水质采用 SWAT 模型进行了模拟,水量模拟的效率系数达 0.8 以上,对氨氮和化学需氧量(chemical oxygen demand,COD)的模拟相对误差控制在 20% 以内。最近,魏冲等(2014)也采用 SWAT 模型对景观格局变化和非点源污染负荷之间的敏感性进行了分析。

1.2.2　非点源污染的不确定性影响

非点源污染管理与控制涉及经济、意识、政策、技术等各个方面,而非点源污染之所以不易管理,与其受到众多因素影响、具有极大不确定性有很大关系。非点污染研究中的不确定性主要涉及三个方面:①非点污染本身所固有的不确定性,对污染迁移输送过程中的物理、化学和生物过程认知局限,该方面的不确定性需通过对实际情况进行更为深入的理论研究后才能解决;②输入不确定性,输入一般包括非点源相关的实测数据和模型的输入参数,二者准确度的不足会带来较多的不确定性,提高数据精度、精确参数输入是降低此方面不确定的重要手段;③模型结构的不确定性,模型本身结构、算法、求解过程与实际情况的差异也易造成不确定性,通过采用不同模型进行模拟比较是评估模型具有不确定性的主要途径。

综合而言,对于非点源污染的不确定性研究方法可分为敏感性分析和概率分析两大类(张巍等,2008),前者包括局部敏感性分析和全局敏感性分析,应用较多的分别为 Morris 筛选法和多元回归法;而后者是描述系统不确定性的常用方法,尤其是在已知不确定性参数的概率分布函数时。常用方法包括一阶误差法(first-order error analysis,FOEA)、蒙特卡罗(Monte Carlo,MC)法、普适似然不确定估计法(general likelihood uncertainty estimation,GLUE)、Bootstrap 法、贝叶斯方法、响应曲面法等(余红,沈珍瑶,2008;胡珺等,2013)。

这些方法在非点源污染的不确定性确定中得到了一定的应用。Francos 等(2003)研究表明当自变量阈值的范围按某一固定步长变化时,Morris 筛选计算的精确度相对较高。郝芳华等(2004)应用 Morris 筛选法针对 SWAT 水文模型进行了局部灵敏度分析,以判断较为敏感的参数。但参数灵敏度的高低不代表相应不确定性的高低,进一步的不确定性分析是十分必要的(Melching,Bauwens,2001)。余红(2007)分别应用 FOEA 和 MC 方法,考察了参数不确定性对 SWAT 模型非点源污染模拟的影响。亦有许多研究者通过对 MC 方法进行复合或者改进来研究各项因素在非点源污染模拟中带来的不确定性(Nandakumar,Mein,1997;Randhir,Tsvetkova,2011;Zhang et al.,2014)。在其他方面,如 Lu 等(2013)应用贝叶斯方法对水文模型进行了参数估计;Aalderink 等(1996)利用拉丁超立方抽样研究了参数、边界条件、点源和非点源负荷以及初始条件对某河流铜深度及负荷的影响;而 Cryer 等(2003a,2003b)应用响应曲面法对农田杀虫剂流失模拟的不确定性进行了分析,这些对径流产生和非点源污染的不确定性情况研究提供了一定的参考。

总体而言,目前针对非点源污染不确定性的相关研究多集中于非点源污染模型模拟方面,对城市暴雨径流(Warwick,Wilson,1990;赵冬泉等,2009)和农业非点源污染(Shen et al.,2012;Zhang et al.,2014)均有涉及,但是,相关研究或只针对某类输入数据,或只针对水文,或只针对某类污染物,尚无对主要影响因子及各类非点源污染输出变量进行系统性的不确定性分析,以及通过对不确定性来源的挖掘为管理措施提供相应的指导。而非点源污染的管理控制受到不确定性的显著影响,因此,针对非点源污染的影响因素,尤其是针对影响最为显著的下垫面条件,深入细致地分析各类下垫面条件下污染物输出的不确定性,并通过探讨不确定性的来源来提出相应的管理措施,将对非点源污染管理提供科学合理的依据。

1.2.3　非点源污染管理控制研究

在流域水污染防治方面,美国采用了最大日负荷总量方法(total maximum daily loads,TMDL),它是美国环保局(US Environmental Protection Agency,USEPA)在 1972 年修正的《清洁水法》的第 303(d)条款中提出的。实践证明,TMDL 是一种有效的流域水污染防治方法,它在美国的实践对水质改善起到了较好的功效(NRC,2001),其对制定符合中国国情的流域水污染防治方法体系,有一定的借鉴意义。TMDL 以流域整体为研究对象,将点源和非点源污染控制相结合,其任务是在满足水质标准的前提下,估算水体所能容纳某种污染物的总量,并将 TMDL 总量在各污染源之间分配,通过制定和实施相关措施促使污染水体达标或维护达标水体的水环境状况(USEPA,1991)。

在 TMDL 报告中"实施方案"部分,提出并推荐采用最佳管理措施(best management practices,BMPs)以消除水体污染(宫永伟,2010)。BMPs 是通过问题评价、替代措施的检查和合适的公众参与等确定的一个措施或多个措施的集合,是最有效和最可行的(包括技术、经济和制度上的考虑)阻止和减少由非点源产生的污染物数量,使其达到与水质目标相一致的水平(仓恒瑾等,2005;王晓燕,2011;Liu et al.,2013)。

BMPs 的相关研究最早在英、美等国开展。自 20 世纪 70 年代起,英国、美国等国家开始实行 BMPs 管理方式,以有效控制非点源氮、磷素对水生环境的危害(宫永伟,2010)。1972 年,《美国联邦水污染控制法》首次明确提出控制非点源污染,倡导以土地利用方式合理化为基础的 BMPs。1977 年的《清洁水法》也进一步强调非点源污染控制的重要性。1987 年的《水质法案》则明确要求各州对非点源污染进行系统的识别和管理,BMPs 同时也被定义为主要针对这些被识别出的区域的管理措施(蒋鸿昆等,2006)。目前国外已普遍应用的 BMPs 种类繁多,但只要符合一定的法规与技术标准,都可作为 BMPs 进行推广应用并在实践中不断完善(耿润哲等,2013)。

根据现有 BMPs 在实施过程中的特别,可将其分为工程性 BMPs 与非工程性

BMPs 两大类（Novotny，2003；王秀娟，2010）。工程性 BMPs 一般通过控制非点源污染物的迁移途径，拦截并减少进入水体的非点源污染物来达到控制和削减非点源污染的目的，属于迁移过程治理措施。在治理区域内，通常实施一种或几种工程性 BMPs，以加强对非点源污染的整体削减效果。工程性 BMPs 在控制水和沉积物的运移方面非常有效，在世界各地有着广泛的应用。该类别的 BMPs 主要包括梯田与山边沟、草沟与植被过滤带、人工湿地、节水灌溉系统等。这些措施在国内外都有一定的应用，研究结果表明，合理的 BMPs 设计和实施可以取得较好的非点源污染控制效果（Watanabe，Grismer，2001；尹澄清，毛战坡，2002；Rao et al. ，2009；张培培，2014）。梯田、湿地、沼泽、人工防护林等均能减少降雨径流量，增加降雨入渗量，延缓径流洪峰出现时间，降低非点源污染负荷，产生生态和经济的双重效益。其中，人工湿地对于 TN、TP、COD、重金属等有较高的去除率，可以获得污水处理与资源化的最佳生态效益、经济效益和社会效益，是控制农业非点源污染的重要工程措施之一（Braskerud，2002；卢少勇等，2006；付菊英等，2014）。非工程性 BMPs 的主要特征是对污染进行源头控制，包括各种土地管理、行政法规、经济调控等手段，具体而言，包括诸如公众教育和提高公众意识、对耕地进行施肥控制、采取各种保护性耕作方式以及分区限制人口密度等。有效的非工程性 BMPs 的实施亦可以大大降低非点源污染物的输出（Morari et al. ，2004；Rao et al. ，2009；Liu et al. ，2013）。

在污染类型多变或区域水文条件复杂的情况下，采取单一的 BMP 往往不能满足水质治理目标的需求，而根据实际情况和削减目标提出一套系统性 BMPs 则会大大有助于对非点源污染的控制和管理（洪倩，2011）。美国在密西西比河三角洲治理工程中采取了一系列 BMPs，研究结果表明采取这些措施后该流域的泥沙负荷可减少 70%～97%，同时通过泥沙运移产生的氮磷负荷也大大减少，同时还发现，一些保护性植物对流域硝氮负荷的降低作用显著（Schreiber et al. ，2001）。在水产养殖业流出物的污染控制方面，美国也采取了一系列的 BMPs。美国国家农业部自然资源保护署、阿拉巴马州环境管理部门、亚拉巴马州鲶鱼产业联合会、奥邦大学联合针对阿拉巴马当地的鲶鱼养殖业开发了一整套的 BMPs，研究表明这些措施可有效控制当地鲶鱼养殖业产生的污染（Boyd，2003）。

系统性 BMPs 的提出涉及 BMPs 的优化设计，目前的优化设计主要通过随机搜索全局优化算法和动态规划算法。其中随机搜索全局优化算法又以遗传算法（genetic algorithm，GA）为代表。遗传算法由美国密歇根大学 Holland 教授于 1975 年首先提出，是模拟达尔文的遗传选择和自然淘汰的生物进化过程的计算模型，是一种通过模拟自然进化过程搜索最优解的方法（许亮，2010）。遗传算法是以二进制位串为基础的基因模式理论，它用二进制位串来表示染色体，依据遗传机制由亲代二进制位繁殖子代二进制位串来模拟生物群体的进化历程，在近年的

BMPs优化设计中应用较广,尤其是在城市BMPs的选址等优化设计研究中发展较快。遗传算法的主要特点包括:①解题能力强,适用性广,既可适用于连续变量,也可应用于整数或离散变量,甚至非数值型变量;②具有一定的平行性,其搜索是多(串)到多(串)的过程,可在较大的设计变量空间内迅速寻优,有较强的全局优化性能;③较大的概率性,其在使用当前解信息的基础上采用一些随机方法,如初始群体的选择、交叉点或变异点的确定等。Srivastava等(2002)最早将遗传算法与AnnAGNPS(annualized agricultural nonpoint source)模型结合,用于农业非点源的研究。Veith等(2003)在比较了五种优化算法优缺点的基础上,首次将遗传算法用于BMPs的优化设计。Gitau等(2006)结合SWAT模型,通过遗传算法对流域尺度上城市BMPs的选址及费用效益进行优化设计,模拟了BMPs对于磷的去除效果。Panagopoulos等(2012)则结合遗传算法,应用SWAT模型对流域尺度上农业BMPs的选址进行优化设计,并建立了决策支持系统,但整体而言,优化设计考虑尚显单一,未将工程性BMPs与非工程性BMPs相结合进行系统性的优化设计。

目前,国内对于非点源污染管理和控制方面的研究较少:在BMPs研究方面,一般集中于场地试验层面的BMPs研究;在模型模拟BMPs实施效果时,一般是根据文献值人为设定单个BMPs的削减率(任霖光等,2005;王晓燕等,2009b;Liu et al.,2013),与实际情况差异较大,且定量分析及经济分析不足,对BMPs系统优选则涉及更少。

1.2.4 三峡库区非点源污染研究进展

由于国内的非点源污染研究起步较晚,目前三峡库区的非点源研究也多集中于中小尺度的典型流域(蔡崇法等,2001;许其功等,2006;朱波等,2010;宋林旭等,2013),但面向大中尺度的研究,尤其以整个库区为研究区的非点源污染产生和对库区水体影响的这样大尺度范围的研究也有一定的报道。

余炜敏等(2004)从社会经济、自然地理等角度将太湖流域与三峡库区的状况进行对比,探讨三峡水库在正式建成后库区非点源污染发生的可能性。研究表明太湖流域与三峡库区在农业生产环境及农业非点源污染发生条件等方面有一定的相似之处,同时,三峡库区非点源污染物的来源也较为丰富,可由此推断三峡库区存在发生非点源污染的可能。洪一平等(2004)研究了三峡水库氮、磷浓度变化特性和非点源污染对氮、磷物质的贡献率,对泥沙悬移质中的氮、磷的赋存形态和潜在活性进行了分析,探讨了考察氮、磷对库区富营养化的潜在影响。杜军等(2004)选取三峡库区重庆段城市生活污水、牲畜养殖排泄物、农业农药化肥非点源等三种污染源,对三者的氮、磷污染负荷输出量进行了估算,并探究了库区水环境污染防治的优先控制对象。由分析得知,在所考虑的三种污染源中,农业农村非点源污染

产生的氮、磷污染负荷居于首位,已成为三峡库区水质恶化的首要因子。李孝坤等
(2007)在深入剖析水环境存在的主要问题以及形成原因的基础上,指出农业非点
源污染、工业污水、固体废物、生活垃圾是造成近年来库区水环境污染加重的主要
原因。贾海燕等(2011)根据三峡库区的农业非点源污染特征,将紫色土地区和三
峡库区消落区作为三峡库区农业非点源污染物流失的敏感区域,分析了非点源污
染产生、传输和转化机理特征及研究进展,并指出了三峡库区非点源污染的特征。

综上可以看出,就目前而言,对库区非点源污染的研究主要集中在以下几个方
面:①以某一断面或小流域等作为典型研究区,运用非点源污染模型模拟地表径流
量、侵蚀产沙量、营养物输出负荷等;②通过类比法或指标法,评价库区非点源污染
潜力;③分析污染物来源,判别主要污染因子,探究优先控制对象。由于大多数是
取某一断面进行研究,体系性不强,不利于对整个库区的非点源时空分布特征进行
深入探讨,之所以形成这样的局面,主要原因是大尺度流域的研究易受到资料不足
的限制,无法同模拟中小尺度流域一样利用比较翔实的数据资料来进行研究。因
此,必须在明确大尺度流域特点的基础上,探求和发展更合适的研究方法。同时,
BMPs 的研究也相对缺乏,存在较大的局限性,还有待进一步探索和加强。

1.3　研究内容

本书包含的内容可概括为以下方面:

1) 研究区概况及模型介绍

一方面,简要介绍三峡库区的地域范围、地质地貌、气候地理、水文特征、水质
状况、农业发展状况、社会经济状况以及面临的环境问题;另一方面,概括介绍
SWAT 模型的基本原理、水文过程、侵蚀过程、污染物迁移过程以及参数率定及结
果验证方法。

2) 典型流域非点源污染的模拟

在综合考虑库区特殊地理环境及数据翔实程度的基础上,选择数个库区内的
典型流域,利用分布式水文模型 SWAT,通过参数敏感性分析、参数率定与结果验
证等过程,对典型流域的非点源污染进行模拟,获得适用于流域特征的参数值。

3) 参数推广及库区负荷的汇总

根据在不同典型流域获得的特征参数值,采用小流域精细模拟推广法,运用
SWAT 模型对典型流域所在分区进行参数推广并进行模拟,最后将各个分区汇总
起来,获得整个三峡库区的非点源污染时空分布特征。

4) 下垫面影响因素不确定性分析

综合分析三峡库区各下垫面条件下的非点源污染情况,并通过多因素方差分
析对各下垫面因子进行综合评判,在此基础上筛选出影响最为显著的下垫面因子

进行非点源污染的不确性分析,以期为管理措施提供参考。

5) TMDL 框架及负荷分配研究

选择三峡库区大宁河流域(巫溪段)为研究区,以总磷为研究对象,借鉴美国的 TMDL 计划,构建适合研究区特征的 TMDL 框架,并在总磷污染模拟和不确定性分析基础上确定安全余量值,最后基于安全余量进行 TMDL 负荷的分配和控制措施方案设计。

6) 点源-非点源排污权交易研究

选择三峡库区大宁河流域东溪河支流为研究区,深入探讨 TMDL 实施过程中的点源与非点源排污交易时空效应,同时,在点源与非点源的模拟研究中均考虑不确定性的影响,并讨论不确定性对总污染消减成本、非工程性减排措施和工程性减排措施的影响等。

7) 管理措施模拟及优化设计

结合三峡库区非点源污染的时空分布特征与主要影响因子的不确定性分析结果,针对流域层面和亚流域层面进行管理措施模拟和 BMPs 优化设计,将工程性与非工程性 BMPs 相结合进行综合考虑,通过遗传算法进行 BMPs 模拟与优选,为库区非点源污染控制提供一定的技术支持。

参 考 文 献

蔡崇法,丁树文,史志华,等.2001. GIS 支持下三峡库区典型小流域土壤养分流失量预测.水土保持学报,15(1):9-12.

蔡明,李怀恩,庄咏涛,等.2004. 改进的输出系数法在流域非点源污染负荷估算中的应用.水利学报,7:40-45.

仓恒瑾,许炼峰,李志安,等.2005. 农业非点源污染控制中的最佳管理措施及其发展趋势.生态科学,24(2):173-177.

曹文志,洪华生.2002. AGNPS 在我国东南亚热带地区的检验.环境科学学报,22(4):537-540.

程红光,岳勇,杨胜天,等.2006. 黄河流域非点源污染负荷估算与分析.环境科学学报,26(3):384-391.

程炯,邓南荣,蔡雪娇,等.2008. 不同源类型农业非点源负荷特征研究——以新田小流域为例.生态环境,17(6):2159-2162.

丁晓雯,沈珍瑶,刘瑞民,等.2008. 基于降雨和地形特征的输出系数模型改进及精度分析.长江流域资源与环境,17(2):306-309.

董亮,朱荫湄,王珂.1999. 应用地理信息系统建立西湖流域非点源污染信息数据库.浙江农业大学学报,25(2):117-120.

杜军,张宏华,李劲松.2004. 三峡库区重庆段富营养化物质氮磷污染负荷比较研究.重庆交通学院学报,23(1):121-125.

范丽丽,沈珍瑶,刘瑞民,等.2008. 基于 SWAT 模型的大宁河流域非点源污染空间特性研究.水土保持通报,28(4):133-137.

付菊英,高懋芳,王晓燕.2014. 生态工程技术在农业非点源污染控制中的应用. 环境科学与技术,37(5):169-175.

耿润哲,王晓燕,段淑怀,等.2013. 基于数据库的农业非点源污染最佳管理措施效率评估工具构建. 环境科学学报,33(12):3292-3300.

宫永伟.2010.三峡库区大宁河流域(巫溪段)TMDL 的不确定性研究(博士学位论文). 北京:北京师范大学.

郭鸿鹏,朱静雅,杨印生.2008.农业非点源污染防治及管理措施研究. 生态经济,6(6):115-118.

郝芳华.2003. 流域非点源污染分布式模拟研究(博士学位论文). 北京:北京师范大学.

郝芳华,孙峰,张建永.2002. 官厅水库流域非点源污染研究进展. 地学前缘,9(2):387-389.

郝芳华,任希岩,张雪松,等.2004. 洛河流域非点源污染负荷不确定性的影响因素. 中国环境科学,24:270-274.

郝芳华,杨胜天,程红光,等.2006. 大尺度区域非点源污染负荷计算方法. 环境科学学报,26(3):375-383.

洪倩.2011. 三峡库区农业非点源污染及管理措施研究(博士学位论文). 北京:北京师范大学.

洪一平,叶闽,臧小平.2004. 三峡水库水体中氮磷影响研究. 中国水利,20(20):23,24.

胡珺,李春晖,贾俊香,等.2013. 水环境模型中不确定性方法研究进展. 人民珠江,2:8-12.

胡远安,程声通,贾海峰.2003. 非点源模型中的水文模拟——以 SWAT 模型在芦溪小流域的应用为例. 环境科学研究,16(5):29-32.

黄清华,张万昌.2004. SWAT 分布式水文模型在黑河干流山区流域的改进及应用. 南京林业大学学报(自然科学版),28(2):22-26.

贾海燕,雷阿林,王孟,等.2011. 三峡库区农业非点源污染的区域特征及研究进展. 亚热带水土保持,23(1):26-30.

蒋鸿昆,高海鹰,张奇.2006.农业面源污染最佳管理措施(BMPs)在我国的应用. 农业环境与管理,20(4):64-67.

金洋,李恒鹏,李金莲.2007.太湖流域土地利用变化对非点源污染负荷量的影响. 农业环境科学学报,26(4):1214-1218.

赖格英,于革.2005. 流域尺度的营养物质输移模型研究综述. 长江流域资源与环境,14(5):574-578.

李定强,王继增.1998.广东省东江流域典型小流域非点源污染物流失规律研究. 土壤侵蚀与水土保持学报,4(3):12-18.

李怀恩.1996.流域非点源污染模型研究进展与发展趋势. 水资源保护,16(2):14-18.

李怀恩,沈晋.1997.流域非点源污染模型的建立与应用实例. 环境科学学报,17(2):141-147.

李开明,任秀文,黄国如,等.2013. 基于 AnnAGNPS 模型泗合水流域非点源污染模拟研究. 中国环境科学,33(S1):54-59.

李家科,刘健,秦耀民,等.2008.基于 SWAT 模型的渭河流域非点源氮污染分布式模拟. 西北理工大学学报,28(3):278-285.

李爽,张祖陆,孙媛媛.2013.南四湖沉积物对上覆水氮磷负荷的时空响应. 环境科学学报,33(1):133-138.

李硕,孙波,曾志远,等.2004.遥感和 GIS 辅助下流域养分迁移过程的计算机模拟.应用生态学报,15(2):278-282.

李孝坤.2007.重庆三峡库区水环境研究.地域开发与研究,25(4):109-112.

梁常德,龙天渝,李继承,等.2007.三峡库区非点源氮磷负荷研究.长江流域资源与环境,16(1):26-30.

刘昌明,李道峰,田英,等.2003.基于 DEM 的分布式水文模型在大尺度流域应用研究.地理科学进展,22(5):437-445.

刘瑞民,沈珍瑶,丁晓雯,等.2008.应用输出系数模型估算长江上游非点源污染负荷.农业环境科学学报,27(2):677-682.

刘瑞民,王嘉薇,张培培,等.2013.大伙房水库控制流域土壤侵蚀评价及其影响因素分析.农业环境科学学报,32(8):1597-1601.

刘瑞民,杨志峰,丁晓雯,等.2006a.土地利用/覆盖变化对长江上游非点源污染影响研究.环境科学,27(12):2407-2414.

刘瑞民,杨志峰,沈珍瑶,等.2006b.土地利用/覆盖变化对长江流域非点源污染的影响及其信息系统建设.长江流域资源与环境,15(3):372-377.

龙天渝,李继承,刘腊美.2008.嘉陵江流域吸附态非点源污染负荷研究.环境科学,29(7):1811-1817.

梅立永,赵智杰,黄钱,等.2007.小流域非点源污染模拟与仿真研究——以 HSPF 模型在西丽水库流域应用为例.农业环境科学学报,26(1):64-70.

卢少勇,金相灿,余刚.2006.人工湿地的氮去除机理.生态学报,26(8):2670-2677.

庞靖鹏.2007.非点源污染分布式模拟——以密云水库水源地保护为例(博士学位论文).北京:北京师范大学.

秦耀民,胥彦玲,李怀恩.2009.基于 SWAT 模型的黑河流域不同土地利用情景的非点源污染研究.环境科学学报,29(2):440-448.

沈珍瑶,韩兆兴.2010.加强中国非点源污染治理的若干建议.科技导报,28(17):13.

沈珍瑶,刘瑞民,叶闽,等.2008.长江上游非点源污染特征及其变化规律.北京:科学出版社.

施为光.2002.四川省清平水库流域非点源污染负荷计算.重庆环境科学,22(2):33-36.

宋林旭,刘德富,过寒超,等.2013.三峡库区香溪河流域不同源类氮、磷流失特征研究.土壤通报,44(2):465-471.

汤洁,刘畅,杨巍,等.2012.基于 SWAT 模型的大伙房水库汇水区农业非点源污染空间特性研究.地理科学,32(10):1247-1253.

田甜,刘瑞民,王秀娟,等.2011.三峡库区大宁河流域非点源污染输出风险分析.环境科学与技术,34(6):185-189.

王宁,徐崇刚,朱颜明.2002.GIS 用于流域径流污染物的量化研究.东北师大学报(自然科学版),34(2):92-97.

王少平,俞立中,许世远,等.2002.苏州河非点源污染负荷研究.环境科学研究,15(6):23-27.

王晓燕.2003.非点源污染及其管理.北京:海洋出版社.

王晓燕.2011.非点源污染过程机理与控制管理.北京:科学出版社.

王晓燕,秦福来,欧洋,等.2008.基于 SWAT 模型的流域非点源污染模拟——以密云水库北部流域为例.农业环境科学学报,27(3):1098-1105.

王晓燕,王晓峰,汪清平,等.2004. 北京密云水库小流域非点源污染负荷估算.地理科学,24(2):227-231.

王晓燕,张雅帆,欧洋.2009a.北京密云水库上游太师屯镇非点源污染损失估算.生态与农村环境学报,25(4):37-41.

王晓燕,张雅帆,欧洋,等.2009b.最佳管理措施对非点源污染控制效果的预测——以北京密云县太师屯镇为例.环境科学学报,29(11):2440-2450.

王秀娟.2010.香溪河流域农业非点源污染研究及管理措施评价(硕士毕业论文).北京:北京师范大学.

王秀娟,刘瑞民,宫永伟,等.2011. 香溪河流域土地利用格局演变对非点源污染的影响研究.环境工程学报,5(5):1194-1200.

王秀娟,刘瑞民,何孟常.2009.松辽流域非点源污染 TN 时空变化特征研究.水土保持研究,16(4):192-196.

王云鹏.2000.基于遥感和地理信息系统的面源信息系统及初步应用.科学通报,45(S1):2763-2767.

魏冲,宋轩,陈杰. 2014. SWAT 模型对景观格局变化的敏感性分析——以丹江口库区老灌河流域为例.生态学报,34(2):517-525.

夏军.2004. 水问题的复杂性与不确定性研究与进展.北京:中国水利水电出版社.

邢可霞,郭怀成,孙延枫,等.2004. 基于 HSPF 模型的滇池流域非点源污染模拟.中国环境科学,24(2):229-232.

许亮.2010.基于遗传算法的农业非点源最佳管理措施多目标优化研究(硕士学位论文).北京:北京师范大学.

许其功,刘鸿亮,沈珍瑶,等.2006.茅坪河流域非点源污染负荷模拟.环境科学,27(11):2176-2181.

杨建云.2004. 洱海湖区非点源污染与洱海水质恶化.云南环境科学,23(B04):104,105.

杨胜天,程红光,郝芳华,等.2006.全国非点源污染分区分级.环境科学学报,26(3):398-403.

尹澄清,毛战坡.2002. 用生态工程技术控制农村非点源水污染.应用生态学报,13(2):229-232.

于婕,李怀恩.2013.西安市对渭河水质的影响分析.环境科学,34(5):1700-1706.

余红.2007.大宁河流域非点源污染的不确定性研究(硕士学位论文).北京:北京师范大学.

余红,沈珍瑶.2008.非点源污染不确定性研究进展.水资源保护,24(1):1-5.

余炜敏.2005. 三峡库区农业非点源污染及其模型模拟研究(博士学位论文).重庆:西南农业大学.

余炜敏,魏朝富,谢德体.2004. 太湖流域与长江三峡库区农业非点源污染对比研究.水土保持学报,18(1):115-118.

曾远,张永春,张龙江,等.2006.GIS 支持下 AGNPS 模型在太湖流域典型圩区的应用.农业环境科学学报,25(3):761-765.

张培培.2014. 基于 SWAT 模型的香溪河流域非点源模拟和 BMPs 成本效益分析(硕士毕业论

文). 北京:北京师范大学.

张巍,郑一,王学军. 2008. 水环境非点源污染的不确定性及分析方法. 农业环境科学学报,27: 1290-1296.

张雪松,郝芳华,杨志峰,等. 2003. 基于 SWAT 模型的中尺度流域产流产沙模拟研究. 水土保持研究,10(4):38-42.

张瑛,阮晓红. 2003. 农业非点源模型——AGNPS 概述. 四川环境,22(5):63-66.

张永勇,王中根,于磊,等. 2009. SWAT 水质模块的扩展及其在海河流域典型区的应用. 资源科学,31(1):94-100.

赵冬泉,王浩正,陈吉宁,等. 2009. 城市暴雨径流模拟的参数不确定性研究. 水科学进展,20(1): 45-51.

赵同谦,徐华山,任玉芬,等. 2008. 滨河湿地对农业非点源氮污染控制研究进展. 环境工程学报, 2(11):1441-1446.

郑一,王学军. 2002. 非点源污染研究的进展与展望. 水科学进展,13(1):105-110.

钟成华. 2004. 三峡库区水体富营养化研究(博士学位论文). 成都:四川大学.

朱波,汪涛,王建超,等. 2010. 三峡库区典型小流域非点源氮磷污染的来源与负荷. 中国水土保持,10:34-36.

Aalderink R, Zoeteman A, Jovin R. 1996. Effect of input uncertainties upon scenario predictions for the river Vecht. Water Science and Technology,33(2):107-118.

Abbott M, Bathurst J, Cunge J, et al. 1986a. An introduction to the European hydrological system-systeme hydrologique Europeen, SHE, 1: History and philosophy of a physically based distributed modelling system. Journal of Hydrology,87(1-2):45-59.

Abbott M, Bathurst J, Cunge J, et al. 1986b. An introduction to the european hydrological system-Systeme hydrologique Europeen, SHE, 2: Structure of a physically-based, distributed modelling system. Journal of Hydrology,87(1-2):61-77.

Arhonditsis G, Tsirtsis G, Angelidis M, et al. 2000. Quantification of the effects of nonpoint nutrient sources to coastal marine eutrophication: Applications to a semi-enclosed gulf in the Mediterranean Sea. Ecological Modelling,129(2-3):209-227.

Arnold J G, Allen P M, Bernhardt G. 1993. A comprehensive surface-groundwater flow model. Journal of Hydrology,142(1-4):47-69.

Arnold J G, Williams J R, Maidment D A. 1995. Continuous-time water and sediment-routing model for large basins. Journal of Hydraulic Engineering,121:171.

Ascough J, Baffaut C, Nearing M, et al. 1997. The WEPP watershed model. I. Hydrology and erosion. Transactions of the ASAE,40(4):921-933.

Beasley D B, Huggins L F, Monke E J. 1980. ANSWERS: A model for watershed planning. Transactions of the ASAE,23(4):938-944.

Bicknell B R, Imhoff J C, Jobes T H, et al. 2001. Hydrological Simulation Program-Fortran (HSPF Version 12): User's Manual. Washington DC: U. S. Environmental Protection Agency.

Boers P. 1996. Nutrient emissions from agriculture in the Netherlands, causes and remedies. Water Science & Technology, 33(4):183-189.

Bouraoui F, Benabdallah S, Jrad A, et al. 2005. Application of the SWAT model on the Medjerda river basin (Tunisia). Physics and Chemistry of the Earth, 30(8-10):497-507.

Bowes M J, Smith J T, Jarvie H P, et al. 2008. Modelling of phosphorus inputs to rivers from diffuse and point sources. Science of the Total Environment, 395(2-3):125-138.

Boyd C. 2003. Guidelines for aquaculture effluent management at the farm-level. Aquaculture, 226(1-4):101-112.

Braskerud B. 2002. Factors affecting phosphorus retention in small constructed wetlands treating agricultural non-point source pollution. Ecological Engineering, 19(1):41-61.

Chen L, Liu R M, Huang Q, et al. 2013. Integrated assessment of nonpoint source pollution of a drinking water reservoir in a typical acid-rain region. International Journal of Environmental Science and Technology, 10(4):651-664.

Cho J, Park S, Im S. 2008. Evaluation of agricultural nonpoint source (AGNPS) model for small watersheds in Korea applying irregular cell delineation. Agricultural Water Management, 95(4):400-408.

Chung E S, Lee K S. 2009. Prioritization of water management for sustainability using hydrologic simulation model and multicriteria decision making techniques. Journal of Environmental Management, 90(3):1502-1511.

Collins A, Anthony S. 2008. Predicting sediment inputs to aquatic ecosystems across England and Wales under current environmental conditions. Applied Geography, 28(4):281-294.

Cryer S A, Applequist G E. 2003a. Direct treatment of uncertainty: I-applications in aquatic invertebrate risk assessment and soil metabolism for chlorpyrifos. Environmental Engineering Science, 20(3):155-167.

Cryer S A, Applequist G E. 2003b. Direct treatment of uncertainty: II-applications in pesticide runoff, leaching and spray drift exposure modeling. Environmental Engineering Science, 20(3):169-181.

D'Arcy B, Frost A. 2001. The role of best management practices in alleviating water quality problems associated with diffuse pollution. Science of the Total Environment, 265 (1-3):359-367.

Demirel M C, Venancio A, Kahya E. 2009. Flow forecast by SWAT model and ANN in Pracana basin, Portugal. Advances in Engineering Software, 40(7):467-473.

Dennis L, Peter J, Keith L. 1997. Modeling non point source pollution in vadose zone with GIS. Environmental Science and Technology, 8:2157-2175.

Ding X W, Shen Z Y, Hong Q, et al. 2010. Development and test of export coefficient model for the upper reach of Yangtze river. Journal of Hydrology, 383(3-4):233-244.

Edwards A C, Withers P J A. 2008. Transport and delivery of suspended solids, nitrogen and phosphorus from various sources to freshwaters in the UK. Journal of Hydrology, 350(3-4):144-153.

Faramarzi M,Abbaspour K C,Vaghefi S A,et al. 2013. Modeling impacts of climate change on freshwater availability in Africa. Journal of Hydrology,480:85-101.

Fonseca A,Botelho C,Boaventura R A R,et al. 2014. Integrated hydrological and water quality model for river management:A case study on Lena river. Science of the Total Environment, 485-486:474-489.

Francos A,Bidoglio G,Galbiati L,et al. 2001. Hydrological and water quality modelling in a medium-sized coastal basin. Physics and Chemistry of the Earth(B),26(1):47-52.

Francos A,Elorza F,Bouraoui F,et al. 2003. Sensitivity analysis of distributed environmental simulation models:Understanding the model behaviour in hydrological studies at the catchment scale. Reliability Engineering & System Safety,79(2):205-218.

Gitau M W,Veith T L,Ghurek W J,et al. 2006. Watershed-level best management practice selection and placement in the Town Brook Watershed,New York. Journal of the American Water Resources Association,42(6):1565-1581.

Granlund K,Rekolainen S,Gröroos J. 2000. Estimation of the impact of fertilization rate on nitrate leaching in Finland using a mathematical simulation model. Agriculture,Ecosystems & Environment,80(1-2):1-13.

Guo H Y,Zhu J G,Wang X R,et al. 2004. Case study on nitrogen and phosphorus emissions from paddy field in Taihu region. Environmental Geochemistry and Health,26(2):209-219.

Haith D. 1976. Land use and water quality in New York rivers. Journal of the Environmental Engineering Division-ASCE,102(1):1-15.

Hewlett J,Cunningham G,Troendle C. 1977. Predicting stormflow and peakflow from small basins in humid areas by the R-index method. Water Resources Bulletin,13(2):231-253.

Huang J,Hong H. 2010. Comparative study of two models to simulate diffuse nitrogen and phosphorus pollution in a medium-sized watershed,southeast China. Estuarine,Coastal and Shelf Science,86(3):387-394.

Johnes P J. 1996. Evaluation and management of the impact of land use change on the nitrogen and phosphorus load delivered to surface waters:The export coefficient modelling approach. Journal of Hydrology,183(3-4):323-349.

Kannan N,White S,Worrall F,et al. 2007. Hydrological modelling of a small catchment using SWAT-2000-Ensuring correct flow partitioning for contaminant modelling. Journal of Hydrology,334(1-2):64-72.

Khadam I M,Kaluarachchi J J. 2006. Water quality modeling under hydrologic variability and parameter uncertainty using erosion-scaled export coefficients. Journal of Hydrology,330(1-2):354-367.

Kohler M,Richards M. 1962. Multi-capacity basin accounting for predicting runoff from storm precipitation. Journal of Geophysical Research,67(13):5187-5197.

Kronvang B,Graesboll P,Larsen S,et al. 1996. Diffuse nutrient losses in Denmark. Water Science & Technology,33(4-5):81-88.

Linsley R, Kohler M, Paulhus J. 1949. Applied Hydrology. New York: McGraw-Hill.

Litwin Y, Donigian Jr A. 1978. Continuous simulation of nonpoint pollution. Journal of Water Pollution Control Federation, 50: 2348-2361.

Liu J, Zhang L, Zhang Y, et al. 2008. Validation of an agricultural non-point source (AGNPS) pollution model for a catchment in the Jiulong river watershed, China. Journal of Environmental Sciences, 20(5): 599-606.

Liu R M, Wang J W, Shi J H, et al. 2014. Runoff characteristics and nutrient loss mechanism from plain farmland under simulated rainfall conditions. Science of the Total Environment, 468-469: 1069-1077.

Liu R M, Yang Z F, Shen Z Y, et al. 2009. Estimating nonpoint source pollution in the upper Yangtze river using the export coefficient model, remote sensing, and geographical information system. Journal of Hydraulic Engineering-ASCE, 135(9): 698-704.

Liu R M, Zhang P P, Wang X J, et al. 2013. Assessment of effects of best management practices on agricultural non-point source pollution in Xiangxi river watershed. Agricultural Water Management, 117: 9-18.

Lu J, Gong D Q, Shen Y N, et al. 2013. An inversed Bayesian modeling approach for estimating nitrogen export coefficients and uncertainty assessment in an agricultural watershed in eastern China. Agricultural Water Management, 116: 79-88.

Mack M. 1995. HER—hydrologic evaluation of runoff, The soil conservation service curve number technique as an interactive computer model. Computers and Geosciences, 21(8): 929-935.

Mattikalli N M, Richards K S. 1996. Estimation of surface water quality changes in response to land use change: Application of the export coefficient model using remote sensing and geographical information system. Journal of Environmental Management, 48(3): 263-282.

Melching C S, Bauwens W. 2001. Uncertainty in coupled nonpoint source and stream water-quality models. Journal of Water Resources Planning and Management, 127(6): 403-413.

Morari F, Lugato E, Borin M. 2004. An integrated non-point source model-GIS system for selecting criteria of best management practices in the Po Valley, North Italy. Agriculture, Ecosystems and Environment, 102(3): 247-262.

Morgan R. 1988. Soil erosion and conservation. Soil Science, 145(6): 461.

Morgan R, Quinton J, Smith R, et al. 1998. The European Soil Erosion Model (EUROSEM): A dynamic approach for predicting sediment transport from fields and small catchments. Earth Surface Processes and Landforms, 23(6): 527-544.

Nandakumar N, Mein R G. 1997. Uncertainty in rainfall—runoff model simulations and the implications for predicting the hydrologic effects of land-use change. Journal of Hydrology, 192(1-4): 211-232.

Novotny V. 2003. Water Quality: Diffuse Pollution and Watershed Management. New York: John Wiley and Sons.

NRC. 2001. Assessing the TMDL Approach to Water Quality Management. Washington DC: National Research Council.

Ongley E D, Zhang X L, Yu T. 2010. Current status of agricultural and rural non-point source pollution assessment in China. Environment Pollution, 158: 1159-1168.

Panagopoulos Y, Makropoulos C, Mimikou M. 2012. Decision support for diffuse pollution management. Environmental Modelling & Software, 30: 57-70.

Plus M, Jeunesse I, Bouraoui F, et al. 2006. Modelling water discharges and nitrogen inputs into a mediterranean lagoon impact on the primary production. Ecological Modelling, 193 (1-2): 69-89.

Randhir T O, Tsvetkova O. 2011. Spatiotemporal dynamics of landscape pattern and hydrologic process in watershed systems. Journal of Hydrology, 404: 1-12.

Rao N S, Easton Z M, Schneiderman E M, et al. 2009. Modeling watershed-scale effectiveness of agricultural best management practices to reduce phosphorus loading. Journal of Environmental Management, 90(3): 1385-1395.

Ribarova I, Ninov P, Cooper D. 2008. Modeling nutrient pollution during a first flood event using HSPF software: Iskar river case study, Bulgaria. Ecological Modelling, 211(1-2): 241-246.

Ristenpart E. 1999. Planning of stormwater management with a new model for drainage best management practices. Water Science and Technology, 39(9): 253-260.

Romstad E. 2003. Team approaches in reducing nonpoint source pollution. Ecological Economics, 47(1): 71-78.

Saleh A, Du B. 2004. Evaluation of SWAT and HSPF within BASINS program for the upper North Bosque river watershed in central Texas. Transactions of the ASAE, 47(4): 1039-1049.

Schreiber J, Rebich R, Cooper C. 2001. Dynamics of diffuse pollution from US southern watersheds. Water Research, 35(10): 2534-2542.

Shen Z Y, Chen L, Ding X W, et al. 2013a. Long-term variation (1960—2003) and causal factors of non-point source nitrogen and phosphorus loads in the upper reach of Yangtze river. Journal of Hazardous Materials, 252: 45-56.

Shen Z Y, Chen L, Hong Q, et al. 2013b. Assessment of nitrogen and phosphorus loads and causal factors from different land use and soil types in the Three Gorges reservoir area. Science of the Total Environment, 454: 383-392.

Shen Z Y, Chen L, Liao Q, et al. 2012. Impact of spatial rainfall variability on hydrology and non-point source pollution modeling. Journal of Hydrology, 472: 205-215.

Shen Z Y, Chen L, Liao Q, et al. 2013c. A comprehensive study of the effect of GIS data on hydrology and non-point source pollution modeling. Agricultural Water Management, 118: 93-102.

Shen Z Y, Gong Y W, Li Y H, et al. 2009. A comparison of WEPP and SWAT for modeling soil erosion of Zhangjiachong watershed in the Three Gorges reservoir area. Agricultural Water Management, 96(10): 1435-1442.

Shen Z Y, Hong Q, Liao Q, et al. 2013d. Uncertainty in flow and water quality measurement data:

A case study in the Daning river watershed in the Three Gorges reservoir region,China. Desalination and Water Treatment,51(19-21):3995-4001.

Shen Z Y,Qiu J L,Hong Q,et al. 2014. Simulation of spatial and temporal distributions of nonpoint source pollution load in the Three Gorges reservoir region. Science of the Total Environment,493:138-146.

Shortle J S,Ribaudo M,Horan R D,et al. 2012. Reforming agricultural nonpoint pollution policy in an increasingly budget-constrained environment. Environmental Science & Technology,46(3):1316-1325.

Shrestha S,Kazama F,Newham L T H,et al. 2008a. Catchment scale modelling of point source and non-point source pollution loads using pollutant export coefficients determined from long-term in-stream monitoring data. Journal of Hydro-environment Research,2(3):134-147.

Shrestha S,Kazama F,Newham L T H,et al. 2008b. A framework for estimating pollutant export coefficients from long-term in-stream water quality monitoring data. Environmental Modelling & Software,23(2):182-194.

Singh J,Knapp H V,Arnold J G,et al. 2005. Hydrological modeling of the Iroquois river watershed using HSPF and SWAT. Journal of the American Water Resources Association,41(2):343-360.

Singh R,Tiwari K N,Mal B C. 2006. Hydrological studies for small watershed in India using the ANSWERS model. Journal of Hydrology,318(1-4):184-199.

Srivastava P,Hamlett J,Robillard P,et al. 2002. Watershed optimization of best management practices using AnnAGNPS and a genetic algorithm. Water Resources Research,38(3):1-14.

Ullrich A,Volk M. 2009. Application of the soil and water assessment tool (SWAT) to predict the impact of alternative management practices on water quality and quantity. Agricultural Water Management,96(8):1207-1217.

USEPA. 1991. Guidance for Water Quality-Based Decisions:The TMDL Process. Washington DC:United States Environmental Protection Agency,Office of Water.

USEPA. 1998. Liquid Assets:A Summertime Perspective on the Importance of Clean Water to the Nation's Economy,Office of Water. Washington DC:USEPA.

Veith T,Wolfe M,Heatwole C. 2003. Optimization procedure for cost effective BMP placement at a watershed scale. Journal of the American Water Resources Association,39(6):1331-1343.

Wallbrink P J,Croke J. 2002. A combined rainfall simulator and tracer approach to assess the role of best management practices in minimizing sediment redistribution and loss in forests after harvesting. Forest Ecology and Management,170(1-3):217-232.

Warwick J,Wilson J. 1990. Estimating uncertainty of stormwater runoff computations. Journal of Water Resources Planning and Management,116(2):187-204.

Watanabe H,Grismer M. 2001. Diazinon transport through inter-row vegetative filter strips:Micro-ecosystem modeling. Journal of Hydrology,247(3-4):183-199.

Weber A,Fohrer N,Möller D. 2001. Long-term land use changes in a mesoscale watershed due to socio-economic factors—Effects on landscape structures and functions. Ecological Modelling, 140(1-2):125-140.

Williams J R, Nicks A D, Arnold J G. 1985. Simulator for water resources in rural basins. Journal of Hydraulic Engineering-ASCE, 111(6):970-986.

Wischmeier W H, Smith D D. 1965. Predicting Rainfall Erosion Losses from Cropland East of the Rocky Mountains: Guide for Selection of Practices for Soil and Water Conservation Planning. Washington DC: US Department of Agriculture.

Wischmeier W H, Smith D D. 1978. Predicting Rainfall Erosion Losses: A Guide to Conservation Planning. Washington DC: US Department of Agriculture.

Worrall F, Burt T P. 1999. The impact of land-use change on water quality at the catchment scale: The use of export coefficient and structural models. Journal of Hydrology, 221(1-2):75-90.

Yang G, Chen Z, Yu F, et al. 2007. Sediment rating parameters and their implications: Yangtze river, China. Geomorphology, 85(3-4):166-175.

Young R A, Onstad C A, Bosch D D, et al. 1989. AGNPS: A nonpoint-source pollution model for evaluating agricultural watersheds. Journal of Soil and Water Conservation, 44(2):168-173.

Zhang P P, Liu R M, Bao Y M, et al. 2014. Uncertainty of SWAT model at different DEM resolutions in a large mountainous watershed. Water Research, 53:132-144.

第2章 研究区概况及模型介绍

2.1 研究区概况

2.1.1 地域范围

长江三峡包括瞿塘峡、巫峡和西陵峡,西起重庆奉节白帝城,东到湖北宜昌南津关,全长193km(蓝勇,2003)。该地区水资源丰富,是世界上最大的水力资源宝库之一,开发条件好,地理位置适中,正处于"南水北调、西电东送"的交接地带。三峡工程于1994年正式开工;于1997年11月8日实施大江截流;于2003年6月开始蓄水至135m;2006年9月开始蓄水至156m;自2008年9月底起,三峡大坝开始试验性蓄水至172.3m(张卫东等,2013)。

三峡库区作为一个现代地理概念,是指三峡大坝175m蓄水后受回水影响的水库淹没区和移民搬迁所涉及的有关区域(李月臣,刘春霞,2011),其地理位置处于E105°44′~111°39′,N28°32′~31°44′;行政区划上包括宜昌市夷陵区、兴山县、秭归县、巴东县、巫山县、巫溪县、奉节县、云阳县、开县、万州区、忠县、丰都县、石柱县、武隆县、长寿区、江北区、涪陵区、巴南区、江津区等区县(黄健民,2011),总面积将近60000km²(图2.1)。

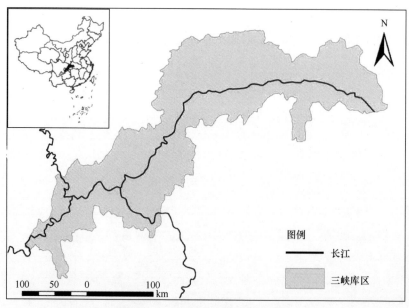

图2.1 三峡库区地理位置示意图

2.1.2 地质地貌

三峡库区地跨川、鄂中低山峡谷和川东平行岭谷低山丘陵区,北靠大巴山,南依云贵高原,总体地势呈西高东低趋势。沿江以奉节为界,两端地貌特征迥然不同,西段主要为侏罗系碎屑岩组成的低山丘陵宽谷地形,山脉从奉节一带高程近1000m,至长寿附近逐渐降至 300～500m。东段主要为震旦系至三叠系碳酸盐组成的川鄂山地,一般高程 800～1800m(图 2.2)。三峡库区内河谷平坝约占总面积的 4.3%,丘陵约占 21.7%,山地约占 74.0%(洪倩,2011)。

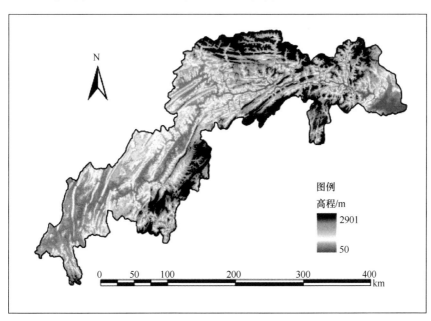

图 2.2 三峡库区数字高程模型(DEM)图

2.1.3 气候地理

三峡库区属亚热带季风湿润气候,具有冬暖春早、夏热伏旱、秋雨连绵、湿度大、云雾多、风力小等气候特征。年平均温度为 17～19℃,无霜期约为 300～340天,年均降水量为 1000～1400mm,地区分布相对均匀,4～10 月降水量占全年80%以上,5～9 月常有暴雨出现,形成三峡区间洪水,但 7～8 月也常有伏旱发生。库区土地类型多样,丘陵、山地面积大,平地面积小,土地结构复杂,垂直差异明显。库区土壤共有 7 个土类和 16 个亚类,主要土壤类型有紫色土、黄壤、石灰土和水稻土等(图 2.3)。在土壤类型中,紫色土约占总地面积的 47.8%,富含磷、钾等元素,松软易耕,适宜多种作物,是三峡库区重要柑橘产区;石灰土约占 34.1%,在低山丘陵地区有大面积分布;黄壤、黄棕壤占 16.3%,是库区基本水平地带性土壤,分布于高程 600m 以下的河谷盆地及丘陵地区,土壤自然肥力较高。

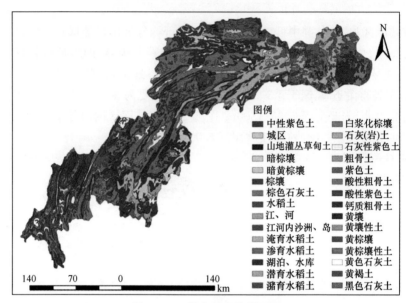

图 2.3 三峡库区土壤类型图

三峡库区森林覆盖率约为 37.0%(图 2.4),东部明显高于西部,共有维管束植物 208 科、1428 属、6088 种。在各区(县)中,兴山县森林覆盖率高达 72.1%,居第

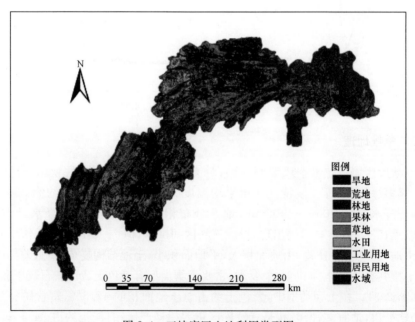

图 2.4 三峡库区土地利用类型图

一位;夷陵区、秭归县、巴东县森林覆盖率分别为 52.9%、52.5% 和 52.3%,分列第二、三、四位。巫溪县有林地面积最大,为 27.32 万 hm²;夷陵区、巴东县有林地面积分别为 24.68 万 hm² 和 23.22 万 hm²,分列第二、三位。

2.1.4　水文特征

三峡水库年径流量主要集中在汛期,寸滩和宜昌站年径流量多年平均值为 3500 亿 m³,79% 的径流量集中在 5~10 月。寸滩和宜昌站历年实测最大流量为 85700m³/s 和 70800m³/s,最小流量分别为 2270m³/s 和 2770m³/s。近 100 年来,宜昌洪峰流量超过 60000m³/s 的有 21 次,洪峰流量大而频繁。宜昌站多年平均年输出泥沙量 5.23 亿 t,平均含沙量 1.19kg/m³,最大达 10.5kg/m³。

三峡库区内水位年变幅较大。各河段因河道等特征不同,年内水位变幅达 30~50m。库区河道洪峰陡涨陡落。汛期水位日上涨可达 10m,日降落可达 5~7m。库区河道水面比降较大,水流湍急,平均水面比降约为 2‰。急流滩处水面比降达 1% 以上。峡谷段水流表面流速,洪水期可达 4~5m/s,最大达 6~7m/s,枯水期为 3~4m/s。三峡库区沿岸常见的主要的一级支流概况如表 2.1 所示。

表 2.1　三峡库区长江沿岸主要一级支流

区(市、县)名称	河流名称	流域面积/km²	库区境内长度/km	年均流量/(m³/s)
江津市	綦江	4394	153	122
九龙坡区	大溪河	195.6	35.8	2.3
巴南区	一品河	363.9	45.7	5.7
	花溪河	271.8	57	3.6
渝中区	嘉陵江	157900	153.8	2120
江北区	朝阳河	135.1	30.4	1.6
南岸区	长塘河	131.2	34.6	1.8
巴南区	五步河	858.2	80.8	12.4
渝北区	御临河	908	58.4	50.7
长寿区	桃花溪	363.8	65.1	4.8
	龙溪河	3248	218	54
涪陵区	梨香溪	850.6	13.6	13.6
	乌江	87920	65	1650
丰都区	渠溪河	923.4	93	14.8
	碧溪河	196.5	45.8	2.2
	龙河	2810	114	58
	池溪河	90.6	20.6	1.3

续表

区(市、县)名称	河流名称	流域面积/km²	库区境内长度/km	年均流量/(m³/s)
忠县	东溪河	139.9	32.1	2.3
	黄金河	958	71.2	14.3
	汝溪河	720	11.9	11.9
万州区	瀼渡河	269	37.8	4.8
	苎溪河	228.6	30.6	4.4
云阳县	小江	5172.5	117.5	116
	汤溪河	1810	108	56.2
	磨刀溪	3197	170	60.3
	长滩河	1767	93.6	27.6
奉节县	梅溪河	1972	112.8	32.4
	草堂河	394.8	31.2	8
巫山县	大溪河	158.9	85.7	30.2
	大宁河	4200	142.7	98
	官渡河	315	31.9	6.2
	抱龙河	325	22.3	6.6
巴东县	神龙溪	350	60	20
秭归县	青干河	523	54	19.6
	童庄河	248	36.6	6.4
	咤溪河	193.7	52.4	8.3
	香溪河	3095	110.1	47.4
	九畹溪	514	42.1	17.5
	茅坪溪	113	24	2.5

2.1.5　水质状况

2008年,库区干流6个断面中官渡口断面水质为Ⅱ类,清溪场、沱口断面水质均为Ⅲ类,朱沱、铜罐驿、寸滩断面受总磷影响水质均为Ⅳ类。其中,沱口断面水质由上一年的Ⅱ类转为Ⅲ类,朱沱、铜罐驿和寸滩断面水质由上一年的Ⅲ类转为Ⅳ类,其余两个断面水质类别保持不变。与2007年相比,干流水质有所变差。

2008年,库区支流7个断面中北碚断面水质为Ⅱ类,临江门、武隆断面水质为Ⅲ类,澎溪河口、大宁河口和香溪河口断面受总磷影响水质均为Ⅳ类,御临河口断面受总磷影响水质为Ⅴ类。其中,御临河口断面水质由2007年的Ⅳ类转为Ⅴ类。与2007年相比,支流水质总体持平,并略有变差。从各月情况来看,4月水质最差,各断面水质均劣于Ⅲ类;其余各月至少有2个断面水质劣于Ⅲ类,达到或优于Ⅲ类水质的断面比例变化在42.9%~71.4%。

2.1.6 农业发展状况

2008年,库区耕地面积为195588hm²,人均耕地面积为0.050hm²,分别比上年增加2916hm²和0.002hm²(1.5%和4.2%)。耕地中水田、旱地面积分别为86617hm²、108971hm²,分别占44.3%和55.7%,其中水田比重比上年上升1.4个百分点。从耕作制度来看,水田以二熟制为主,占56.1%,一熟制和三熟制分别占33.5%和10.4%;旱地以三熟制为主,占58.6%,二熟制和一熟制分别占33.7%和7.7%。库区耕地复种指数为239.02%,比2007年下降36.84个百分点。农作物总播种面积为467495hm²,比上年减少11.1%。与上年相比,粮食作物比重有所下降。2008年,库区还林还草面积为24021.64hm²,坡改梯面积为8800.20hm²,与2007年相比均有所减少。从耕地结构来看,小于10°和10°~15°坡耕地比例分别为21.9%和30.1%,15°~25°和大于25°坡耕地比例分别为31.6%和16.4%。

2.1.7 社会经济情况

2008年,三峡库区户籍总人口2068.02万人,比上年增长0.6%。其中,农业人口1385.67万人,比上年减少0.5%;非农业人口682.35万人,增长3.0%。非农业人口占总人口的比重为33.0%,比上年提高0.8个百分点。2008年,库区实现地区生产总值3821.34亿元,按可比价格计算,比上年增长15.0%。其中,重庆库区3605.98亿元,比上年增长14.8%;湖北库区215.36亿元,增长18.9%。第一、二、三产业分别实现增加值350.63亿元、1857.28亿元和1613.43亿元,比上年增长8.1%、18.8%和13.5%,其中工业增加值1583.3亿元,增长21.6%。第一、二、三产业增加值比例为9.2∶48.6∶42.2。按常住人口计算,库区人均地区生产总值20063元,比2007年增长24.6%。

2.1.8 生态环境问题

三峡水库形成后,淹没面积很大,改变了天然的水流条件,流速减缓,不利于污染物的扩散和自净,加上大量移民活动如扩大耕地、大兴土木、破坏植被,促成水土流失,加大排污量等,势必加重对库区土地资源及生态环境的压力(王秀娟,2010)。三峡工程对库区生态环境的影响非常复杂,水污染防治、生态保护、泥沙淤积等一系列问题将成为影响和制约长江流域实现可持续发展的一个重要因素。加快库区水污染防治和生态保护步伐,是当前一项十分急迫的任务。三峡库区及其上游区经过多年的污染治理,取得了一定的成效。但由于环境保护基础比较薄弱,环保投入有限,三峡库区生态环境面临一系列严峻的问题:

　　(1) 水土流失严重,生态环境退化。三峡库区坡耕地较多,陡坡垦植普遍,土地耕作频繁且复种指数高,土地长期得不到休耕调息,处于裸露和松散状态,极易被侵蚀,水土流失严重。同时,乱砍滥伐森林和毁林开荒,对森林植被造成极大破坏;而多年来对草地采取的自然粗放经营方式也使得草地严重退化,产草量下降。加上对矿产资源的不合理开发,如一些小型的采碎石场的无序开采,导致了大量的水土流失,对三峡库区生态环境带来严重的威胁。同时,水土流失和滑坡、泥石流等地质灾害也使长江上游江河泥沙含量高,严重威胁三峡工程及下游的生态安全。

　　(2) 水质情况不容乐观,水体污染趋势加重。目前,三峡库区及其上游水质状况得到了一定的改善。长江干流及入库支流水质改善最显著的是,由于生活污水得到处理,粪大肠菌群超标频率和超标倍数显著降低。但营养物质指标浓度和有机物综合指标浓度仍较高,特别是总磷浓度长期偏高,导致一些断面无法达到Ⅲ类水质。2002～2008年三峡库区长江干流和支流各断面达Ⅱ类水质的比例有下降的趋势,而达Ⅳ类水质的比例有上升的趋势。这也就是说,三峡库区水质均有可能正在恶化。

　　(3) 在三峡库区岸边,生活垃圾、工业固体废物随意堆放,处理率低。城市生活垃圾目前仅基本做到清运出城进行简易处理,生活垃圾无害化处理率低,且长期暴露堆放在城郊或沿江两岸,极易冲入江中,一经进入库区江河,不但直接污染水体,而且还会沉积为底泥,形成底泥污染,严重威胁库区水体水质。同时,三峡库区工业固体废物多数就地堆积,部分排入江河。另外,由于三峡库区汇集了岷江、沱江、嘉陵江、乌江、金沙江、赤水河六大支流的来水以及若干小支流的来水,目前各个支流沿江城镇的生活污水和垃圾基本未处理,沿岸堆放垃圾现象普遍,水污染问题日趋严重。

　　(4) 农村非点源污染逐渐加大。随着农业产业结构的调整,养殖业的快速发展,规模化的畜禽养殖粪便的直接排放,加重了地表水的污染,造成非点源污染比较严重。尤其是水产养殖业的发展,由于养殖户大量投放含氮、磷的饲料,化肥及禽畜粪便进行肥水养鱼,河道污染严重,水体富营养化现象突出,影响了生物多样性的保护。另外,由于现在重化肥、轻农肥,大量的人畜粪便、沼气肥等多数被弃置不用,任意向水体排放,致使河道淤塞,水质恶化。同时,由于广大农村农药、化肥的大量施用及施用方式的不合理,水土流失将农药、化肥、土壤中的营养元素及一些动植物腐败物质混合泥沙流入江中,带入水体,使水体中悬浮物、生化需氧量、化学需氧量、总磷等浓度增加,造成水体非点源污染严重,导致生态失衡。

2.2　SWAT 模型介绍

根据第 1 章模型比较结果,在研究过程中选用分布式机理模型 SWAT 来进行相应的非点源污染模拟和分析。

SWAT 模型最初是由 SWRRB(simulator for water resources in rural basins)模型发展而来的,同时它还在发展过程中综合了其他几个美国农业调查局开发的模型的特点,这些模型包括 CREAMS(chemicals,runoff and erosion from agricultural management systems)、Gleams(groundwater loadings effects on agricultural management systems)和 EPIC(erosion productivity impact calculator)(图 2.5)。

SWRRB 模型的发展始于对 CREAMS 中日降雨水文模型的修改,修改后模型的主要变化有(Arnold et al.,1993):

(1) 对模型功能进行了相应扩展,可同时对若干个子流域进行模拟,进而计算整个流域的水文状况;

(2) 增加了模拟地下水功能的模块;

(3) 增加了水库模块,可模拟农田池塘或水库对水沙的影响;

(4) 增加了气象模拟功能,该气象模拟器整合了降雨、太阳辐射和气温以加强对流域长时间序列的模拟;

(5) 改进了峰值流量的计算方法;

(6) 加入了 EPIC 模型中的作物生长模块,以解决作物生长过程的年际变化;

(7) 增加了单次暴雨径流模块;

(8) 增加了泥沙迁移模块,模拟泥沙通过池塘、水库、河流和峡谷时的运动状况;

(9) 增加了输移损失的计算。

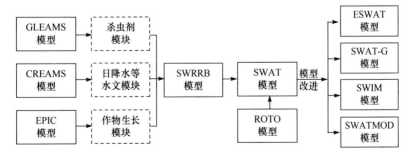

图 2.5　SWAT 模型发展历程

2.2.1　基本原理

SWAT 模型过程如图 2.6 所示。

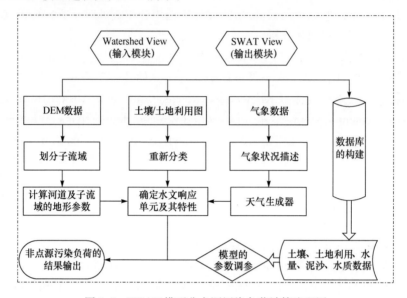

图 2.6　SWAT 模型非点源污染负荷计算流程图

对流域水循环的准确模拟是非点源污染模拟最基本的前提条件。SWAT 模型对流域水文循环的模拟可以分为两部分,即陆面水文循环和河道中的水文演进。陆面水文循环决定了每个子流域进入河道的水量、农药、泥沙和营养物质负荷量,河道中的水文演进则是农药、泥沙和营养物质等通过河网达到流域出口的运移过程。

2.2.2　水文过程

SWAT 模型中应用的陆面水平衡方程见式(2.1):

$$SW_t = SW_0 + \sum_{i=1}^{t} (R_{day} - Q_{surf} - E_a - w_{seep} - Q_{gw}) \tag{2.1}$$

式中,SW_t 为土壤最终含水量,mm;SW_0 为第 i 天的土壤初始含水量,mm;R_{day} 为第 i 天的降雨量,mm;Q_{surf} 为第 i 天的表面径流量,mm;E_a 为第 i 天的蒸发量,mm;w_{seep} 为第 i 天的渗流量,mm;Q_{gw} 为第 i 天的地下水量,mm。

1. 地表径流量

降雨在下落过程中可能被植被的冠盖拦截或直接落到土壤表层,表层的土壤水通过下渗进入土壤或形成地表径流,地表径流进入河道的速率较快并引起河流流量的短期变化,渗滤水则成为了土壤持有水随后进行蒸发,或通过地下水路径进入地表水系。降雨初期土壤含水量低,其下渗率较大,随着土壤含水量的升高,下渗率逐渐降低,当降水速率大于土壤下渗滤时即开始了填洼过程,如果降水速率持续高于下渗率,填洼过程结束后即开始产生地表径流。SWAT 模型提供了两种方法计算表面径流,包括 SCS 曲线(soil conservation service-curve number,SCS-CN)法和 Green-Ampt 下渗法。SCS 曲线系数方程是一个自 20 世纪 50 年代起就得到广泛应用的经验方程,是由美国学者在全美国的众多小流域研究了 20 多年降雨-径流的相关关系最终得到的,经过不断地发展,该方程可以计算不同土地利用类型和土壤类型中的地表径流量,其相关公式见式(2.2)和式(2.3)。

$$Q_{surf} = \frac{(R_{day} - I_a)^2}{R_{day} - I_a + S} \tag{2.2}$$

$$S = \frac{25400}{CN} - 254 \tag{2.3}$$

式中,Q_{surf} 为地表径流量,mm;R_{day} 为日降雨量,mm;I_a 为初损,mm,包括降雨在产流前的地表储存、中途拦截和下渗;S 为可能最大持水量,mm,与土壤类型、土地利用、管理措施和坡度有关;CN 为曲线数。

曲线数 CN 是土壤渗透率、土地利用和土壤前期含水条件的函数。SWAT 模型提供了在 5% 坡度、潮湿条件下各种土地利用和土壤的 CN 值,并针对土壤前期含水条件和坡度的不同对 CN 值进行了修正。SCS 定义了三种土壤潮湿状态,即 Ⅰ 为萎蔫点、Ⅱ 为平均含水量、Ⅲ 为田间持水量状态,第 Ⅰ 种和第 Ⅲ 种潮湿状态下的 CN 值计算见式(2.4)和式(2.5):

$$CN_1 = CN_2 - \frac{20(100 - CN_2)}{100 - CN_2 + \exp[2.533 - 0.0636(100 - CN_2)]} \tag{2.4}$$

$$CN_3 = CN_2 \cdot \exp[0.00673(100 - CN_2)] \tag{2.5}$$

式中,CN_1、CN_2 和 CN_3 分别为三种潮湿状态下的 CN 值。

上述 CN 值只有在坡度为 5% 的土地上使用才准确。1995 年,Williams 发展了一个可计算不同坡度下的曲线数(Williams,1995)的方程,见式(2.6):

$$CN_{2s} = \frac{(CN_3 - CN_2)}{3}[1 - 2\exp(-13.86 slp)] + CN_2 \tag{2.6}$$

式中,CN_{2s} 为第 Ⅱ 种条件下的曲线数调整值;slp 为子流域的平均坡。

2. 峰值流量

峰值流量是指单次降雨事件的最大流量,是评估降雨侵蚀力的重要指标,用以模拟单次降雨事件中的土壤侵蚀量。SWAT 模型中利用一个推理方程来计算峰值流量,其具体计算公式见式(2.7)和式(2.8):

$$q_{\text{peak}} = \frac{C \cdot i \cdot \text{Area}}{3.6} \tag{2.7}$$

$$C = \frac{Q_{\text{surf}}}{R_{\text{day}}} \tag{2.8}$$

式中，q_{peak} 为峰值流量，m^3/s；C 为径流系数；i 为降雨强度，mm/h；Area 为子流域面积，km^2；Q_{surf} 为表面径流量，m^3/s；R_{day} 为日降雨量，mm。

3. 基流

稳态条件下的基流计算见式(2.9)：

$$Q_{\text{gw}} = \frac{8000 K_{\text{sat}}}{L_{\text{gw}}^2} h_{\text{wtbl}} \tag{2.9}$$

式中，Q_{gw} 为第 i 天进入主河道的基流，mm；K_{sat} 为蓄水层的水力传导率，mm/d；L_{gw} 为地下水子流域边界到主河道的距离，m；h_{wtbl} 为地下水位，m。

2.2.3 侵蚀过程

泥沙、营养物质和杀虫剂从陆面到水体的迁移是由于陆面受到侵蚀引起的。侵蚀过程包括在雨滴和表面水流侵蚀力作用下土壤颗粒的剥离、迁移、沉积作用。雨滴能够剥离无保护措施下的土壤颗粒。土壤颗粒由细沟进入较大的沟渠，继而进入连续水流的河道中，在迁移中的任一点都有可能发生土壤颗粒的挟带和沉积作用。在无人类活动影响时发生的侵蚀称为地质侵蚀，而人类活动会加剧土壤侵蚀的强度。

表层土壤含有丰富的有机质和营养物质，过度的土壤侵蚀将会造成土壤中营养物质的大量流失，影响植物生长过程中对所需营养物质的摄取，如果侵蚀严重，则有可能对流域的水平衡造成巨大的影响。在 SWAT 模型中，由降雨径流引起的土壤侵蚀由修正的通用土壤流失方程（revised universal soil loss equation，RUSLE）进行计算。RUSLE 将年土壤侵蚀量作为降雨能量的函数对侵蚀量进行计算，而在修正通用土壤流失方程中，用径流因子取代了降雨能量因子，对土壤侵蚀的预测进行了改进，使得方程可以对单次降雨的土壤侵蚀量进行预测。其具体公式见式(2.10)：

$$\text{sed} = 11.8 \, (Q_{\text{surf}} \cdot q_{\text{peak}} \cdot \text{area}_{\text{hru}})^{0.56} \cdot K_{\text{usle}} \cdot C_{\text{usle}} \cdot P_{\text{usle}} \cdot \text{LS}_{\text{usle}} \cdot \text{CFRG} \tag{2.10}$$

式中，sed 为土壤侵蚀量，t；Q_{surf} 为地表径流量，mm/hm^2；q_{peak} 为峰值流量，m^3/s；area_{hru} 为水文响应单元（HRU）的面积，hm^2；K_{usle} 为土壤侵蚀因子；C_{usle} 为植被覆盖和管理因子；P_{usle} 为保持措施因子；LS_{usle} 为地形因子；CFRG 为粗糙碎屑因子。

2.2.4　营养物质迁移

1. 硝态氮迁移

硝态氮随地表径流、侧向流和渗流在水体中迁移,土壤中流失的硝态氮总量可由自由水中硝态氮的浓度乘以各种流向的径流总量获得,自由水中硝态氮的浓度由式(2.11)计算:

$$\mathrm{conc_{NO_3,mobile}} = \frac{\mathrm{NO_{3,ly}} \cdot \left\{ 1 - \exp\left[\dfrac{-w_{\mathrm{mobile}}}{(1-\theta_e) \cdot \mathrm{SAT_{ly}}} \right] \right\}}{w_{\mathrm{mobile}}} \tag{2.11}$$

式中,$\mathrm{conc_{NO_3,mobile}}$ 为自由水中硝态氮浓度,$\mathrm{kgN/mm}$;$\mathrm{NO_{3,ly}}$ 为土壤中硝态氮含量,$\mathrm{kgN/hm^2}$;w_{mobile} 为土壤中自由水的含量,mm;θ_e 为孔隙度;$\mathrm{SAT_{ly}}$ 为土壤饱和含水量,mm。

土壤中自由水量是地表径流、侧向流、渗流流失量之和,其平衡公式见式(2.12)和式(2.13):

$$w_{\mathrm{mobile}} = Q_{\mathrm{surf}} + Q_{\mathrm{surf}} + w_{\mathrm{perc,ly}} \quad (\text{10mm 厚的表层土}) \tag{2.12}$$

$$w_{\mathrm{mobile}} = Q_{\mathrm{lat,ly}} + w_{\mathrm{perc,ly}} \quad (\text{表层土以下}) \tag{2.13}$$

式中,w_{mobile} 为土壤中自由水量,mm;Q_{surf} 为地表径流量,mm;$Q_{\mathrm{lat,ly}}$ 为土壤侧向流量,mm;$w_{\mathrm{perc,ly}}$ 为深层土壤中渗流量,mm。

地表径流中硝态氮的迁移量见式(2.14):

$$\mathrm{NO_{3,surf}} = \beta_{\mathrm{NO_3}} \cdot \mathrm{conc_{NO_3,mobile}} \cdot Q_{\mathrm{surf}} \tag{2.14}$$

式中,$\mathrm{NO_{3,surf}}$ 为地表径流中硝态氮迁移量,$\mathrm{kgN/hm^2}$;$\beta_{\mathrm{NO_3}}$ 为硝态氮渗透系数;$\mathrm{conc_{NO_3,mobile}}$ 为表层 10mm 土壤水中硝态氮的浓度,$\mathrm{kgN/mm}$;Q_{surf} 为表面径流量,mm。

侧向流中硝态氮的迁移量见式(2.15)和式(2.16):

$$\mathrm{NO_{3\,lat,ly}} = \beta_{\mathrm{NO_3}} \cdot \mathrm{conc_{NO_3,mobile}} \cdot Q_{\mathrm{lat,ly}} \quad (\text{10mm 厚的表层土}) \tag{2.15}$$

$$\mathrm{NO_{3\,lat,ly}} = \mathrm{conc_{NO_3,mobile}} \cdot Q_{\mathrm{lat,ly}} \quad (\text{表层土以下}) \tag{2.16}$$

式中,$\mathrm{NO_{3\,lat,ly}}$ 为侧向流中硝态氮的迁移量,$\mathrm{kgN/hm^2}$;$\beta_{\mathrm{NO_3}}$ 为硝态氮渗透系数;$\mathrm{conc_{NO_3,mobile}}$ 为土壤水中硝态氮的浓度,$\mathrm{kgN/mm}$;$Q_{\mathrm{lat,ly}}$ 为土壤水侧向流量,mm。

通过渗透进入深层土壤硝态氮的迁移量见式(2.17):

$$\mathrm{NO_{3\,perc,ly}} = \mathrm{conc_{NO_3,mobile}} \cdot w_{\mathrm{perc,ly}} \tag{2.17}$$

式中,$\mathrm{NO_{3\,perc,ly}}$ 为经渗透进入深层土壤硝态氮的迁移量,$\mathrm{kgN/hm^2}$;$w_{\mathrm{perc,ly}}$ 为渗透水量,mm。

2. 地表径流中有机氮迁移

附着在土壤颗粒表面的有机氮可以通过地表径流进入主河道,这种形态的氮与流域 HRU 中产生的泥沙负荷有关,泥沙负荷的变化反映了有机氮负荷的变化。

其计算公式见式(2.18):

$$orgN_{surf}=0.001conc_{orgN} \cdot \frac{sed}{area_{hru}} \cdot \varepsilon_{N:sed} \tag{2.18}$$

式中,$orgN_{surf}$为经表面径流进入主河道流失的有机氮负荷量,kgN/hm^2;$conc_{orgN}$为表层 10mm 土壤中有机氮浓度,gN/t;sed 为沉积物负荷;$area_{hru}$为水文响应单元的面积,hm^2;$\varepsilon_{N:sed}$为氮富集率。

氮富集率和地表径流中沉积物浓度分别由式(2.19)和式(2.20)计算:

$$\varepsilon_{N:sed}=0.78(conc_{sed,surq})^{-0.2468} \tag{2.19}$$

$$conc_{sed,surq}=\frac{sed}{10area_{hru} \cdot Q_{surf}} \tag{2.20}$$

式中,$conc_{sed,surq}$为表面径流中沉积物浓度,mgN/m^3;其他符号意义同上。

3. 溶解态磷迁移

扩散是溶解态磷在土壤中运移的基本机制。扩散是指在浓度梯度作用下,离子在土壤溶液中发生的短距离迁移现象,一般迁移的距离仅为 1~2mm。由于磷在土壤中扩散的距离很短,地表径流只能与表层土壤(10mm)中储存的磷相互作用,溶解态磷在地表径流中的迁移量见式(2.21):

$$P_{surf}=\frac{P_{solution,surf} \cdot Q_{surf}}{\rho_b \cdot depth_{surf} \cdot k_{d,surf}} \tag{2.21}$$

式中,P_{surf}为表面径流中溶解磷流失量,kgP/hm^2;$P_{solution,surf}$为表层 10mm 土壤水中磷含量,kgP/hm^2;Q_{surf}为表面径流量,mm;ρ_b为表层土壤的密度,mg/m^3;$depth_{surf}$为表层土壤的厚度,10mm;$k_{d,surf}$为磷与土壤分离系数,m^3/mg,为表层土壤中溶解磷的浓度与地表径流中溶解磷浓度的比率。

4. 有机磷和无机磷迁移

附着在土壤颗粒上的有机磷和无机磷经地表径流进入主河道而发生迁移,吸附态的磷与 HRU 中产生的泥沙负荷量有关,泥沙负荷量的变化也反映了吸附态磷的变化,随泥沙迁移的磷负荷量方程由式(2.22)进行计算。

$$sedP_{surf}=0.001 \cdot conc_{sedP} \cdot \frac{sed}{area_{hru}} \cdot \varepsilon_{P:sed} \tag{2.22}$$

式中,$sedP_{surf}$为表面径流中随泥沙迁移的磷负荷量,kgP/hm^2;$conc_{sedP}$为表层土壤中磷的浓度,g/t;sed 为泥沙负荷量,t;$area_{hru}$为水文响应单元的面积,hm^2;$\varepsilon_{P:sed}$为磷富集率。

地表径流中附着在泥沙上的磷浓度计算方程见式(2.23):

$$conc_{sedP}=100 \times \frac{minP_{act,surf}+minP_{sta,surf}+orgP_{hum,surf}+orgP_{frsh,surf}}{\rho_b \cdot depth_{surf}} \tag{2.23}$$

式中,$minP_{act,surf}$为表层土壤活性无机库中磷含量,kgP/hm^2;$minP_{sta,surf}$为表层土壤稳态无机库中磷含量,kgP/hm^2;$orgP_{hum,surf}$为表层土壤腐殖有机库中的磷含量,kgP/hm^2;$orgP_{frsh,surf}$为表层土壤新鲜有机库中磷含量,kgP/hm^2;ρ_b为表层土壤的密度,mg/m^3。

2.2.5 参数率定及验证

研究过程中,采用 SWAT-CUP 程序进行参数率定和验证工作。SWAT-CUP 程序由瑞士联邦水科学技术研究所、Neprash 公司以及美国德克萨斯州农工大学等单位合作开发,它将 SUFI2、GLUE、ParaSol(parameter solution)和 MCMC (Markov chain Monte Carlo)这四个程序与 SWAT 链接,用于对 SWAT 模型进行参数率定和结果验证(宫永伟,2010)。

本书选用 SUFI2 方法进行参数率定和结果验证。该方法具有较高的参数率定效率,且在一定程度上考虑了输入数据的不确定性。SUFI2 方法在参数的原初始范围内随机采样以进行 SWAT 模拟,然后选取最佳的参数值,并据其对参数范围进行更新以进行再次迭代率定。SUFI2 的算法如下:

(1)定义目标函数。

(2)给出参数值的原始范围。

(3)参数的绝对敏感性分析。

(4)根据经验给出参数值的范围。

(5)运行拉丁超立方采样,生成 n 组参数。

(6)计算目标函数值。

(7)计算评价标准并评判每组参数的效果。

(8)计算不确定性的评价指标。

(9)更新参数值的范围。

研究选取相关系数 R^2 和 Nash-Sutcliffe 效率系数(E_{NS})作为模型的评价指标。E_{NS}的值在 $-\infty$ 到 1 之间,当 E_{NS} 小于 0 时表示模拟效果较差。一般建议将 $E_{NS}=0.5$ 作为评价模拟效果可接受的下限。相关计算公式见式(2.24):

$$R^2 = \left[\frac{\sum_{i=1}^{n}(O_i - \overline{O})(P_i - \overline{P})}{\sqrt{\sum_{i=1}^{n}(O_i - \overline{O})^2}\sqrt{\sum_{i=1}^{n}(P_i - \overline{P})^2}} \right]^2 \qquad (2.24)$$

式中,O_i 为第 i 个观测值;P_i 为第 i 个模拟值;$\overline{O}$ 为观测值的平均值;$\overline{P}$ 为模拟值的平均值;n 为观测值(模拟值)的数目。

效率系数 E_{NS} 的计算公式为

$$E_{NS} = 1 - \frac{\sum\limits_{i=1}^{n}(O_i - P_i)^2}{\sum\limits_{i=1}^{n}(O_i - \overline{O})^2} \qquad (2.25)$$

式中各变量的含义同式(2.24)。

参 考 文 献

宫永伟. 2010. 三峡库区大宁河流域(巫溪段)TMDL 的不确定性研究(博士学位论文). 北京:北京师范大学.

洪倩. 2011. 三峡库区农业非点源污染及管理措施研究(博士学位论文). 北京:北京师范大学.

黄健民. 2011. 长江三峡地理. 北京:科学出版社.

蓝勇. 2003. 长江三峡历史地理. 成都:四川人民出版社.

李月臣,刘春霞. 2011. 三峡库区水土流失问题研究:格局、过程、机制与防治. 北京:科学出版社.

王秀娟. 2010. 香溪河流域农业非点源污染研究及管理措施评价(硕士毕业论文). 北京:北京师范大学.

张卫东,邓春光,王孟. 2013. 三峡库区流域水环境容量与总量控制技术研究. 北京:中国环境出版社.

Arnold J, Williams J, Maidment D. 1995. Continuous-time water and sediment-routingmodel for large basins. Journal of Hydraulic Engineering,121:171.

Ullrich A, Volk M. 2009. Application of the soil and water assessment tool (SWAT) to predict the impact of alternativemanagement practices on water quality and quantity. Agricultural Water Management,96(8):1207-1217.

Williams M R. 1995. An extreme-value function model of the species incidence and species—Area relations. Ecology,76(8):2607-2616.

第3章 三峡库区典型流域非点源污染研究

非点源污染控制的前提是对非点源污染的精确估算,因此如何提高模型估算精度是急需解决的问题。本章在分析研究区特征和现有数据的基础上,提出了"小流域精细模拟推广法"计算方法和操作流程,然后在综合考虑数据可获得性及分区均匀性的基础上将三峡库区划分为四个区域,并在各个分区中选取典型小流域,对每一个典型小流域采用 SWAT 模型进行精细模拟,确定四套不同的模型参数,为形成整个研究区的模拟结果奠定了基础。

3.1 小流域精细模拟参数推广法

由于 SWAT 模型具有基于物理机制、使用常规数据、计算效率高以及可模拟长期影响等特点,本书选用 SWAT 模型来进行非点源的模拟计算和分析。但三峡库区总面积将近 6 万 km²,属于大尺度区域。如果直接采用 SWAT 模型对整个三峡库区非点源污染进行模拟,需要大量的基础数据才能得到较好的模拟结果。由于收集到的水文水质等资料比较匮乏,因而限制了 SWAT 模型的直接应用(Shen et al.,2014)。在研究过程中,结合三峡库区实测资料不足的现状,为了提高模拟精度,本节提出了"小流域精细模拟推广法"来进行大尺度区域的农业非点源污染定量化计算。

小流域精细模拟推广法的主要思路为,根据三峡库区的水文地理等综合条件将三峡库区进行一定的分区,并根据数据的可获得性等条件在各分区中选取典型小流域,运用机理模型对典型小流域进行精细模拟,通过精确率定与验证,获得具有代表性的典型参数组,将各典型参数组在各分区内进行推广模拟,再通过对各分区的模拟结果进行汇总,以获得整个三峡库区的非点源污染负荷量(图 3.1)。采用小流域推广法,既可以发挥机理模拟的优势,又可弥补实测数据不足的缺陷,以期获取模拟精度较高的模拟结果。

基于库区各个分区的推广模拟结果,按库区负荷产生量与入库量分别进行汇总,从而提取库区非点源污染时空分布特征。其中,库区负荷产生量由每个子流的面上产生量汇总获得,而负荷入库量由每一小流域入江河口负荷量汇总获得。由于库区是基于区域概念而并非流域概念,部分区域面上产生的非点源污染负荷并未在库区内入库,该部分在此研究中将不计入最终的入库量。

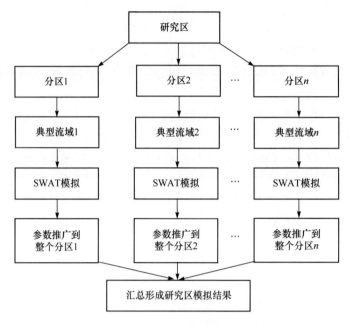

图 3.1　小流域精细模拟推广法框架

库区非点源污染负荷产生量可由下式计算：

$$Q_{sub} = \sum_{i=1}^{n} Q_i = \sum_{i=1}^{n} \sum_{j=1}^{m} (A_{sub,ij} \cdot C_{sub,ij}) \tag{3.1}$$

式中，Q_{sub} 为库区非点源污染负荷产生量；Q_i 为分区 i 的负荷产生量；$A_{sub,ij}$ 为分区 i 中亚流域 j 的面积；$C_{sub,ij}$ 为分区 i 中亚流域 j 的非点源污染负荷强度。

库区非点源污染入库量可由下式计算：

$$Q = \sum_{i=1}^{n} q_i = \sum_{i=1}^{n} \sum_{j=1}^{m} q_{ij} \tag{3.2}$$

式中，Q 为库区非点源污染物入库量；q_i 为分区 i 中小流域出口处污染总负荷；q_{ij} 为分区 i 中小流域 j 出口处污染负荷。

3.2　研究区分区及典型小流域选取

对研究区进行合适的分区并从分区中选取典型小流域，是采用小流域推广法在大尺度流域（区域）实行定量化研究的先决条件，分区是否适宜，典型小流域选取是否得当，都是小流域推广法合理实施的关键（Hong et al.，2012）。

3.2.1　分区研究进展

目前，国内外的非点源污染分区研究较少，就国内而言，明确提出非点源污染分区的仅有杨胜天(杨胜天等,2006)。他的研究从非点源污染产生和迁移的水文过程机理出发,基于非点源污染负荷产生和迁移的规律分析,在全国范围内进行了非点源污染分区分级,确定了全国非点源污染负荷估算模型的空间框架。全国非点源污染分区分级体系包括五级,其中非点源污染一级区为中国主要十大流域,主干河流自然流域分区作为非点源污染的二级区,共 80 个。他的研究工作为全国非点源污染负荷匡算奠定了重要基础,但针对各个流域都是按照统一的标准来进行分区分级,就局部而言,对各流域的特殊性考虑得不够充分,因此,该种分区分级方式欠缺一定的针对性。同时,国内还有一部分研究者针对三峡库区按一定的标准进行了分区,如孙叶和谭成轩(1996)对长江三峡工程坝区及外围(约 31 万 km²)和长江三峡工程库首区(约 3 万 km²)两个层次和范围进行区域地壳稳定性评价与分区研究,并进行了地壳稳定性分区。杨爱民等(2001)选取 31 个生态经济指标,以行政县(区)为单元,采用 ISODATA(iterative self-organizing data analysis techniques algorithm)模糊聚类分析方法,把三峡库区分为四个农业生态经济区,包括主城区城郊丘陵菜旅花牧加生态经济区、江万丘陵低山粮经果牧加生态经济区、武秭中山低山果林粮牧特生态经济区、兴宜低山中山丘陵林果牧粮生态经济区。陈利顶等(2001)在建立生态环境综合评价指标体系的基础上,根据三峡库区不同地区生态环境问题的相似性和差异性,进行了聚类分析。依据聚类分析结果将该区 19 个县市区划分为七类地区。郑晓兴等(2006)以长江三峡库区(重庆段)的沿江区域为研究对象,建立了区域生态敏感度和生态服务功能重要性评价模型,对该流域进行了生态功能分区。

此外,三峡水库跨越川东平行岭谷低山丘陵及鄂西中山峡谷,库区北屏秦岭大巴山脉,南近云贵高原,按其地貌类型一般分为下述两区:①川东平行岭谷低山丘陵区,该区位于三峡以西,由一系列北东—南西走向的条形背斜山地与向斜谷地所组成,地貌类型有低山、丘陵和平原(平坝)三种;②长江三峡区,包括宜昌南津关至奉节的长江干流及两岸地区,北部包括大巴山以南至江边,南部包括长江—清江分水岭至江边的地段,包括一系列的峡谷和宽谷(方子云,1992)。

3.2.2　三峡库区分区

综上可见,目前的库区分区方式都不是以研究非点源污染为最终目的,偏向于单纯的地形地貌、农业生态经济区、生态功能、生态环境问题的相似性等(Hong et al.,2012),但对于本次分区也具有较好的参考作用。尤其是地形地貌与水文条件,对非点源污染污染物的输移具有显著影响。因此,本节将选取地形分异情况作为首要的分区依据。

由三峡库区的地形地貌可知,沿江以奉节为界,两端地貌特征迥然不同,西段主要为侏罗系碎屑岩组成的低山丘陵宽谷地形,而东段主要为震旦系至三叠系碳酸盐组成的川鄂山地,根据此分异明显的地貌特征,可明确将奉节作为首要区域分界线。同时,根据实地调研的结果发现,西段有数个典型小流域可提供较为充足的数据,而若仅以奉节为界将库区划分为东西两大分区,两者面积差异较大,有可能对模拟结果造成一定的影响。因此,在综合考虑数据可获得性及分区均匀性的基础上,最终将库区划分为四个区域,并在各个分区中选取典型小流域(御临河、小江、大宁河、香溪河),采用 SWAT 模型进行精细模拟(Shen et al. ,2014)。根据典型小流域的名称,分别将四大分区命名为御临区、小江区、大宁区和香溪区(图 3.2)。

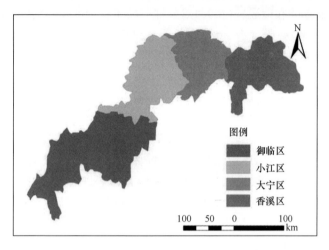

图 3.2　三峡库区小流域推广法分区示意图

1. 御临区

御临区总面积约为 22132km^2,包括重庆、长寿、涪陵和丰都辖区,沿江地势地伏较大,依次横切背斜山脉,形成华龙峡、猫儿峡、黄草峡等著名峡谷。江段中峡谷与宽谷交替出现,江面宽窄悬殊。枯水期河道最宽处为 830m,最窄处仅 170m,峡谷水流急,宽谷多险滩。主要支流有大溪河、綦江、一品河、花溪河、嘉陵江、朝阳河、长塘河、五布河、御临河、桃花溪、龙溪河、黎香溪、清溪河、乌江、渠溪河、龙河及赤溪河共 17 条。高程范围为 131~2015m,区域示意图如图 3.3 所示。

2. 小江区

小江区总面积约为 13871km^2,包括忠县、万州及云阳辖区,主要支流有黄金河、汝浮标河、东溪河、河溪河、壤渡河、苎溪河、五桥河、小江、汤溪河、磨刀溪及长滩河共 11 条。高程范围为 100~2586m,区域示意图如图 3.4 所示。

图 3.3　御临区水系示意图

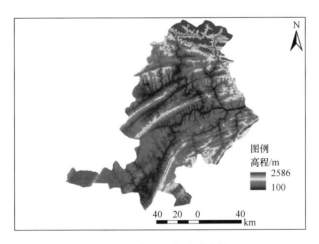

图 3.4　小江区水系示意图

3. 大宁区

大宁区总面积约为 9669km², 包括奉节、巫山辖区, 河道顺直, 河谷渐缩窄, 水流急。奉节稍上游是关刀峡, 河道最窄处仅 120m, 至奉节处河谷有少许拓宽。该区主要河流有朱衣河、梅溪河、草堂河、大溪河、大宁河、官渡河、抱龙河 7 条。高程范围为 100~2768m, 区域示意图如图 3.5 所示。

4. 香溪区

香溪区主要包括奉节至三斗坪段, 包括秭归及巴东辖区, 全长约 160km, 为著

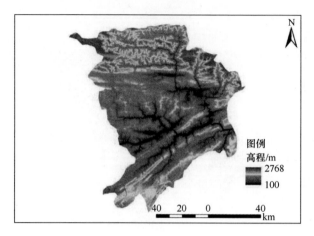

图 3.5　大宁区水系示意图

名的长江三峡江段。峡谷由中、高山谷组成,峡谷间为低山丘陵的宽谷。整个河段中峡谷与宽谷河段约各占一半。峡谷段岸壁陡峭,河宽一般在 30~200m,最窄处仅 100m 左右。该区总面积约为 12605km²,包括三溪河、青干河、香溪河、童庄河、九畹溪、万福河、凉台河、沿渡河共 8 条重要支流。高程范围为 50~2910m,区域示意图如图 3.6 所示。

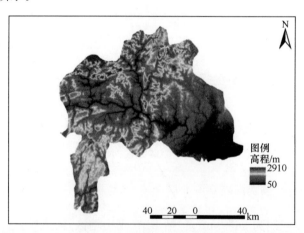

图 3.6　香溪区水系示意图

四大典型小流域概况如下:

御临河,属川江左岸支流,发源于大竹县西河乡青杠桠,河长为 208.4km,流域面积 3860.9km²,贯穿重庆市渝北区,水能蕴藏量 4.5×10⁴kW。

小江,位于三峡库区腹心地带,地跨开县、云阳县两县,流域面积 5082km²。该流域总人口 196 万人,主河长 182.4km,多年平均径流量 29.2 亿 m³,三峡成库后淹没面积 92km², 移民人口 22.15 万人, 消落带面积 65km², 是三峡库区淹没面积最大、移民数量最多、消落区范围最广的支流。

大宁河, 发源于三峡库区巫溪县的北部山区, 贯通重庆市巫山、巫溪两县, 自巫山县注入长江, 流域面积 4402.2km²。

香溪河, 三峡湖北库区最大的一条支流, 它有东西两个源头: 分别源于神农架林区骡马店(名为东河)和大神农架山南的红河(名为西河), 该河由北向南贯穿兴山县全境, 于秭归县香溪镇东注入长江, 河长 94km, 流域面积 3099km², 拥有九冲河、古夫河、高岚河 3 条主要支流, 河流流经地区多为深山峡谷, 自然落差达 1540m, 水能资源十分丰富。

选择上述几个流域作为典型研究区主要出于以下三个原因: ①上述河流的部分水质监测断面已呈现不同程度的富营养化状态; ②地理位置比较具有代表性, 其中某些流域的水文、气象和其他基础数据较为全面; ③模型的使用有助于针对性地治理和改善流域内的非点源污染现状。

3.3　御临河流域非点源污染精细模拟

3.3.1　流域概况

御临河是三峡库区长江干流的一级支流, 已被列为国家重点规划的库区河流。御临河干流(西河)发源于大竹县境内, 从黄印乡进入渝北区。御临河流域区包括温塘河(二岔河)、东河和西河。温塘河与西河在统景汇合后往南, 再与东河在江口汇合, 之后沿石船向斜的丘陵地区从北向南而下至舒家洞口折流, 横切明月峡背斜由洛碛太洪岗汇入长江(洪倩, 2011)。御临河全长 208.4km, 流域面积 3860.9km², 多年平均径流总量 16.0 亿 m³, 多年平均流深 414mm, 多年平均流量 50.72m³/s。据 2000 年资料统计: 龙兴年平均气温为 17.8℃, 年总降雨量为 1017.9mm; 石船年平均气温为 17.8℃, 年总降雨量为 1077.0mm; 统景年平均气温为 18.4℃, 年总降雨量为 1111.8mm。御临河贯穿渝北区全境, 占全区面积的 42.4%, 其流域范围涉及区内的 14 个乡镇, 是渝北区重要的农业经济带。目前, 农业非点源污染已成为御临河流域重要的污染源, 这不仅影响了渝北区的水质安全, 也影响了三峡库区的水环境质量。基于当前三峡库区农业非点源污染的研究较少的事实, 以库区的御临河流域为典型研究对象进行农业非点源污染研究, 对三峡库区的农业非点源污染防治具有极大的指导意义。

3.3.2　数据库构建

通过实地踏勘、文献调研、问卷调查等方式, 收集模型模拟所需的基础资料

（表 3.1），并对数据进行相关预处理，建立起模拟所需的空间、属性等数据库。

表 3.1　御临河流域 SWAT 模型模拟主要输入数据

数据类型	尺度	来源	描述
地形图	1∶25 万	国家基础地理信息中心	高程、坡面与河道坡度、长度
土壤类型图	1∶100 万	中科院地理所	土壤的物理和化学属性
土地利用图	1∶10 万	遥感影像解译	土地利用类型，如草地、林地等
气象		重庆市气象局	气温、风速、相对湿度、太阳辐射等
水文		监测站、现场实测	降雨、径流量
作物管理措施		年鉴、现场调研	作物种类、施肥时间、数量、类型

1. 空间数据库的构建

1）投影转换

为满足模拟对输入资料的需求，模型中使用的所有空间数据必须具有相同的地理坐标和投影方式，即必须将来源不同的空间数据，经过投影转换，统一在同一坐标系中，为空间数据的叠置分析和模拟计算提供基础。由于研究区域的许多特征指标都涉及面积选项，因此，本节选取 Albers 等面积投影进行空间数据处理，其投影参数见表 3.2。

表 3.2　研究区投影参数

第一标准纬线 （1st parallel）	第二标准纬线 （2nd parallel）	中央经线 （central meridian）	椭球体 （spheroid）	投影方式 （projection）	单位 （units）
25	47	105	Krasovsky	Albers	m

2）土地利用

土地利用类型是 SWAT 模型中使用的重要基础数据之一，也是模拟结果准确性的基本前提，模型利用土地利用类型的编码与数据库相连，提取计算中使用到的土地利用数据。研究中将整个三峡库区的土地利用类型图，利用流域的边界（polygon）进行切割，得到研究区域土地利用类型图。根据 SWAT 模型中默认的土地利用类型分类，结合非点源污染负荷模拟的要求，重新将土地利用类型划分为 10 类，分类前、后土地利用类型见表 3.3。

表 3.3　SWAT 模型中土地利用类型重分类对照表

一级类型		二级类型		含义	重新分类及编码		
编号	名称	编号	名称		编码	名称	代码
1	耕地	—	—	种植农作物的土地，包括熟耕地、新开荒地、休闲地；以种植农作物为主的农果、农桑、农林用地；耕种三年以上的滩地和滩涂	1	稻田	RICE (Rice)
		11	水田	有水源保证和灌溉设施，在一般年虽正常灌溉，用以种植水稻、莲藕等水生农作物的耕地，包括实行水稻和旱地作物轮种的耕地			
		12	旱地	无灌溉水源及设施，靠天然降水生长作物的耕地；有水源和浇灌设施，在一般年景下能正常灌溉的旱耕地；正常轮作作的旱地；以种菜为主的耕地和轮歇地	2	耕地	AGRL (Agricultural Land-Generic)
2	林地	—	—	生长乔木、灌木、竹类以及沿海红树林等林业用地	3	林地	FRST (Forest-Mixed)
		21	有林地	郁闭度>30%的天然木和人工林，包括用材林、经济林、防护林等成片林地			
		22	灌木林	郁闭度>40%，高度在 2m 以下的矮林地和灌丛林地			
		23	疏林地	疏林地（郁闭度为 10%～30%）			
		24	其他林地	未成林造林地、迹地、苗圃及各类园地（果园、桑园、茶园、热作林园地等）	4	果林	ORCD (Orchard)
3	草地	—	—	以生长草本植物为主，覆盖度在 5%以上的各类草地，包括以牧为主的灌丛草地和郁闭度 10%以下的疏林草地	5	草地	PAST (Pasture)
		31	高覆盖度草地	覆盖度>50%的天然草地、草地利割草地。此类草地一般水分条件较好、生长茂密			
		32	中覆盖度草地	覆盖度在 20%～50%的天然草地和改良草地。此类草地一般水分不足、草被较稀疏			
		33	低覆盖度草地	覆盖度在 5%～20%的天然草地。此类草地水分缺乏，草被稀疏，物业利用条件差			

续表

一级类型 编号	一级类型 名称	二级类型 编号	二级类型 名称	含义	重新分类及编码 编码	重新分类及编码 名称	重新分类及编码 代码
4	水域	—		天然陆地水域和水利设施用地	6	水域	WATR(Water)
		41	河渠	天然形成或人工开挖的河流及主干渠常年水位以下的土地，人工渠包括堤岸			
		42	湖泊	天然形成的积水区常年水位以下的土地			
		43	水库坑塘	人工修建的蓄水区常年水位以下的土地			
		44	冰川雪地（永久性）	指常年被冰川和积雪所覆盖的土地			
		45	滩涂	沿海大潮高潮与低潮位之间的潮侵地带			
		46	滩地	指河、湖水域平水期水位与洪水期水位之间的土地			
5	城乡、工矿、居民用地	—		指城镇乡居民点及县及以上建成区用地			
		51	城镇用地	大、中、小城市及县及以上建成区用地	7	建设用地	URMD (Residentail Medium Density)
		52	农村居民点	农村居民点			
		53	其他建设用地	独立于城镇以外的厂矿、大型工业区、油田、盐场、采石场等用地，交通道路，机场及特殊用地	8	工业用地	UIUD (Industrial)
6	未利用土地	—		目前还未利用的土地，包括难利用的土地			
		61	沙地	地表为沙覆盖，植被覆盖在5%以下的土地，包括沙漠，不包括水系中的沙滩	9	裸露地	BARE(Bare)
		62	戈壁	地表以碎砾石为主，植被覆盖度在5%以下的土地			
		63	盐碱地	地表盐渍集聚，植被稀少，只能生长强耐盐碱植物的土地			
		64	沼泽地	地势平坦低洼，排水不畅，长期潮湿，季节性积水，表层生长湿生植物的土地	10	湿地	WETN(Wetlands)
		65	裸土地	地表土质覆盖，植被覆盖在5%以下的土地	9	裸露地	BARE(Bare)
		66	裸岩石砾	地表为岩石或石砾，其植被覆盖面积为5%以下的土地			
		67	其他	其他未利用土地，包括高寒荒漠、苔原等			

流域中的植被是水文中的重要环节,植被在截流、蒸发中都起到重要的作用,决定着植物生长、死亡过程的是流域内各种营养物质的循环过程。若要保证对一个流域进行长时间的污染负荷模拟计算准确性,对流域内各种植被和作物的生长模拟是十分必要的。SWAT 模型中的植物生长模块是 EPIC 模型中植物生长模块的一个简化版本,在 EPIC 模型中植物的生长是基于每天积累的热量单位,光合作用生成的生物量利用 Monteith 方法计算(Monteith,1972),利用收获指数来计算产出量。但植物的生长因为温度、水分、氮磷等营养物质不同而差异很大,而且不同的管理方式也影响着作物的生长。因此,若要模拟不同的作物生长,需要更为详细的土地利用分类系统,国内的土地资源分类系统已经无法满足模拟计算的要求。SWAT 模型中的土地利用、作物生长数据库文件中包含了各种作物生长参数表,当无法确定植物物种时,则利用土地利用类型的一般性分类。研究流域土地利用类型分布见图 3.7,分类后统计结果见表 3.4。

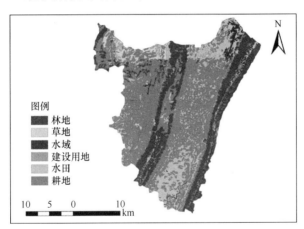

图 3.7　御临河流域(库区内)土地利用图

表 3.4　御临河流域土地利用类型统计结果

土地利用	代码	面积/km²	百分比/%
耕地	AGRL	378.74	46.59
林地	FRST	183.39	22.56
水田	RICE	219.33	26.98
水域	WATR	6.02	0.74
建设用地	URMD	1.22	0.15
草地	PAST	23.98	2.95

3) 土壤

土壤类型的 GIS 图层数据库的建立是根据全国土壤普查办公室 1995 年编制

并出版的《1∶100万中华人民共和国土壤图》（全国土壤普查办公室，1995），采用了传统的土壤发生分类系统，基本制图单元为亚类，共分出12个土纲，61个土类，227个亚类，通过中国科学院有关人员在数字化的基础上修编及编辑后完成。三峡库区御临河流域土壤亚类分类见图3.8，土壤类型和模型代码见表3.5。

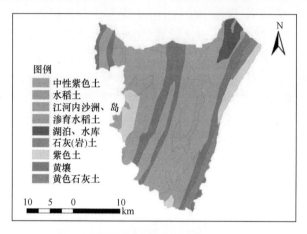

图例
中性紫色土
水稻土
江河内沙洲、岛
渗育水稻土
湖泊、水库
石灰（岩）土
紫色土
黄壤
黄色石灰土

10　5　　　0　　　　10
　　　　　　　　km

图3.8　御临河流域（库区内）土壤类型图

表3.5　御临河流域主要土壤类型统计结果

土壤类型	代码	面积/km²	百分比/%
中性紫色土	ZXZST	384.59	47.31
黄壤	HUR	143.81	17.69
水稻土	SDT	155.11	19.08
紫色土	ZST	60.24	7.41
江河	JH	0.08	0.01
石灰岩土	SHYT	3.01	0.37
黄色石灰土	HUSSHT	53.08	6.53
渗育水稻土	SYSDT	8.05	0.99
湖泊、水库	HPSK	4.80	0.59

4）数字高程模型

水文分析是非点源污染模拟的第一步，也是关系到模型运行的关键环节，根据研究区域的数字高程模型（digital elevation model，DEM）进行。DEM是描述地表单元的高程集合，是模型进行流域划分、河网生成、坡度提取和模型模拟的基础资料。在御临河流域的模拟中，采用国家基础地理信息中心提供的全国1∶25万DEM影像图，其网格大小为3″×3″，每幅图行列数1201×1801，在Arc/Info中，将网格进行合并，经投影转换、流域边界划分等步骤，生成模拟需要的GIS地图，研究区域 DEM 影像见图 3.9。

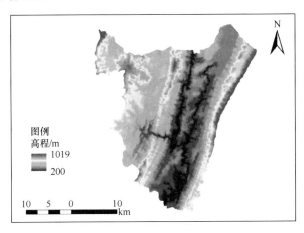

图 3.9　御临河流域(库区内)数字高程图

2. 属性数据库的构建

1) 土壤

SWAT 模型中使用的土壤属性数据主要分为两大类:物理属性数据和化学属性数据。土壤的物理属性数据决定了水分和空气在土壤剖面层中的运动状况,对地表径流、壤中流和地下水流的生成有着重要的影响,包括土壤分层、孔隙度、密度、可提供水量和土壤的水力传导率等。土壤的化学属性数据决定了土壤初始状态下各种化学物质的含量。SWAT 中通过土壤输入文件. sol 和. chm 分别定义物理属性和化学属性,根据需要最多可以定义 10 层。其具体指标见表 3.6。

表 3.6　SWAT 模型土壤属性输入文件

名称	模型定义
HYDGRP	土壤水文学分组(A、B、C 或 D)
SOL_ZMX	土壤剖面最大根系深度(mm)
ANION_EXCL	阴离子交换孔隙度,模型默认值为 0.5
SOL_CRK	土壤最大可压缩量,以所占总土壤体积的分数表示
TEXTURE	土壤层结构
SOL_Z(layer #)	土壤表层到土壤底层的深度(mm)
SOL_BD(layer #)	土壤湿密度(mg/m³ 或 g/cm³)
SOL_AWC(layer #)	土壤可利用水量(mm/mm)

名称	模型定义
SOL_K(layer ♯)	饱和水力传导系数(mm/h)
SOL_CBN(layer ♯)	有机碳
CLAY(layer ♯)	黏土,直径<0.002mm 的土壤颗粒含量(%)
SILT(layer ♯)	壤土,直径为 0.002~0.05mm 的土壤颗粒含量(%)
SAND(layer ♯)	砂土,直径在 0.05~2.0mm 的土壤颗粒含量(%)
ROCK(layer ♯)	砾石,直径>2.0mm 的土壤颗粒含量(%)
SOL_ALB(layer ♯)	地表反射率(湿)
USLE_K(layer ♯)	USLE 方程中土壤侵蚀力因子
SOL_EC(layer ♯)	电导率(dS/m)
SOL_NO₃(layer ♯)	土壤中初始 NO_3 浓度(mg/kg)
SOL_ORGN(layer ♯)	土壤中初始有机氮浓度(mg/kg)
SOL_SOLP(layer ♯)	土壤中初始溶解态磷浓度(mg/kg)

　　土壤数据库的来源是《1∶100 万中华人民共和国土壤图》和《四川土种志》(四川省农牧厅,四川省土壤普查办公室,1994)。全国第二次土壤普查采用了国际制土壤质地体系,SWAT 模型采用的是美国农业部美制标准,因此,两种制式下土壤粒径分级标准并不一致,必须进行粒径转换。常用的粒径转换方法有线性插值法、二次样条插值法和三次样条插值法。由于三次样条插值法获得的结果最优,本书采用三次样条插值法对土壤粒径进行转换,通过 Matlab 命令编程计算。对于其他指标,研究中主要采用土壤水特性软件 SPAW(soil plant atomosphere water)中的SWCT(soil water characteristics)模块进行相应的转换和计算(图 3.10)。

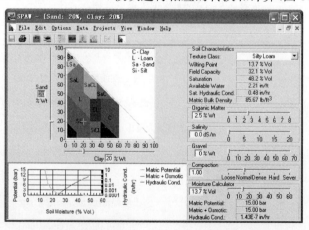

图 3.10　土壤水特性软件 SPAW 土壤水特性模块界面

在土壤水文分组方面,美国国家自然保护局根据土壤的渗透属性将土壤分为四类,将在相同降雨和地表条件下、具有相似能力的土壤归纳为一个水文组。影响土壤产流能力的属性是指土壤在完全湿润条件下的最小下渗率属性,主要包括土壤含水量、饱和水力传导率和下渗速率。土壤的水文学分类定义见表 3.7。模型将根据表 3.6 中各类土壤的属性结合水文分类的定义自动对其进行分类。

表 3.7　土壤水文分组定义

土壤水文分组	土壤水文性质	最小下渗率 /(mm/h)
A	在完全湿润条件下具有较高渗透率的土壤。这类土壤主要由沙砾石组成,有很好的排水能力(产流量小),如厚层沙、厚层黄土、团粒化粉沙土	7.26~11.43
B	在完全湿润条件下具有中等渗透率的土壤。这类土壤排水、导水能力和结构都属于中等,如薄层黄土、沙壤土	3.81~7.26
C	在完全湿润条件下具有较低渗透率的土壤。这类土壤大多都有一个阻止水流向下运动的层,下渗率和导水能力较低,如黏壤土、薄层沙壤土、有机质含量低的土壤、黏质含量高的土壤	1.27~3.81
D	在完全湿润条件下具有极低渗透率的土壤。这类土壤主要由黏土组成,有很强的产流能力,大多有一个永久的水位线,黏土层接近地表,深层土几乎不影响产流,具有很低的导水能力,如塑性的黏土和某些盐渍土	1~1.27

御临河流域表层土壤的部分物理和化学属性见表 3.8。

表 3.8　御临河流域主要土壤类型部分属性

土壤类型	代码	密度 /(g/cm³)	黏土含量 /%	壤土含量 /%	砂土含量 /%	有机质含量 /%
中性紫色土	ZXZST	1.30	18.2	13.6	68.2	3.25
黄壤	HUR	1.18	29.7	51.3	19.0	3.65
山地土	SDT	1.32	4.10	10.07	85.83	2.73
紫色土	ZST	1.30	18.2	13.6	68.2	3.25
石灰岩土	SHYT	1.36	9.0	58.3	32.7	3.25
黄色石灰土	HUSSHT	1.14	18.0	25.0	57.0	2.61
渗育水稻土	SYSDT	1.32	23.56	45.47	30.97	2.32

2) 土地利用

SWAT 模型中,有关土地利用和植被覆盖的数据通过文件 crop. dat 进行存储和计算,具体变量及定义见表 3.4。

3) 气象

SWAT 模型需要的气象数据包括日降雨量、日最高最低温、太阳辐射、风速和相对温度。这些数据可以是统计数据,也可以通过模型的气象生产器生成,或是统计数据和模拟生成数据的结合。在时间尺度上,模型模拟的时间步长可以是年、月和日为模拟尺度。流域内及其周边气象站点名称及经纬度见表 3.9,本节应用了 2000~2009 年这些站点相关气象数据的日监测值来构建数据库。

表 3.9　御临河流域 SWAT 模拟所用气象站点名称及经纬度

站点名称	纬度(N)	经度(E)	高程/m
垫江	30.33	107.33	434
梁平	30.68	107.80	455
铜梁	29.85	106.05	283
北碚	29.85	106.45	241
合川	29.97	106.28	231
渝北	29.73	106.62	465
璧山	29.58	106.22	332
沙坪坝	29.58	106.47	259
江津	29.28	106.25	261
巴南	29.38	106.53	244
长寿	29.83	107.07	378
涪陵	29.75	107.42	274
南充	29.00	107.00	560

4) 农业管理

为了模拟农业生产活动对流域非点源污染产生的影响,需要对流域内的农业生产活动,如不同作物的播种、施肥情况等进行情景分析,研究区域的农产品种植结构与化肥信息由调查资料分析统计后输入模型(表 3.10)。

表 3.10　御临河流域作物管理措施

作物	施肥时间	施肥量/(kg/hm²)	追肥时间	追肥量/(kg/hm²)	追肥种类
水稻	3月上旬	复合肥 225	5~6月上旬	300	尿素
小麦	11月底	复合肥 350	2月	300	尿素
油菜	9月上旬	农家肥 30000	3月	325	尿素

续表

作物	施肥时间	施肥量/(kg/hm²)	追肥时间	追肥量/(kg/hm²)	追肥种类
柑橘	2 月中旬	复合肥 1650	7 月中旬	8250	农家肥
榨菜	9 月下旬	农家肥 30000	2 月上旬	225	尿素
玉米	4 月下旬	复合肥 150	5 月下旬	300	尿素
蔬菜	4 月上旬	复合肥 600	—	—	—

3.3.3 参数率定及验证

SWAT 需对流域进行离散化以进行模拟。通过设定汇水面积阈值,可将流域划分为一定数目的子流域。本节选取阈值面积为 4000hm²,将研究区划分为 37 个子流域,子流域的面积统计情况见表 3.11,其中库区内子流域数目为 15 个。其次,将每个子流域划分成多个水文响应单元(hydrologic response units,HRUs),即同一个子流域内有着相同的土地利用类型、土壤类型和坡度的地区,这样的地区有着相同的水文相应特性。在 HRUs 的划分过程中,首先需要选择土地利用、土壤类型及坡度的面积比阈值,如果子流域中某种土地利用、土壤类型或坡度的面积比小于该阈值,则在模拟中不予考虑,剩下的面积重新按比例计算,以保证整个子流域的面积 100% 得到模拟计算。从计算效率和该研究区的实际情况出发,土地利用类型、土壤类型、坡度类型图的面积比阈值均设为 10%。

表 3.11 御临河流域子流域面积统计

子流域	面积/km²	面积百分比/%	子流域	面积/km²	面积百分比/%
1	61.8	1.6	14	257.6	6.8
2	51.0	1.3	15	213.5	5.6
3	92.8	2.4	16	62.2	1.6
4	56.3	1.5	17	31.2	0.8
5	42.9	1.1	18	94.0	2.5
6	18.4	0.5	19	40.3	1.1
7	71.6	1.9	20	173.0	4.6
8	298.7	7.9	21	9.4	0.2
9	47.5	1.3	22	364.5	9.6
10	31.4	0.8	23	134.5	3.6
11	153.9	4.1	24	92.3	2.4
12	110.5	2.9	25	30.7	0.8
13	62.6	1.7	26	344.7	9.1

子流域	面积/km²	面积百分比/%	子流域	面积/km²	面积百分比/%
27	43.8	1.2	33	6.4	0.2
28	62.5	1.6	34	248.3	6.6
29	67.6	1.8	35	81.2	2.1
30	107.1	2.8	36	123.2	3.3
31	1.3	0.0	37	59.3	1.6
32	40.5	1.1			

同时,由于 ArcSWAT 自带的参数率定功能的效率较低,在进行模型参数率定之前,通常需要进行参数敏感性分析,以选取较为敏感的参数进行率定。本章利用 SWAT 自带的敏感性分析功能,选取与流量、泥沙和氮磷营养物相关参数进行了敏感性分析,结果如表 3.12 所示。

表 3.12 御临河流域 SWAT 模拟参数敏感性分析结果

项目	参数	参数描述	下限	上限	变化方式	排序
流量	Sol_Awc	土壤可利用水量	0	1	v	1
	Sol_K	土壤饱和导水率	−20	30000	r	2
	Esco	土壤蒸发补偿系数	0	1	v	3
	Cn2	径流曲线数	−25	25	r	4
	Canmx	最大冠层储水量	0	10	v	5
	Gw_Delay	地下水补给时间	1	45	v	6
	Blai	潜在最大叶面积指数	0	1	v	7
	Ch_K2	河道有效饱和水力传导度	0	150	v	8
	Sol_Z	土壤深度	−25	25	r	9
	Ch_N2	主河道曼宁 n 值	0	1	v	10
	Epco	植物吸收补偿因子	0	1	v	11
	Biomix	生物混合效率系数	0	1	v	12
	Alpha_Bf	基流退水常数	0	1	v	13
	Slsubbsn	平均坡长	−10	10	r	14

续表

项目	参数	参数描述	下限	上限	变化方式	排序
泥沙	Spcon	泥沙输移系数	0.0001	0.05	v	1
	Ch_Cov	河道覆盖因子	0	1	v	2
	Ch_Erod	河道可蚀性因子	0	1	v	3
	Usle_P	USLE 水保措施因子	0	1	v	4
	Spexp	泥沙输移指数	1	1.5	v	5
	Usle_C	USLE 作物经营管理因子	−0.25	0.25	r	6
磷	Sol_Orgp	土壤初始有机磷含量	0	400	v	1
	Pperco	磷渗漏系数	10	18	v	2
	Phoskd	土壤磷分配系数	100	200	v	3
	Rchrg_Dp	浅层地下水渗透系数	0	1	v	4
	Sol_Labp	土壤初始溶解态磷含量	−25	25	r	5
氮	Sol_Orgn	土壤初始有机氮含量	0	10000	v	1
	Nperco	硝酸盐渗漏系数	0	1	v	2
	Sol_NO3	土壤初始硝氮含量	0	100	v	3

注:r 表示在原参数值的基础上乘以(1+调参结果);v 表示用调参结果取代原参数值,下同。

　　通过实测、文献查阅及插值转换等方法,获取了 2004～2007 年御临河口、坛同站等地的径流、泥沙和水质数据,并依据这些数据对模型进行了参数率定和模型验证,采用 Nash-Sutcliffe 系数判断模型参数率定和验证结果的合理性,在率定期和验证期,流量模拟的该系数值分别为 0.77 和 0.69,泥沙为 0.71 和 0.62,总磷(TP)为 0.67 和 0.60,NO_3-N 为 0.75 和 0.61(图 3.11)。结果证明 SWAT 模型在御临河流域进行非点源污染模拟具有较好的适用性,模型部分参数最终取值见表 3.13。

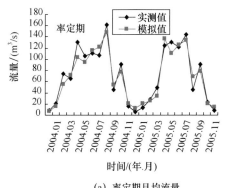

(a) 率定期月均流量

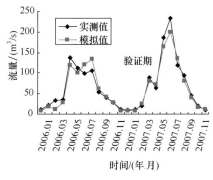

(b) 验证期月均流量

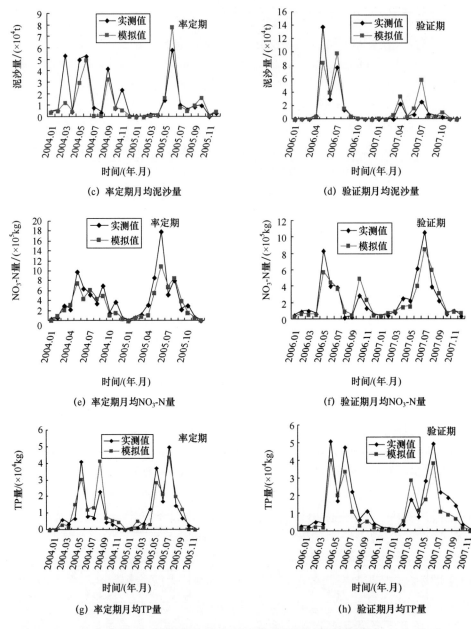

图 3.11　御临河流域 SWAT 模型率定和验证效果图

表 3.13　御临河流域 SWAT 模型参数率定结果

参数及变化方式	率定结果	参数及变化方式	率定结果
r__CN2. mgt	−0.245	v__RS4. swq	0.052
v__ALPHA_BF. gw	0.036	v__BC1. swq	0.524
v__GW_DELAY. gw	29.642	v__BC2. swq	1.213
v__CH_N2. rte	0.294	v__BC3. swq	0.381
v__CH_K2. rte	77.971	v__AI1. wwq	0.079
v__ALPHA_BNK. rte	0.544	v__AI5. wwq	3.785
v__SOL_AWC(1-2). sol	0.911	v__AI6. wwq	1.026
r_SOL_K(1-2). sol	0.085	v__K_N. wwq	0.155
a__SOL_BD(1-2). sol	0.581	v__NPERCO. bsn	0.594
v__SFTMP. bsn	0.364	v__SOL_NO3(1-2). chm_AGRL	86.454
v__CANMX. hru	33.319	v__SOL_ORGN(1-2). chm_AGRL	8315.406
v__ESCO. hru	0.251	v__Phoskd. bsn	131.192
v__GWQMN. gw	2636.218	v__Pperco. bsn	16.151
v__REVAPMN. gw	134.281	v__Sol_Orgp(1-2). chm_AGRL	167.279
v__Usle_P. mgt	0.103	v__Rchrg_Dp. gw	0.918
v__Ch_Erod. rte	0.340	v__PSP. bsn	0.334
v__Spcon. bsn	0.024	v__ERORGP. hru_AGRL	0.039
v__Spexp. bsn	1.287	v__ERORGP. hru_AGRL	0.063
r_SLSUBBSN. hru	−0.006	v__RS5. swq	0.010
v__ERORGN. hru_AGRL	−0.245	v__AI2. wwq	1.396

3.4　小江流域的非点源污染精细模拟

3.4.1　流域概况

小江是长江三峡库区左岸的一级支流,是三峡水库重庆库区万州以下流域面积最大的长江支流,地处四川盆地东部边缘,发源于大巴山南麓,介于北纬 31°00′~31°42′,东经 107°56′~108°54′,流域成东西长、南北短的扇形,东河为小江正源,自北向南流,于开县县城与自西南向东北流的南河汇合后,汇入澎溪河,之后在渠口与平行于南河流向的普里河汇合后称小江,于云阳县新县城处汇入长江。整个小江流域面积为 5498.6km²。流域内主要作物有玉米、小麦、水稻、马铃薯、柑橘、茶叶等,土地利用类型主要为耕地、草地、林地等(孙宗亮,2009)。

3.4.2　数据库构建

与御临河的数据库构建类似,通过投影转换、重分类等可获得小江流域的土地利用类型、土壤类型和高程的空间分布(图 3.12～图 3.14)及相关统计结果(表 3.14、表 3.15)。

研究中主要采用了以下站点气象数据:

降雨资料:包括城口、云阳、开县、巫溪、奉节、巫山六个气象站 2000 年至 2006年逐日雨量资料和南雅、大进、龙安、南门、天白、跳蹬、温泉、巫山(开县)、岩水九个雨量站从 2004～2006 年 5～9 月汛期逐日降雨数据。

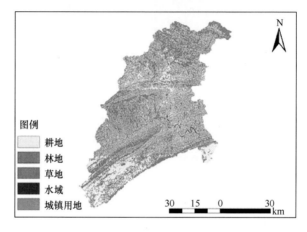

图 3.12　小江流域土地利用图

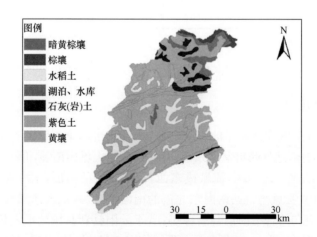

图 3.13　小江流域土壤类型图

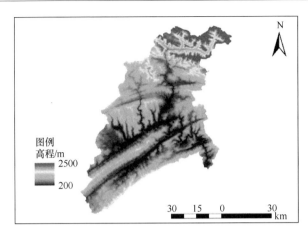

图 3.14　小江流域数字高程图

气温、日照辐射、风速等资料：城口、开县、云阳、巫山、巫溪、奉节六个气象站点 2000～2006 年逐日数据。

　　小江流域的作物管理措施通过实地调查获得，主要农作物以水稻、油菜、玉米、红薯、土豆为主，其中旱地主要种植作物则为玉米、红薯和土豆。水田主要采取水稻和油菜轮作的方式。

表 3.14　小江流域主要土地利用类型统计结果

重分类后编码	名称	面积/km²	占总面积百分比/%
2	耕地	2666.831	48.50
3	林地	1729.866	31.46
5	草地	1071.681	19.49
6	水域	17.04572	0.31
7	城镇用地	13.19669	0.24

表 3.15　小江流域主要土壤类型统计结果

土壤类型	代码	面积/km²	面积比例/%
紫色土	ZST	2985.201	54.29
黄壤	HUR	1325.717	24.11
水稻土	SDT	636.1903	11.57
石灰(岩)土	SHYT	265.5833	4.83
暗黄棕壤	AHUZR	195.7509	3.56
棕壤	ZR	69.28261	1.26
湖泊、水库	HPSK	20.89476	0.38

水稻底肥采用碳铵,施用量约 25～30kg/亩,施肥时间为 5 月上旬;追肥一般采用尿素,时间为 6 月上、中旬,追肥量约 15～20kg/亩。

油菜底肥采用农家肥或碳铵,碳铵施用量约为 50kg/亩,施肥时间为 9 月上旬～10 月上旬;追肥一般采用尿素,时间为 3 月,追肥量约 15～20kg/亩。

玉米底肥采用尿素和复合肥,当采用移栽方式时,施用复合肥和尿素,施肥量为5kg/亩,采用直播方式时,施用复合肥 10kg/亩,施肥时间为 3 月底～4 月上旬;追肥采用尿素,时间为 4 月下旬,施用量约 15～25kg/亩。

红薯底肥采用农家肥或碳铵,施用量约 50kg/亩,一般为 4 月下旬～5 月上旬施用,于 9 月下旬～10 月底收割,无追肥。

3.4.3 参数率定及验证

在敏感性分析的基础上,分别利用 2000～2002 年、2003～2004 年的日实测数据对径流和泥沙进行了参数率定和模型验证,选用 2004 年月实测数据对非点源污染负荷进行了参数率定和模型验证,敏感性分析及最终模型参数取值见表 3.16。

表 3.16 小江流域 SWAT 模拟参数敏感性分析结果

项目	参数	下限	上限	排序
	Sol_Awc	0	1	1
	Sol_K	−20	30000	2
	Esco	0	1	3
流量	Gwqmn	0	5000	4
	Cn2	−25	19	5
	Canmx	0	10	6
	Sol_Z	−25	25	7
	Sol_Orgn	0	10000	1
N	Nperco	0	1	2
	Sol_No3	0	100	3
	Sol_Orgp	0	400	1
	Pperco	10	18	2
P	Phoskd	100	200	3
	Rchrg_Dp	0	1	4
	Sol_Labp	−25	25	5

依据 SWAT-CUP 提供的方法,本章选取了与水文和水质相关的 56 个参数进行率定和验证,这些参数可以达到模拟的要求。

利用 2003~2005 年东河监测断面及 2004~2005 年小江河口面实测的径流、泥沙和水质数据对模型进行了参数率定和模型验证,采用相关系数和 Nash-Sutcliffe 效率系数判断模型参数率定和验证结果的合理性,结果证明 SWAT 模型在小江流域进行非点源污染模拟具有很好的适用性。

研究中选取了东河水文监测断面 2003~2005 年的每年 5~9 月汛期的实测流量月均值,以及小江河口水文监测断面 2004~2005 年的流量月均值,作为自动率定程序所需的实测资料进行参数率定。图 3.15 为径流模拟值与实测值对比图。

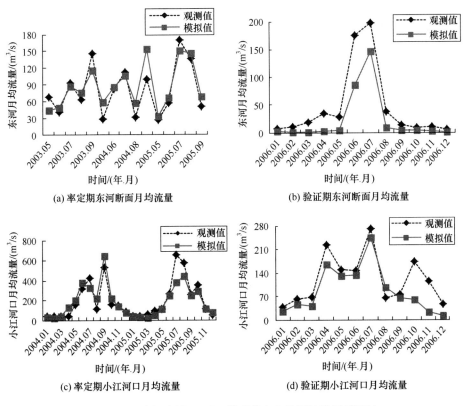

图 3.15 小江流域 SWAT 模型率定和验证效果图(流量)

模型模拟的水质指标主要选取了总磷(TP)、氨氮(NH_4-N)、硝态氮(NO_3-N)三种水质指标,水质的参数率定选取了小江河口的水质监测断面的 2004~2005 年的实测水质数据。图 3.16 为各水质参数的率定结果图。

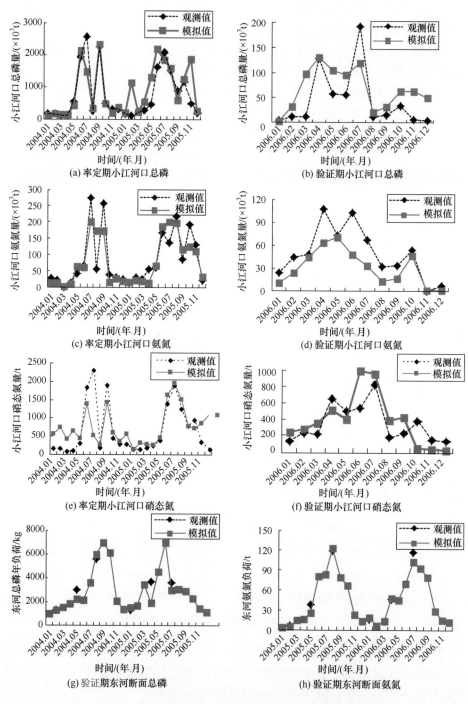

图 3.16　小江流域 SWAT 模型率定和验证效果图(水质)

流量与水质的率定及验证效果统计见表 3.17,整体可见 SWAT 模型在小江流域有较好的适用性,模型部分参数最终取值见表 3.18。

表 3.17　小江流域 SWAT 模拟参数率定和验证效果

监测断面名称	率定/验证对象	率定期		验证期	
		R^2	Ens	R^2	Ens
东河断面	流量	0.77	0.75	0.96	0.72
	TP	—	—	0.89	0.68
	NH_4-N	—	—	0.82	0.52
小江河口	流量	0.81	0.81	0.86	0.53
	TP	0.81	0.60	0.86	0.52
	NH_4-N	0.86	0.73	0.87	0.41
	NO_3-N	0.70	0.47	0.75	0.14

表 3.18　小江流域 SWAT 模拟参数率定结果

参数名	参数变化范围	参数率定结果
CN2	0.02~0.19	0.158917
ESCO	0.56~0.86	0.809847
SOL_AWC	0~0.17	0.003468
Gwqmn	0~997.61	475.860199
SOL_K	7.01~14.35	12.950266
Sol_Orgn	0~6305.99	5353.784668
Nperco	0.01~0.67	0.059556
Sol_Orgp	19.43~73.16	28.840981
Pperco	174.15~400	177.999069

3.5　大宁河流域非点源污染精细模拟

3.5.1　流域概况

大宁河,古名盐水、巫溪水、昌江,为长江三峡库区左岸的一级支流。大宁河发源于大巴山南麓,主要源头有两条:一条为龙潭河,源头在巫溪县高楼乡新田坝;另一条为汤坝河,源头为和平乡大小龙洞。大宁河支流众多,水系呈树枝状发育,自上而下较大支流有:右岸分布有西溪河、后溪河、柏杨河和福田河,左岸分布有东溪河、巴岩子河和平定河。其自西向东随山势东流,经过巫溪县城南,出庙峡入巫山县境内,最后在巫山县城东注入长江。大宁河流域位于重庆市主城区东部边缘,三峡库区腹心地带。大宁河入长江的汇流口为巫峡口,位于三峡大坝上游约125km处,是受三峡水库蓄水影响比较显著的重要支流(宫永伟,2010)。

3.5.2 数据库构建

与御临河的数据库构建类似,通过投影转换、重分类等,获得大宁河流域的土地利用类型、土壤类型和高程的空间分布(图3.17～图3.19)及相关统计结果(表3.19、表3.20)。研究中的气象数据见表3.21。

图3.17 大宁河流域(巫溪段)土地利用图

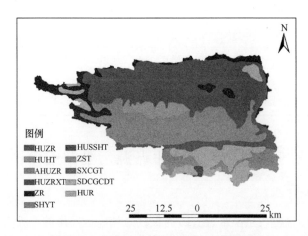

图3.18 大宁河流域(巫溪段)土壤类型图

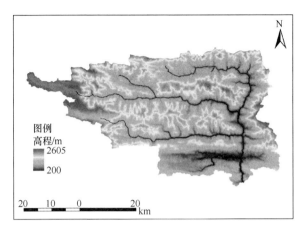

图 3.19　大宁河流域(巫溪段)数字高程图

表 3.19　大宁河流域主要土地利用类型统计结果

土地利用类型	代码	面积/km²	面积百分比/%
林地	FRST	1498.37	61.87
农田	AGRL	603.27	24.91
草地	PAST	301.76	12.46
水域	WATR	8.96	0.37
水田	RICE	7.51	0.31
城镇	URMD	1.70	0.07
果林	ORCD	0.24	0.01

表 3.20　大宁河流域主要土壤类型统计结果

土壤类型	代码	面积/km²	面积百分比/%
黄棕壤	HUZR	641.54	26.49
黄褐土	HUHT	409.53	16.91
紫色土	ZST	350.68	14.48
黄棕壤性土	HUZRXT	297.88	12.30
黄壤	HUR	265.43	10.96
棕壤	ZR	201.98	8.34
石灰(岩)土	SHYT	111.40	4.60
暗黄棕壤	AHUZR	97.11	4.01
山地灌丛草甸土	SDCGCDT	27.37	1.13
酸性粗骨土	SXCGT	10.66	0.44
黄色石灰土	HUSSHT	8.48	0.35

表 3.21 大宁河流域 SWAT 模拟所用气象站点名称及位置

编号	站点	纬度/(°)	经度/(°)	海拔/m	气象要素	时间/年
1	长安	31.65	109.40	900	降雨量	2000~2007
2	徐家坝	31.64	109.66	430	降雨量	2000~2007
3	高楼	31.61	109.08	1100	降雨量	2000~2007
4	建楼	31.52	109.18	1300	降雨量	2000~2007
5	双阳	31.47	109.84	1300	降雨量	2000~2007
6	塘坊	31.41	109.38	600	降雨量	2000~2007
7	龙门	31.33	109.51	900	降雨量	2000~2007
8	巫溪(二)	31.41	109.61	300	降雨量	2000~2007
9	西宁	31.57	109.52	773	降雨量	2000~2007
10	福田	31.22	109.72	588	降雨量	2000~2007
11	万古	31.47	109.35	778	降雨量	2000~2007
12	中良	31.58	109.03	2412	降雨量	2000~2007
13	宁厂	31.47	109.62	510	降雨量	2000~2007
14	大昌	31.28	109.77	411	降雨量	2000~2007
15	岚皋	32.32	108.60	439	降雨量、温度、湿度、风速	1998~2007
16	镇平	31.90	109.53	996	降雨量、温度、湿度、风速	1998~2007
17	巴东	31.03	110.33	335	降雨量、温度、湿度、风速	1998~2007
18	利川	30.28	108.93	1073	降雨量、温度、湿度、风速	1998~2007
19	建始	30.60	109.72	612	降雨量、温度、湿度、风速	1998~2007
20	恩施	30.28	109.47	458	降雨量、温度、湿度、风速	1998~2007
21	城口	31.95	108.67	798	降雨量、温度、湿度、风速	1998~2007
22	开县	31.18	108.42	217	降雨量、温度、湿度、风速	1998~2007
23	云阳	30.95	108.68	297	降雨量、温度、湿度、风速	1998~2007
24	巫溪	31.40	109.62	338	降雨量、温度、湿度、风速	1998~2007
25	奉节	31.02	109.53	300	降雨量、温度、湿度、风速	1998~2007
26	巫山	31.07	109.87	276	降雨量、温度、湿度、风速	1998~2007
27	重庆	29.58	106.47	259	降雨量、温度、湿度、风速	1998~2007
28	宜昌	30.70	111.30	133	降雨量、温度、湿度、风速、辐射	1970~2007
29	武汉	30.62	114.13	23	降雨量、温度、湿度、风速、辐射	1970~2007
30	安康	32.72	109.03	291	降雨量、温度、湿度、风速、辐射	1970~2007
31	吉首	28.32	109.73	208	降雨量、温度、湿度、风速、辐射	1970~2007
32	贵阳	26.58	106.73	1224	降雨量、温度、湿度、风速、辐射	1970~2007

3.5.3　参数率定及验证

根据参数敏感性分析的结果,采用 SWAT-CUP 进行参数率定及验证,参数敏感性分析的结果如表 3.22 所示,率定验证所采用的水文水质观测数据如表 3.23 所示。图 3.20 和表 3.24 为水文水质的参数率定效果,可见 SWAT 模型在大宁河流域具有较好的适用性。最终率定参数值见表 3.25。

表 3.22　大宁河流域 SWAT 模拟参数敏感性分析结果

项目	参数	下限	上限	变化方式	排序
	Sol_Awc	0	1	v	1
	Sol_K	−20	30000	r	2
	Esco	0	1	v	3
	Gwqmn	0	5000	a	4
	Cn2	−25	19	r	5
	Canmx	0	10	v	6
	Sol_Z	−25	25	r	7
	Blai	0	1	v	8
	Ch_K2	0	150	v	9
	Surlag	0	10	v	10
流量	Gw_Delay	1	45	v	11
	Ch_N2	0	1	v	12
	Epco	0	1	v	13
	Revapmn	0	500	v	14
	Biomix	0	1	v	15
	Alpha_Bf	0	1	v	16
	Timp	0	1	v	17
	Slsubbsn	−10	10	r	18
	Sftmp	0	5	v	23
	Smfmn	0	10	v	23
	Smfmx	0	10	v	23
	Tlaps	0	50	v	23

续表

项目	参数	下限	上限	变化方式	排序
	Spcon	0.0001	0.05	v	1
	Ch_Cov	0	1	v	2
	Ch_Erod	0	1	v	3
泥沙	Usle_P	0	1	v	4
	Spexp	1	1.5	v	5
	Usle_C	−0.25	0.25	r	6
	Sol_Orgn	0	10000	v	1
N	Nperco	0	1	v	2
	Sol_No3	0	100	v	3
	Sol_Orgp	0	400	v	1
	Pperco	10	18	v	2
P	Phoskd	100	200	v	3
	Rchrg_Dp	0	1	v	4
	Sol_Labp	−25	25	r	5

表 3.23　大宁河流域 SWAT 模拟观测数据列表

项目	观测站	数据量
流量	宁桥	2000～2004 年日流量
	宁厂	2000～2007 年日流量
	巫溪 2 水文站	2000～2007 年日流量
泥沙	巫溪 2 水文站	2000～2007 年日浓度
NH₃-N	巫溪 2 水文站	2000～2007 年 2、5、8 月监测值
	大宁河、柏杨河交汇处	2000～2007 年 2、5、8 月监测值
TP	巫溪 2 水文站	2000～2007 年 2、5、8 月监测值
	大宁河、柏杨河交汇处	2000～2007 年 2、5、8 月监测值

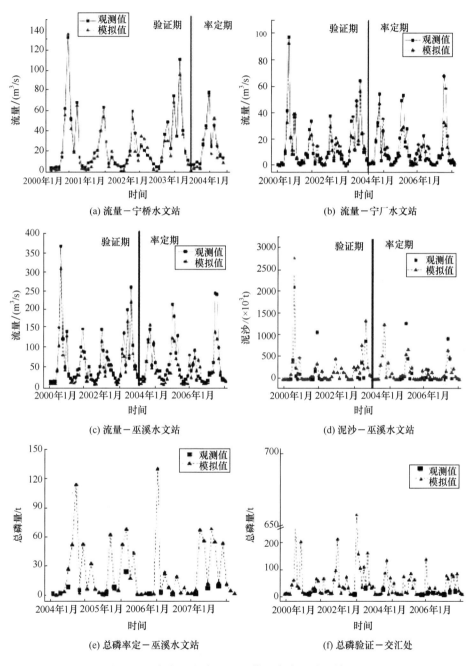

(a) 流量－宁桥水文站

(b) 流量－宁厂水文站

(c) 流量－巫溪水文站

(d) 泥沙－巫溪水文站

(e) 总磷率定－巫溪水文站

(f) 总磷验证－交汇处

图 3.20　大宁河流域 SWAT 模型率定和验证效果图

表 3.24　大宁河流域 SWAT 模拟参数率定和验证效果统计

监测断面名称	指标	率定期		验证期	
		R^2	Ens	R^2	Ens
宁桥水文站	流量	0.95	0.92	0.96	0.94
宁厂水文站	流量	0.77	0.68	0.94	0.93
巫溪水文站	流量	0.79	0.66	0.95	0.89
	泥沙	0.83	0.73	0.83	0.67
	总磷	0.86	0.75	—	—
交汇处	总磷	—	—	0.79	0.46

表 3.25　大宁河流域 SWAT 模拟参数率定结果

参数及变化方式	率定结果	参数及变化方式	率定结果
r__CN2.mgt	0.148	v__Sol_Orgp(1-2).chm_AGRL	229.000
v__ALPHA_BF.gw	0.625	v__Sol_Orgp(1-2).chm_FRST	324.051
v__GW_DELAY.gw	27.886	v__Sol_Orgp(1-2).chm_PINE	152.500
v__CH_N2.rte	0.136	v__SOL_SOLP(1-2).chm_AGRL	61.297
v__CH_K2.rte	68.744	v__ERORGP.hru	0.001
v__ALPHA_BNK.rte	0.286	v__ERORGP.hru	1.791
v__SOL_AWC.sol	0.059	v__ERORGP.hru	1.038
r__SOL_K.sol	61.011	v__SFTMP.bsn	4.556
a__SOL_BD.sol	0.596	v__Spcon.bsn	0.008
v__CANMX.hru	17.341	v__Spexp.bsn	1.222
v__ESCO.hru	0.613	v__RSDCO.bsn	0.041
v__GWQMN.gw	1043.399	v__Phoskd.bsn	156.558
v__REVAPMN.gw	159.421	v__Pperco.bsn	11.939
v__Usle_P.mgt	0.290	v__PSP.bsn	0.493
v__Ch_Cov.rte	0.052	v__K_P.wwq	0.048
v__Ch_Erod.rte	0.456	v__AI2.wwq	0.017
r__SLSUBBSN.hru	−0.002	v__RS2.swq	0.033
v__Rchrg_Dp.gw	0.385	v__RS5.swq	0.021
v__ANION_EXCL.sol	0.371	v__ERORGN.hru_AGRL	−0.205

3.6　香溪河流域非点源污染精细模拟

3.6.1　流域概况

香溪河是三峡水库湖北库区内第一大支流,也是最靠近三峡大坝的河流,位于北纬 $30°57'\sim31°34'$N,东经 $110°25'\sim111°06'$。它发源于神农架山脉南麓,拥有九冲河、古夫河、高岚河三条主要支流,由北向南贯穿兴山县全境,于秭归县归洲镇汇入长江,干流全长 94km。考虑到三峡大坝蓄水后回水区的影响以及资料的可获得性,本节主要以资料较全的香溪河的峡口镇以上为研究区域,流域面积 2995km^2(王秀娟,2010)。

3.6.2　数据库构建

与御临河的数据库构建类似,通过投影转换、重分类等,获得香溪河流域的土地利用类型、土壤类型和高程的空间分布(图 3.21~图 3.23)及相关统计结果(表 3.26、表 3.27)。气象数据采用兴山县境内兴山气象站、兴山水文站以及研究区周围的秭归、保康气象站 2000~2007 年逐日气温资料,降雨量资料,逐日风速以及太阳辐射。作物管理措施采用入户调查的方式,通过走访当地的农业管理部门及农民,得到研究区的作物管理措施表(表 3.28)。

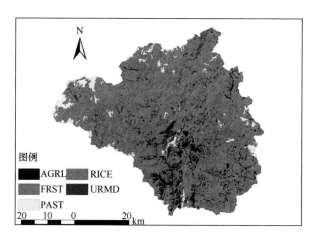

图 3.21　香溪河流域土地利用图

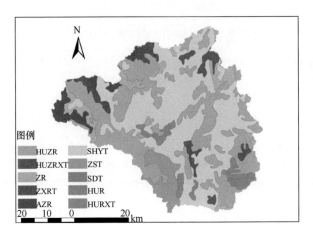

图 3.22　香溪河流域土壤类型图

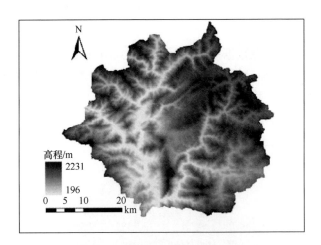

图 3.23　香溪河流域数字高程图

表 3.26　香溪河流域主要土地利用类型统计结果

编号	面积/km²	比例/%	土地利用类型	代码
2	2616.73	87.37	林地	FRST
3	146.76	4.9	草地	PAST
4	6.89	0.23	水域	WATR
5	1.50	0.05	农村居民点	URMD
11	52.71	1.76	水田	RICE
12	170.42	5.69	旱地	AGRL

表 3.27　香溪河流域主要土壤类型统计结果

编号	面积/km²	比例/%	土壤类型	代码
10121	1021.30	34.1	黄棕壤	HUZR
10123	98.54	3.29	黄棕壤性土	HUZRXT
10141	173.11	5.78	棕壤	ZR
10144	79.37	2.65	棕壤性土	ZXRT
10151	101.83	3.4	暗棕壤	AZR
15151	1241.13	41.44	石灰岩土	SHYT
15171	144.66	4.83	紫色土	ZST
19101	0.30	0.01	水稻土	SDT
21131	32.35	1.08	黄壤	HUR
21134	102.73	3.43	黄壤性土	HURXT

表 3.28　香溪河流域作物管理措施

作物	施肥时间	施肥种类	施肥量	追肥时间	追肥种类	追肥量
玉米	底肥 4月下旬	复合肥 15∶15∶15 农家肥	10～15kg/亩 2000～3000kg/亩	5月 6～7月	尿素	5～10kg/亩 20～30kg/亩
烟叶	底肥 4月下旬～ 5月上旬	烟叶专用肥 8∶12∶20	80kg/亩	6月上旬	硝铵 硫酸钾肥	5～10kg/亩 8～10kg/亩
蔬菜	4月上旬	复合肥 15∶15∶15	30～40kg/亩	底肥为主		
柑橘	10～11月	有机肥	5kg/棵	11～第二年1月 7月	柑橘专用肥 复合肥 15∶15∶15	0.5～1kg/棵 1～1.5kg/棵

3.6.3　参数率定及验证

　　根据参数敏感性分析的结果,采用 SWAT-CUP 进行参数率定及验证,参数敏感性分析的结果如表 3.29 所示。研究选用 2002～2007 年香溪河兴山水文站监测断面月实测数据进行模拟,其中,2002～2004 年数据作为率定阶段,2005～2007 年数据用于模型验证阶段。水文水质参数的率定和验证情况见图 3.24 和表 3.30,可以看出,SWAT 模型在香溪河流域具有较好的适用性。最终率定参数值见表 3.31。

表 3.29　香溪河流域 SWAT 模拟参数敏感性分析结果

项目	参数	下限	上限	排序
流量	Sol_Awc	0	1	1
	Sol_K	−20	30000	2
	Esco	0	1	3
	Canmx	0	10	4
	Cn2	−25	19	5
	Sol_Z	−25	25	6
	Gwqmn	0	5000	7
N	Sol_Orgn	0	10000	1
	Nperco	0	1	2
	Sol_No3	0	100	3
P	Sol_Orgp	0	400	1
	Pperco	10	18	2
	Phoskd	100	200	3
	Sol_Labp	−25	25	4
	Rchrg_Dp	0	1	5

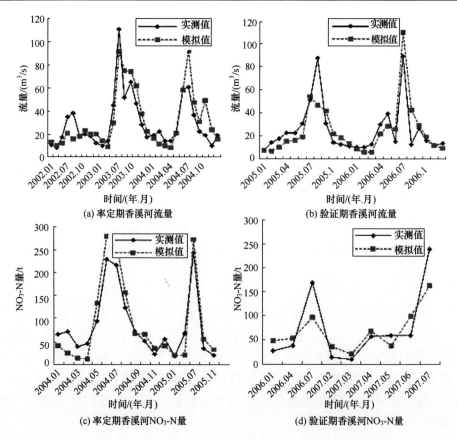

(a) 率定期香溪河流量

(b) 验证期香溪河流量

(c) 率定期香溪河NO₃-N量

(d) 验证期香溪河NO₃-N量

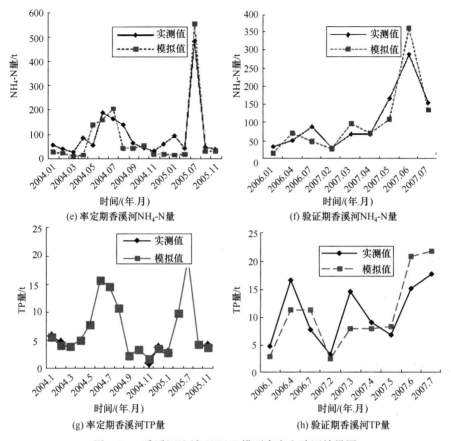

图 3.24　香溪河流域 SWAT 模型率定和验证效果图

表 3.30　香溪河流域 SWAT 模拟参数率定和验证效果统计

监测断面名称	指标	率定期		验证期	
		R^2	Ens	R^2	Ens
兴山水文站	流量	0.74	0.66	0.70	0.64
	NH_4-N	0.92	0.81	0.72	0.62
	NO_3-N	0.90	0.80	0.81	0.70
	TP	0.90	0.84	0.80	0.53

表 3.31　香溪河流域 SWAT 模拟参数率定结果

编号	参数及调参方式	下限值	上限值	最佳参数值
1	v__Alpha_Bf	0	1	0.3442
3	v__Canmx	0	100	34.6191
4	v__Ch_K2	0	150	73.9319

编号	参数及调参方式	下限值	上限值	最佳参数值
5	v__Ch_N2	0	0.5	0.3950
6	r__Cn2	−0.56	1.3	−0.3513
7	v__Esco	0.01	1	1.0000
8	v__Gw_Delay	1	45	4.3585
10	v__Gwqmn	0	5000	4683.8257
11	v__Nperco	0.01	1	0.6221
13	v__Revapmn	0	500	493.4253
14	v__SOL_NO3	0	100	50.8507
16	v_Sol_Awc	0	1	0.5718
17	r__Sol_K	−1	90	−0.0806
18	v__Sol_Orgn	0	10000	132.7643
19	v__Sol_Orgp	0	100	395.0449
21	v__Spcon	0	0.05	0.0471
24	v__Usle_P	0.1	1	0.8304

3.7　基于参数推广的分区模拟及研究

通过对库区典型小流域的精细模拟,获得了适用于各个分区典型流域的参数组,将各参数组在分区内进行推广模拟,再对各分区的模拟结果进行汇总,最终可获得库区农业非点源总体污染情况。

3.7.1　数据库构建

分区推广模拟时所需构建的数据库与典型小流域模拟类似(Shen et al.,2014)。但由于分区推广时涉及面积较大、各种条件更为复杂,相对于典型小流域的模拟,其中气象数据库和土壤属性数据库必须大大扩展。为便于统一操作,必须对整个库区建立对应的气象数据库、土壤属性数据库,供各个分区进行推广模拟时读入计算。

针对气象数据库,由于降雨站点的密集程度与模型模拟结果有一定的关系,太过密集或稀疏对有可能造成结果反而与实际情况不符,同时,由小流域尺度到分区尺度也存在着一个尺度扩展问题,因此,在推广模拟过程中,气象数据库选用了库区范围及其周边的一般站和基本站,选用的气象站点名称及具体位置如表 3.32所示。

表 3.32　推广模拟气象站点名称及位置

站点 ID	名称	纬度/(°)	经度/(°)	海拔/m	站点 ID	名称	纬度/(°)	经度/(°)	海拔/m
57614	习水	28.33	106.22	1180.2	57509	永川	28.95	106.93	325.3
57259	房县	32.03	110.77	426.9	57510	万盛	29.85	106.05	282.9
57355	巴东	31.03	110.37	334	57511	北碚	29.85	106.45	240.8
57378	钟祥	31.17	112.57	65.8	57512	合川	29.97	106.28	230.6
57447	恩施	30.28	109.47	457.1	57513	渝北	29.73	106.62	464.7
57458	五峰	30.20	110.67	619.9	57514	璧山	29.58	106.22	331.5
57461	宜昌	30.70	111.30	133.1	57517	江津	29.28	106.25	261.4
57462	三峡	30.87	111.08	139.9	57518	巴南	29.38	106.53	243.6
57476	荆州	30.35	112.15	32.2	57519	南川	29.15	107.08	559.5
57237	万源	32.07	108.03	674	57520	长寿	29.83	107.07	377.6
57306	阆中	31.58	105.97	382.6	57523	丰都	29.85	107.73	290.5
57313	巴中	31.87	106.77	417.7	57525	武隆	29.32	107.75	277.9
57328	达县	31.20	107.50	344.9	57536	黔江	29.53	108.78	607.3
57405	遂宁	30.50	105.55	355	57612	綦江	29.02	106.65	254.8
57411	高坪坝	30.78	106.10	309.7	57349	巫山	31.07	109.87	275.7
57602	泸州	28.88	105.43	334.8	57409	潼南	30.18	105.80	297.7
57604	纳溪	28.78	105.38	368.8	57425	垫江	30.33	107.33	433.8
57608	叙永	28.17	105.43	377.5	57431	天城	30.83	108.35	257
57348	奉节	31.02	109.53	299.8	57437	万州	30.30	108.03	325.6
57426	梁平	30.68	107.80	454.5	57438	忠县	29.98	108.12	632.3
57516	沙坪坝	29.58	106.47	259.1	57502	石柱	29.70	105.70	394.7
57522	涪陵	29.75	107.42	273.5	57505	大足	29.42	105.60	328.5
57333	城口	31.95	108.67	798.2	57506	荣昌	29.37	105.90	353
57338	开县	31.18	108.42	216.5	57345	巫溪	31.40	109.62	337.8
57339	云阳	30.95	108.68	297.2					

　　本节推广模拟期为 2001~2009 年,理想情况下 SWAT 模型至少需要 20 年的天气资料,由于气象数据可获得年限的限制以及某些缺失值的存在,需建立天气发生器进行插补,以保证模拟结果的准确度。天气发生器要求输入流域多年逐月气象资料,且要求参数较多,约为 160 个,包括月平均最高气温、月平均最低气温、最高气温标准偏差、最低气温标准偏差、月均降雨量、月均降雨量标准缠着、降雨的系数、月内干日数、月内湿日数、平均降雨天数、露点温度、月均太阳辐射量、月均风速以及最大半小时降雨量等。天气发生器各参数计算公式如表 3.33 所示。

表 3.33　天气发生器各参数计算公式

参数	计算公式
月平均最高气温	$\mu_{\text{max,mon}} = \dfrac{1}{N}\sum_{d=1}^{N} T_{\text{max,mon}}$
月平均最低气温	$\mu_{\text{min,mon}} = \dfrac{1}{N}\sum_{d=1}^{N} T_{\text{min,mon}}$
最高气温标准偏差	$\sigma_{\text{max,mon}} = \sqrt{\dfrac{1}{N-1}\sum_{d=1}^{N} (T_{\text{max,mon}} - \mu_{\text{max,mon}})^2}$
最低气温标准偏差	$\sigma_{\text{min,mon}} = \sqrt{\dfrac{1}{N-1}\sum_{d=1}^{N} (T_{\text{min,mon}} - \mu_{\text{min,mon}})^2}$
月均降雨量	$\bar{R}_{\text{mon}} = \dfrac{1}{\text{yrs}}\sum_{d=1}^{N} R_{\text{day,mon}}$
降雨量标准偏差	$\sigma_{\text{mon}} = \sqrt{\dfrac{1}{N-1}\sum_{d=1}^{N} (R_{\text{day,mon}} - \bar{R}_{\text{mon}})^2}$
降雨量偏度系数	$g_{\text{mon}} = \dfrac{N}{(N-1)(N-2)\sigma_{\text{mon}}^3}\sum_{d=1}^{N} (R_{\text{day,mon}} - \bar{R}_{\text{mon}})^3$
月内干日日数	$P_i\left(\dfrac{W}{D}\right) = \dfrac{\text{days}_{\text{W/D},i}}{\text{days}_{\text{dry},i}}$
月内湿日日数	$P_i\left(\dfrac{W}{W}\right) = \dfrac{\text{days}_{\text{W/W},i}}{\text{days}_{\text{wet},i}}$
平均降雨天数	$\bar{d}_{\text{wet},i} = \dfrac{\text{day}_{\text{wet},i}}{\text{yrs}}$
露点温度	$\mu\text{dew}_{\text{mon}} = \dfrac{1}{N}\sum_{d=1}^{N} t_{\text{dew,mon}}$
月均太阳辐射量	$\mu\text{rad}_{\text{mon}} = \dfrac{1}{N}\sum_{d=1}^{N} H_{\text{day,mon}}$
月均风速	$\mu\text{wnd}_{\text{mon}} = \dfrac{1}{N}\sum_{d=1}^{N} S_{\text{win,mon}}$

　　针对土壤属性数据库,主要通过查阅库区所属地域的土种志以及南京土壤所的相关数据,经过软件计算及转换得到各项指标。同时,其他相应的空间数据库和属性数据库也一并扩展建立。

3.7.2　分区模拟概况

　　为了在研究中对各个分区分别建立响应的 SWAT 模型,需要对各个分区进行离散化。其中御临区共划分子流域 205 个,小江区共划分子流域 161 个,大宁区共划分子流域 121 个,香溪区共划分子流域 125 个,模拟时段为 2001～2009 年,模拟变量包括产水量、产沙量以及各类氮磷营养物。

3.7.3　推广模拟验证

三峡库非点源污染负荷推广模拟时段为 2001～2009 年,为验证对推广模拟的合理性,在汇总分析之前,研究中尝试了分区参数组推广和非分区参数组推广。非分区参数组推广即只选择一个典型小流域的特征参数组,推广至整个三峡库区进行非点源污染负荷模拟。非分区参数组推广模拟方式选取了小江区的参数组来进行相应的模拟。对两种推广模拟方式下获得的结果分别进行统计,选取各小流域多年平均年径流量的模拟值与实测值进行对比分析。若两种模拟方式下模拟结果差异不大,则证明小流域模拟分区推广模拟并非必要。

由图 3.25 可以看出,在这两种推广模拟方式下,模拟结果差异比较显著。非分区参数组推广中模拟值与实测值的相关系数仅为 0.68,而分区参数组推广中模拟值与实测值的相关系数高达 0.92。但线性拟合所获得的相关系数并不足以证明其与真实值的接近程度,由图 3.26 可以看出,当拟合截距设为 0 时,两拟合直线的斜率差异显著,即模拟值与真实值的接近程度差异显著。在非分区参数推广模拟中,其拟合斜率为 1.41,而分区参数推广模拟中,其拟合斜率为 0.82,表明后者获得的模拟值与真实值更为接近。

这种显著差异充分表明小流域精细模拟参数推广法在三峡库区有较好的适用性,能充分地考虑到三峡库区在非点源污染影响因素上的空间异质性带来的显著影响,可获得更为合理可信的模拟结果。

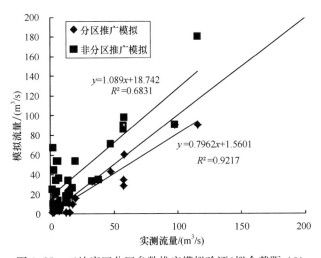

图 3.25　三峡库区分区参数推广模拟验证(拟合截距≠0)

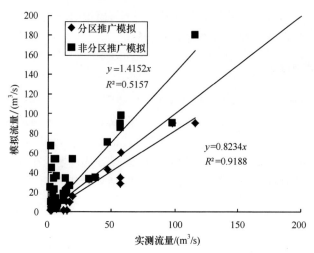

图 3.26　三峡库区分区参数推广模拟验证(拟合截距=0)

3.8　小　　结

结合我国国情,本章总结相关的大尺度非点源污染定量化研究方法,提出了适合三峡库区特征的"小流域精细模拟参数推广法"来进行非点源污染定量化研究。通过对库区四条典型一级支流进行 SWAT 精细模拟可知,SWAT 模型在三峡库区具有较好的适用性。在获得四组参数组的基础上,利用 SWAT 模型,基于整个库区的土地利用图、土壤类型图、DEM、气象数据等相关资料,对整个三峡库区的非点源污染进行参数分区推广模拟。通过与非分区推广模拟方法进行比较可知,采用分区参数推广模拟方法时,实测值和模拟值的相关系数高达 0.92,且与监测值更为接近。因此,该方法在三峡库区具有较好的适用性,可获得更为合理可信的非点源污染模拟结果。

参 考 文 献

陈利顶,李俊然,傅伯杰. 2001. 三峡库区生态环境综合评价与分析. 农村生态环境,17:35-38.
方子云. 1988. 长江三峡工程生态与环境影响文集. 北京:水利水电出版社.
宫永伟. 2010. 三峡库区大宁河流域(巫溪段)TMDL 的不确定性研究(博士学位论文). 北京:北京师范大学.
洪倩. 2011. 三峡库区农业非点源污染及管理措施研究(博士学位论文). 北京:北京师范大学.
全国土壤普查办公室. 1995. 1:100 万中华人民共和国土壤图. 西安:西安出版社.
四川省农牧厅,四川省土壤普查办公室. 1994. 四川土种志. 成都:四川科学技术出版社.
孙叶,谭成轩. 1996. 长江三峡工程坝区及外围地壳稳定性评价与分区研究. 地球学报,17:258-268.
孙宗亮. 2009. 三峡库区小江流域 SWAT 模型应用研究(硕士学位论文). 北京:北京师范大学.
王秀娟. 2010. 香溪河流域农业非点源污染研究及管理措施评价(硕士毕业论文). 北京:北京师

范大学.

杨爱民,王礼先,王玉杰,等. 2001. 三峡库区农业生态经济分区的研究. 生态学报,21:561-568.

杨胜天,程红光,郝芳华,等. 2006.全国非点源污染分区分级. 环境科学学报,26(3):398-403.

郑晓兴,张浩,王祥荣. 2006.长江三峡库区(重庆段)沿江区域生态功能区划. 复旦学报(自然科学版),45:732-738.

Hong Q, Sun Z L, Chen L, et al. 2012. Small-scale watershed extended method for non-point source pollution estimation and case study in part of Three Gorges reservoir region. International Journal of Environmental Science and Technology,9(4):595-604.

Monteith J L. 1972. Solar radiation and productivity in tropicalecosystems. Journal of Applied Ecology,9:747-766.

Shen Z Y, Qiu J L, Hong Q, et al. 2014. Simulation of spatial and temporal distribution on non-point source pollution load in the Three Gorges reservoir region. Science of the Total Environment,493:138-146.

第4章　三峡库区农业非点源污染特征研究

非点源污染的分布特征、关键源区识别及影响因素分析是非点源污染研究的核心内容。本章在前面多个典型小流域及分区模拟的基础上,经过汇总四个分区模拟结果形成了整个三峡库区的农业非点源污染模拟结果,然后揭示了污染负荷的空间分布特征和月际、年际等时间变化特征,识别了非点源污染的关键源区,分析了非点源污染随不同下垫面条件的变化规律以及多因素之间的相互关系,同时探讨了下垫面条件对非点源污染影响的不确定性问题。

4.1　三峡库区农业非点源污染时空分布特征

4.1.1　空间分布特征

研究模拟期为 2001~2009 年,以子流为单元,分别统计 2001~2009 年多年平均产沙量、各种形态氮磷污染负荷,并分析空间变化规律。

三峡库区多年平均降雨量及产水量分布见图 4.1 与图 4.2。根据其分布图可以发现,高产水量区域则与低高程地区分布表现出一致性。

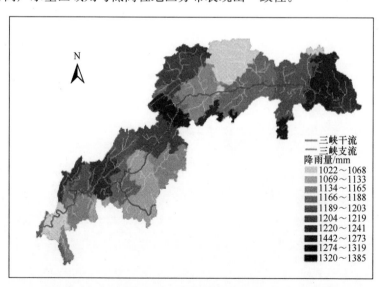

图 4.1　三峡库区多年平均降雨量分布图(2001~2009 年)

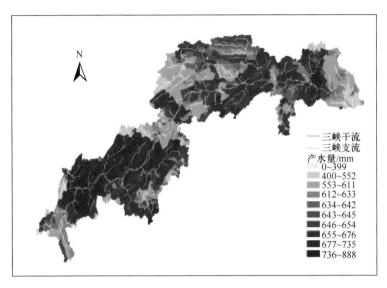

图 4.2　三峡库区多年平均产水量分布图(2001~2009 年)

三峡库区产沙量空间分布见图 4.3。从图中可以看出,产沙量空间分布差异性较大,各子流域产沙量介于 0~131.0t/hm²,其中香溪区产沙量较小,基本低于 9.6t/hm²。御临区产沙量普遍较高,最高达 131.0t/hm²,小江区和大宁区产沙量次之,有较多子流域大于 30.0t/hm²。影响产沙量的主要因素一般包括地表径流、洪峰径流、土壤侵蚀因子、植被覆盖和作物管理因子、水土保持因子及地形因子等

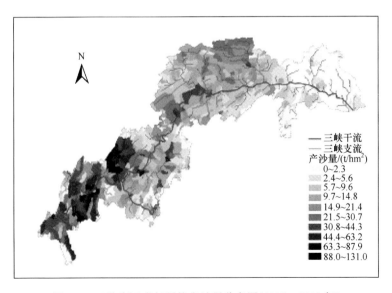

图 4.3　三峡库区多年平均产沙量分布图(2001~2009 年)

(Collins, Anthony, 2008)。对各子流域内的降雨、坡度、植被覆盖情况进行初步分析可知,香溪区土地利用类型主要以林地为主,植被覆盖率较高,因此土壤侵蚀量较低,而御临区耕地比重较大,降雨时极易发生土壤侵蚀(Shen et al.,2014)。而小江区和大宁区的林草地、耕地比重则相对均衡,因此土壤侵蚀量居中。

　　三峡库区不同形态的非点源氮污染空间分布情况见图 4.4~图 4.6。相对于硝氮来说,各子流域之间有机氮、总氮负荷变率较大,分别介于 0~147.4kg/hm²

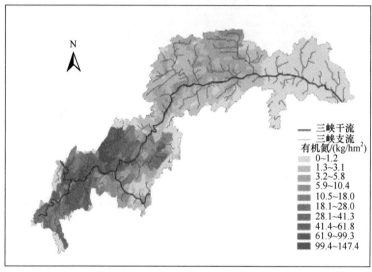

图 4.4　三峡库区多年平均有机氮分布图(2001~2009 年)

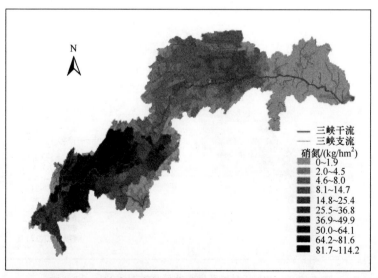

图 4.5　三峡库区多年平均硝氮分布图(2001~2009 年)

和 0～250.2kg/hm², 而硝氮负荷的变化率处于 0.1～114.2kg/hm²。有机氮、硝氮、总氮的分布规律基本与产沙量分布规律一致,一方面是由于有机氮主要是以泥沙吸附态的形式进入水体,水土流失是造成有机氮流失的主要原因;另一方面硝氮负荷与化肥施用密切相关,因此硝氮高污染区域集中于耕地面积占较大比重的御临区(洪倩,2011)。

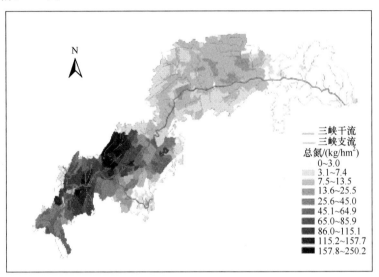

图 4.6　三峡库区多年平均总氮分布图(2001～2009 年)

三峡库区不同形态的非点源磷污染空间分布情况见图 4.7～图 4.10。各子流域之间有机磷、吸附态无机磷、总磷负荷范围分别为 0～57.0kg/hm², 0～55.3kg/hm²

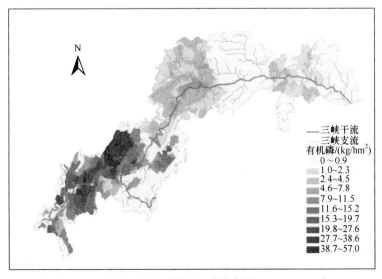

图 4.7　三峡库区多年平均有机磷分布图(2001～2009 年)

及 $0\sim122.7kg/hm^2$。三者分布规律较为相似,但与产沙量分布有一定的差异,产沙量分布图中大宁区和小江区处于中等侵蚀水平,而从上述各形态磷的分布情况来看,小江区负荷比大宁区偏高,可能原因是由于小江区多年平均降雨量较大宁区偏高,湿沉降带来的影响较大(孙宗亮,2009)。总体而言,溶解态磷所占比例较小,各子流域间负荷变化范围介于 $0\sim12.9kg/hm^2$。虽然比例极小,但溶解态磷是水体富营养化的主要控制性因素,其影响不容忽视。三峡库区的溶解态磷与硝氮分布较为相似,可能与化肥施用关系密切(Shen et al.,2014)。

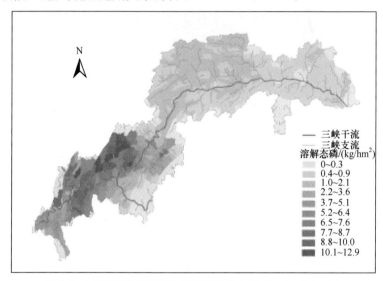

图 4.8　三峡库区多年平均溶解态磷分布图(2001~2009 年)

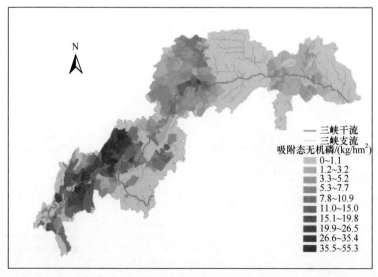

图 4.9　三峡库区多年平均吸附态无机磷分布图(2001~2009 年)

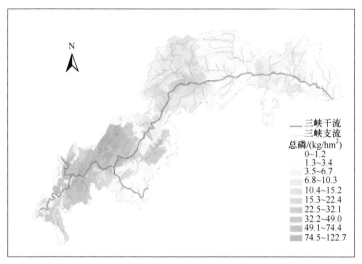

图 4.10　三峡库区多年平均总磷分布图(2001~2009 年)

4.1.2　时间分布特征

1. 年际变化特征

2001~2009 年的三峡库区非点源污染负荷变化情况如图 4.11~图 4.14 所示。其中,入库径流量与入库泥沙量变化趋势基本相同,显示出极大的相关性:2001~2004 年逐渐上升,2004~2006 年下降,2007 年明显回升,2008 年下降程度较大,2009 年有所升高。根据对近十年的库区降雨情况进行统计分析可知,该变化趋势与降雨量变化趋势一致:其中 2001 年、2006 年为典型的枯水年,因此相关指标随着降雨量的减少而相应降低。

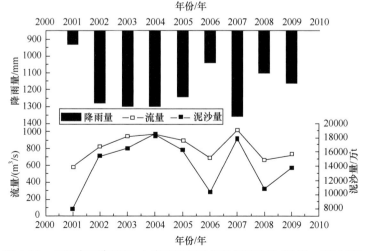

图 4.11　三峡库区降雨量、入库径流量及泥沙年际变化(2001~2009 年)

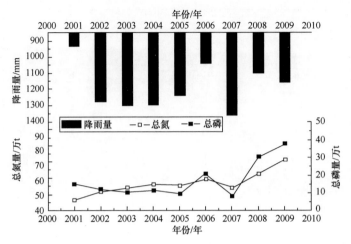

图4.12 三峡库区降雨量、入库总氮及总磷量年际变化(2001~2009年)

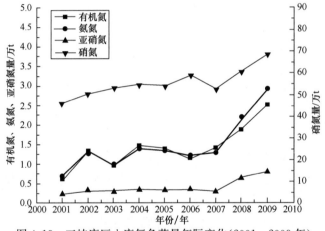

图4.13 三峡库区入库氮负荷量年际变化(2001~2009年)

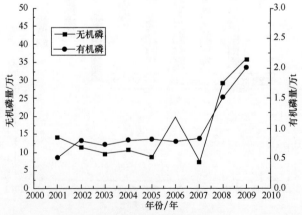

图4.14 三峡库区入库磷负荷量年际变化(2001~2009年)

对于营养物入库负荷量,2001~2007 年中,除 2006 年负荷相对较高之外,总氮、总磷负荷量相对稳定,2008~2009 年上升明显,且两者变化趋同。其中 2006年总氮的增加主要体现在硝氮的增加,而总磷的增加则主要是由于无机磷产生出量的增加。虽然 2008 年、2009 年降雨量相对低偏低,但非点源氮磷污染呈上升趋势,表明库区的非点源污染有逐渐增加的可能。

2. 月际变化特征

从三峡库区非点源污染负荷月际变化图(图 4.15~图 4.18)可以看出,流量、

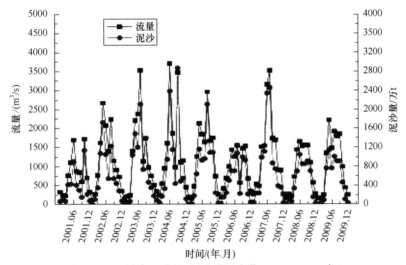

图 4.15　三峡库区流量、泥沙月际变化(2001~2009 年)

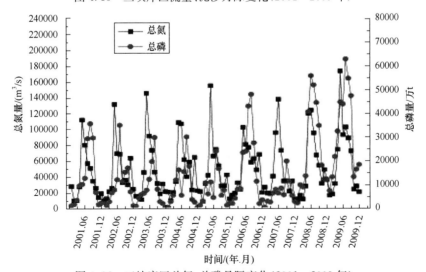

图 4.16　三峡库区总氮、总磷月际变化(2001~2009 年)

泥沙及污染负荷入库量表现出明显的双峰周期性：枯水期最低，平水期有所增高，丰水期则急剧增加。其中流量和泥沙相关性较大，在丰水期的增长幅度和降雨量大小基本一致，即丰水年明显增幅较大，枯水年则增幅较小。

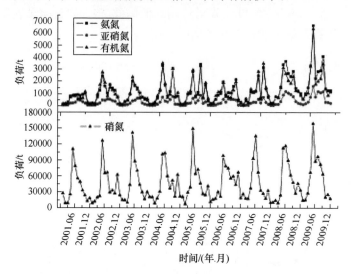

图 4.17　三峡库区氮污染负荷月际变化（2001～2009 年）

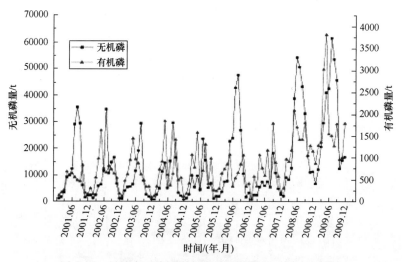

图 4.18　三峡库区磷污染负荷月际变化（2001～2009 年）

三峡库区 2001～2009 年多年平均逐月流量、泥沙及非点源氮磷负荷统计见表 4.1。与年际变化相似，入库泥沙量月际变化基本与入库径流量相一致，相关系数为 0.99。由于径流量与降水量相关性极大，因而降水也是造成土壤侵蚀的主要驱动因子。

$$S = 0.66W - 1146.1, \quad R^2 = 0.99 \tag{4.1}$$

式中,S 为入库泥沙量;W 为入库径流量。

表 4.1 三峡库区月均污染负荷统计 (2001～2009 年)

月份	流量/(m³/s)	泥沙/万 t	有机氮/t	硝氮/t	氨氮/t	亚硝氮/t	无机磷/t	有机磷/t	总氮/t	总磷/t
1	2140.8	409.2	1770.3	167612.2	1634.5	264.4	17598.1	2407.1	171281.4	20005.2
2	2734.2	980.9	4325.6	124160.2	3866.1	659.0	39885.1	5068.1	133010.9	44953.1
3	4126.1	1640.9	6665.3	177049.1	6443.4	1283.8	64786.4	6594.4	191441.6	71380.7
4	10803.2	6278.8	13485.4	316734.4	12421.2	2715.6	92684.6	10393.8	345356.6	103078.5
5	16589.2	9595.5	25102.0	1092366.3	24834.5	5824.2	156670.7	14801.4	1148127.0	171472.2
6	19485.2	11507.4	13467.3	820295.5	14934.0	4394.6	171333.3	7469.6	853091.4	178802.9
7	18066.7	10753.5	12186.7	653991.3	14580.0	5840.8	283774.2	7775.4	686598.7	291549.7
8	14030.4	7860.0	12514.4	442050.6	15431.2	5831.1	270585.5	7513.3	475827.3	278098.8
9	15405.7	9810.0	17135.8	376619.4	18712.6	5161.6	197684.1	9711.6	417629.4	207395.6
10	11218.0	6301.3	11544.1	230172.1	11811.8	2647.4	86482.5	7230.2	256175.3	93712.7
11	6888.4	2668.1	6810.4	384469.2	6295.6	1184.2	46680.9	5065.8	398759.4	51746.7
12	3272.1	782.7	3319.8	183355.4	3511.9	603.5	40364.2	4361.9	190790.6	44726.1

由年内分布比例图可以看出(图 4.19),泥沙入库量从 4 月份开始显著增加,4～10月入库量占全年的 90.5%,6 月出现峰值,8 月份低于 7 月、9 月,另外由于降雨的减少,产水产沙量减少,再者,夏季玉米在 8 月份生长旺盛,提高了植被覆盖率,有利于防止水土流失。

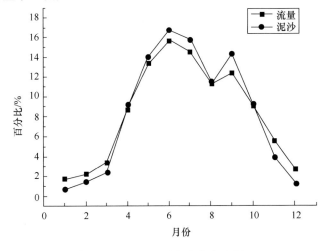

图 4.19 三峡库区入库流量、泥沙年内分布比例(2001～2009 年)

　　三峡库区逐月非点源氮污染负荷年内分布比例变化趋势见图 4.20。其中,有机氮与氨氮的变化较一致,硝氮和总氮的变化较一致;4～10 月流失量分别为82.2%、83.8%、79.1%、79.4%;5 月份各项指标都较高,是因为该时段库区内作物施肥料较大,且降雨量开始显著增加,随着降雨径流的影响,有机氮极易从土壤溶出迁移进入水体,肥料中富含的硝氮也随径流流失;9 月份有机氮和氨氮出现第二个峰值,而硝氮总氮持续走低。有机氮和氨氮的增加一方面是由于作物收割后覆盖率降低,而此时降雨量仍然较大,易造成土壤淋溶流失,另一方面作物残茬腐败也会释放有机氮和氨氮,从而造成相关指标入库量增加;11 月份硝氮出现另一峰值,主要是因为 10 月下旬至 11 月上旬为冬小麦基肥期,硝氮流失比例较高,而降雨量的减少抵制了有机氮的流失。有机氮与氨氮对产沙量都呈现出较好的相关性:

$$ORGN = 1.29S + 3318, \quad R^2 = 0.69 \tag{4.2}$$

$$NH_4\text{-}N = 1.47S + 2779, \quad R^2 = 0.79 \tag{4.3}$$

式中,ORGN 为有机氮负荷;NH_4-N 为氨氮负荷。

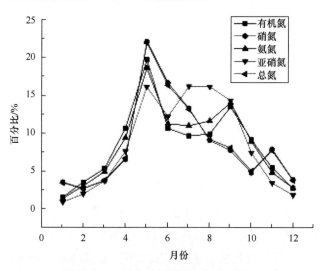

图 4.20　三峡库区入库氮负荷年内分布比例(2001～2009 年)

　　三峡库区逐月非点源磷污染负荷年内分布比例变化趋势见图 4.21。其中无机磷和总磷变化趋势一致,在 7、8、9 月均维持较高水平,4～10 月份入库量占全年总比例为 73.4% 和 85%。有机磷的变化趋势则与有机氮、氨氮相似,5 月份出现的峰值是由于降雨的增加导致淋溶作用以及作物吸收肥料后的转化相应增加;9月的小峰值则是因为植被覆盖率的降低及残茬腐败释放,有较多的有机磷素溶出随降雨径流流失或由于土壤侵蚀作用被泥沙携带进入水体。

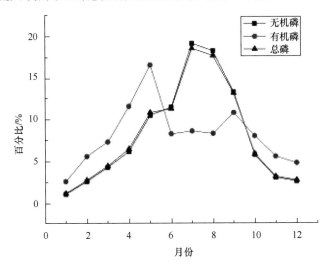

图 4.21　三峡库区入库磷负荷年内分布比例(2001～2009 年)

由月际变化的分析情况可见,三峡库区的非点源污染多集中在 4～10 月份,且不同的污染物具有不同的变化情况,在污染治理中,应根据不同时段、不同污染物采取有针对性的污染防控措施。

4.1.3　关键源区识别

1. 主要流域非点源污染

研究中统计了 44 条主要支流的农业非点源污染负荷情况,由入库负荷对比图(图 4.22～图 4.25)可知,大宁河、小江、龙河、龙溪河、乌江、香溪等入库负荷最高,这主要与上述流域面积有较大的相关性(仅统计各流域库区内面积)。

表 4.2 为 44 条一级支流各类非点源污染物的污染负荷强度。由图 4.26 可以看出,从上游至下游,负荷强度呈现逐渐减少的趋势。对于泥沙而言,平均负荷强度最大的前五个流域为桃花溪、一品河、长塘河、龙溪河和五布河;对于有机氮负荷,负荷强度最大的为桃花溪、龙溪河、长塘河、碧溪河、一品河;对于有机磷负荷,桃花溪、龙溪河、长滩河、碧溪河、朝阳河的平均负荷强度最大;对于硝氮、溶解态磷和吸附态无机磷,平均负荷强度最大的流域均为碧溪河、龙溪河、长塘河、桃花溪和大溪河;总氮、总磷的最大负荷强度也集中在上述五个流域中。这种现象与这些流域的主要土地利用类型为水田和旱地关系密切。

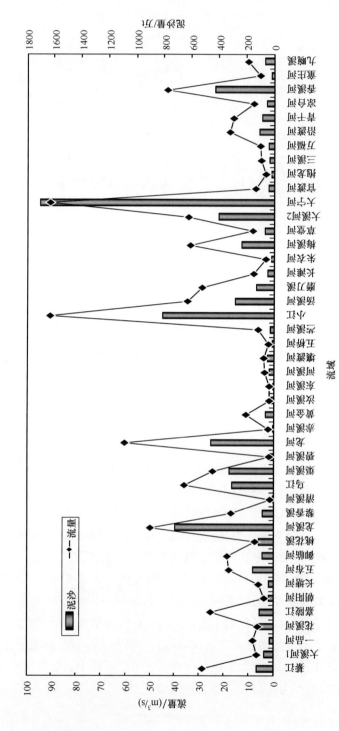

图4.22　三峡库区主要流域多年平均径流量、泥沙量（2001~2009年）

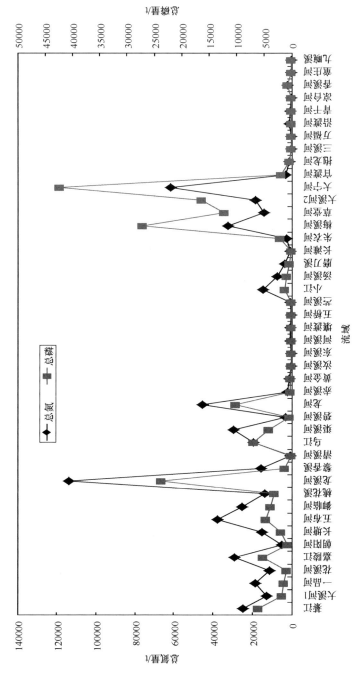

图4.23　三峡库区主要流域多年平均总氮、总磷负荷量（2001~2009年）

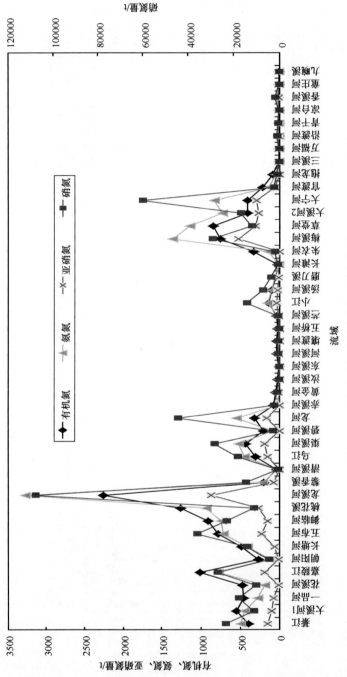

图4.24　三峡库区主要流域多年平均氮负荷量（2001～2009年）

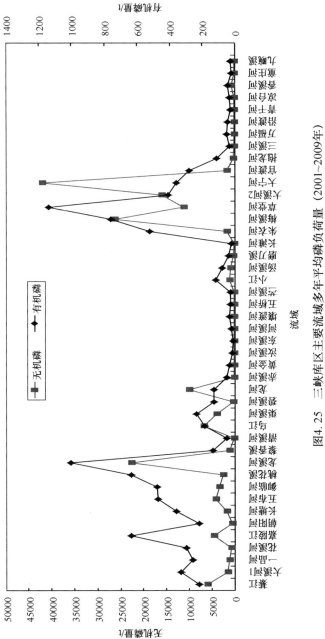

图4.25　三峡库区主要流域多年平均磷负荷量（2001～2009年）

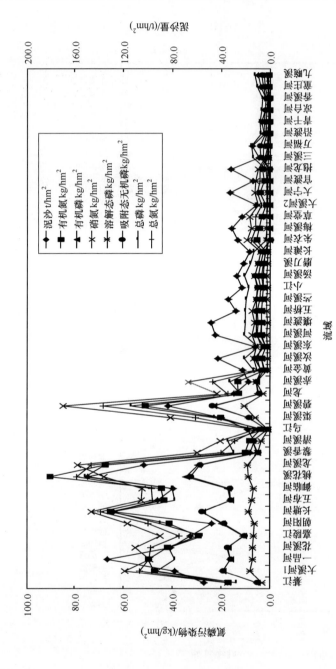

图4.26　三峡库区主要流域非点源污染负荷强度（2001~2009年）

表 4.2　三峡库区主要流域非点源污染负荷强度

流域	泥沙 /(t/hm²)	有机氮 /(kg/hm²)	有机磷 /(kg/hm²)	硝氮 /(kg/hm²)	溶解态磷 /(kg/hm²)	吸附态无机磷 /(kg/hm²)	总氮 /(kg/hm²)	总磷 /(kg/hm²)
綦江	27.0	17.2	1.1	16.9	0.6	1.0	34.1	2.7
大溪河 1	39.0	47.2	3.8	59.2	1.6	3.8	106.4	9.3
一品河	66.3	49.9	3.2	49.2	1.4	3.2	99.1	7.8
花溪河	40.8	42.2	3.4	55.0	1.4	3.5	97.2	8.3
嘉陵江	32.5	29.4	2.1	45.0	1.3	2.1	74.5	5.5
朝阳河	23.9	41.2	3.9	58.2	1.3	3.8	99.4	9.0
长塘河	63.9	65.2	5.5	73.1	1.8	5.6	138.3	12.9
五布河	46.1	43.4	3.2	52.6	1.4	3.2	96.0	7.8
御临河	39.5	44.7	3.4	52.2	1.3	3.3	96.9	8.0
桃花溪	74.5	90.5	6.9	67.9	1.7	6.5	158.4	15.1
龙溪河	51.8	67.3	5.9	78.7	1.8	5.7	146.1	13.5
黎香溪	8.1	10.1	1.0	29.8	1.0	1.0	39.9	2.9
清溪河	6.2	8.1	1.4	20.4	0.7	1.4	28.5	3.4
乌江	8.9	3.8	0.2	5.7	0.1	0.2	9.5	0.5
渠溪河	19.9	20.4	1.7	40.5	1.2	1.7	60.9	4.6
碧溪河	41.6	51.4	4.6	84.7	2.1	4.7	136.1	11.4
龙河	14.7	12.8	1.0	21.5	0.5	0.9	34.3	2.3
赤溪河	8.8	13.3	1.1	33.4	1.1	1.1	46.7	3.3
黄金河	11.2	2.0	0.4	5.1	0.2	0.7	7.1	1.3
汝溪河	21.3	3.5	0.7	6.4	0.2	1.2	9.9	2.1
东溪河	5.7	1.5	0.3	5.3	0.2	0.4	6.8	1.0
河溪河	22.4	3.2	0.7	7.1	0.2	1.1	10.3	2.1
壤渡河	24.2	3.2	0.7	6.0	0.2	1.1	9.2	2.0
五桥河	13.9	3.2	0.7	7.2	0.2	1.1	10.4	2.0
芦溪河	17.2	2.8	0.6	5.4	0.2	1.1	8.2	1.9

续表

流域	泥沙 /(t/hm²)	有机氮 /(kg/hm²)	有机磷 /(kg/hm²)	硝氮 /(kg/hm²)	溶解态磷 /(kg/hm²)	吸附态无机磷 /(kg/hm²)	总氮 /(kg/hm²)	总磷 /(kg/hm²)
小江	11.6	2.6	0.5	4.8	0.2	1.0	7.4	1.7
汤溪河	13.5	3.2	0.6	6.1	0.2	1.3	9.3	2.1
磨刀溪	10.6	2.5	0.5	4.6	0.2	0.9	7.1	1.6
长滩河	8.1	1.7	0.4	3.7	0.2	0.7	5.3	1.3
朱衣河	13.3	5.4	0.0	9.4	0.3	0.0	14.8	0.3
梅溪河	15.8	4.3	0.0	7.7	0.2	0.0	11.9	0.3
草堂河	11.5	3.5	0.0	8.3	0.2	0.0	11.7	0.3
大溪河 2	5.5	1.6	0.0	4.8	0.1	0.0	6.4	0.2
大宁河	16.4	3.9	0.1	6.0	0.1	0.0	9.9	0.2
官渡河	6.9	2.2	0.1	5.7	0.1	0.0	7.9	0.2
抱龙河	16.0	3.0	0.1	4.9	0.2	0.0	7.9	0.3
三溪河	4.5	0.7	0.5	2.0	0.1	0.8	2.8	1.4
万福河	7.2	0.4	0.6	0.8	0.1	0.8	1.2	1.5
沿渡河	2.4	0.3	0.3	0.7	0.1	0.4	1.0	0.7
青干河	3.4	0.3	0.3	0.7	0.1	0.4	1.0	0.8
凉台河	1.9	0.2	0.2	0.3	0.1	0.4	0.6	0.7
香溪河	1.6	0.2	0.4	0.6	0.1	0.4	0.7	0.6
童庄河	3.6	0.4	0.4	0.9	0.1	0.5	1.3	1.0
九畹溪	4.6	0.5	0.4	1.2	0.1	0.7	1.7	1.2

2. 亚流域关键源区

通过对各个分区的子流域污染情况进行汇总统计,得出前十位高污染的子流域,其所属流域情况及污染程度如表 4.3 所示。

由表 4.3 可见,高污染负荷强度的子流域主要集中在龙溪河、桃花溪、五布河、大溪河、长塘河、嘉陵江、渠溪河。

表 4.3　最高污染负荷强度子流域所属流域统计

泥沙 /(t/hm²)	所属流域	有机氮 /(kg/hm²)	所属流域	有机磷 /(kg/hm²)	所属流域	硝氮 /(kg/hm²)	所属流域	溶解态磷 /(kg/hm²)	所属流域	吸附态无机磷 /(kg/hm²)	所属流域	总氮 /(kg/hm²)	所属流域	总磷 /(kg/hm²)	所属流域
131.0	龙溪河	147.4	龙溪河	57.0	龙溪河	114.2	渠溪河	12.9	嘉陵江	55.3	龙溪河	250.2	龙溪河	122.7	龙溪河
129.8	龙溪河	141.5	龙溪河	48.9	桃花溪	102.8	龙溪河	12.0	龙溪河	47.4	龙溪河	228.8	龙溪河	104.9	龙溪河
120.9	龙溪河	128.9	桃花溪	43.9	桃花溪	95.6	龙溪河	11.6	龙溪河	41.6	桃花溪	202.3	龙溪河	93.0	桃花溪
110.5	御临河	114.6	龙溪河	41.0	龙溪河	92.5	龙溪河	11.1	龙溪河	40.2	龙溪河	201.9	桃花溪	90.5	龙溪河
109.9	桃花溪	106.9	龙溪河	40.7	龙溪河	92.4	龙溪河	11.1	龙溪河	38.6	龙溪河	194.4	龙溪河	88.3	龙溪河
106.7	龙溪河	106.7	龙溪河	38.6	龙溪河	91.4	龙溪河	10.7	渠溪河	37.9	龙溪河	179.8	龙溪河	86.8	龙溪河
87.9	五布河	99.3	御临河	38.5	龙溪河	91.3	龙溪河	10.7	龙溪河	37.3	龙溪河	178.6	长塘河	85.8	龙溪河
87.9	大溪河	96.2	长塘河	37.8	龙溪河	90.1	龙溪河	10.7	龙溪河	37.2	龙溪河	177.4	龙溪河	85.6	龙溪河
86.8	长塘河	96.1	龙溪河	36.5	长塘河	89.5	龙溪河	10.6	龙溪河	37.2	长塘河	176.1	龙溪河	83.2	龙溪河
84.7	龙溪河	88.5	龙溪河	36.0	龙溪河	88.5	龙溪河	10.4	龙溪河	35.4	龙溪河	175.8	龙溪河	81.8	长塘河

4.2　三峡库区农业非点源污染影响因素分析

4.2.1　下垫面条件对非点源污染的影响

影响非点源污染的因素很多,包括流域内的地形地貌、水文、气候、土地利用方式、土壤类型和结构、植被、管理措施等(Shen et al. ,2012;Liu et al. ,2013;Zhang et al. ,2014)。下垫面条件对降雨入渗产流、营养元素输出等有着重要作用,是影响非点源污染输出的主要因素(Srivastava et al. ,2002;耿润哲等,2013)。下垫面条件中关键因素为土地利用类型、土壤类型和坡度等几个方面。本节将通过统计分析不同下垫面条件下的非点源污染情况考察三峡库区的污染分布特征,并针对影响显著的几大因素作不确定性分析,以期为三峡库区的非点源污染控制提供依据。

1. 不同土地利用类型下的非点源污染

不同的土地利用方式具有不同的土壤侵蚀特征,一方面与其自身特性有关,如林地植被的覆盖度等,另一方面则与土地利用在流域内的空间分布特征有关,每种土地利用类型往往与地形或土壤类型相联系(金洋等,2007;Shen et al. ,2013a)。本节以 2001～2009 年多年平均模拟结果为例,根据研究区重分类后的土地利用类以及经过 HRU 划分后所引起的土地利用类型面积的变化,可知耕地、林地以 ⋯在研究区内所占比例较大,果林、水体、城镇及建设用地所占面积较小。通 ⋯的 HRU 的非点源污染负荷进行统计,得到不同土地利用类型的非点源 ⋯4.4、图 4.27)。

4.4　三峡库区不同土地利用类型下的多年平均污染负荷量

氮	有机氮 /kg	有机磷 /kg	吸附态磷 /kg	溶解态磷 /kg	总氮 /kg	总磷 /kg
14213992	1150222.8	1347008.0	663791.4	34780825.0	3161022.0
51291	1892960.8	2104108.4	903518.0	55919816.0	4900587.2
1	303383.6	432053.0	168843.2	8300463.0	904280.0
	1570316.2	1598316.6	589139.8	41260257.0	3757772.6
	936.4	54502.9	15505.4	791295.6	107944.7
		69399.7	29046.4	2009757.0	165849.9
		1698.8	4770.3	315604.2	27717.0
		905.4	755.2	36691.6	2541.9

　　其统计分析的结果为:2001～2009 年的 9 年平均的情况下,研究区不同土地利用类型泥沙的总量以旱地为最大,占泥沙总量的 37.3%,林地次之,占泥沙总量的 30.4%,第三为水田,占 21.1%,接下来依次为草地、居住用地、果林、其他建设用地和未利用地;硝酸盐氮的负荷百分比分布由大到小依次为:旱地(38.8%)、水田(27.7%)、林地(24.9%)、草地、居住用地、果林、其他建设用地和未利用地;有机氮负荷百分比分布大小依次为旱地(39.3%)、水田(30.2%)、林地(23.4%)、草地、居住用地、其他建设用地、未利用地;有机磷负荷百分比分布大小依次为旱地(37.6%)、水田(31.2%)、林地(22.8%)、草地、居住用地、其他建设用地、未利用地;吸附态磷负荷百分比分布大小依次为旱地(37.5%)、水田(28.4%)、林地(24.0%)、草地、居住用地、其他建设用地、未利用地;溶解态磷负荷百分比分布大小依次为旱地(38.0%)、林地(27.9%)、水田(24.8%)、草地、居住用地、其他建设用地、未利用地;总氮负荷百分比分布大小依次为旱地(39.0%)、水田(28.8%)、林地(24.3%)、草地、居住用地、其他建设用地、未利用地;总磷负荷百分比分布大小依次为旱地(37.6%)、水田(28.8%)、林地(24.3%)、草地、居住用地、其他建设用地、未利用地。可以看出,在三峡库区内,对所有污染物而言,所占负荷最高的土地利用类型都为旱田、水田和林地。由于流域内,旱地、水田、林地面积远大于其他土地利用类型的面积,所以面积成为决定非点源负荷总量的主要因素。但对于不同的污染物,此三种土地类型产生的负荷所占比重排序并不完全一致。其中,对于泥沙而言,负荷所占百分比最高的土地利用类型依次为旱田 > 林地 > 水田;而对于其他污染物而言,负荷所占百分比最高的土地利用类型依次为旱田>水田>林地。

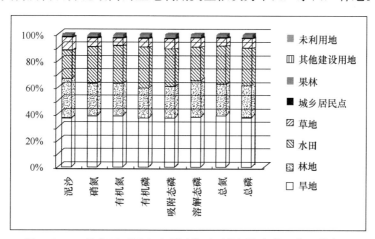

图 4.27　三峡库区不同土地利用类型下的污染负荷百分比分布图

　　不同土地利用类型下的污染强度见表 4.5。由表 4.5 可知,2001～2009 年的 9 年平均的情况下,研究区不同土地利用类型泥沙负荷强度排序依次为旱地、水田、未利用地、果林、草地、林地、其他建设用地、城乡居民点,其具体泥沙负荷强度分别为 27.2t/hm²、20.5t/hm²、16t/hm²、12.9t/hm²、10.9t/hm²、10.4t/hm²、9.4t/hm²、8.4t/hm²;硝酸盐氮污染负荷强度排序为旱地、未利用地、城乡居民点、水田、其他建设用地、林地、草地、果林,其具体硝氮负荷强度为 33.5kg/hm²、24.1kg/hm²、24.1kg/hm²、20.0kg/hm²、19.6kg/hm²、8.0kg/hm²、7.7kg/hm²、7.3kg/hm²;有机氮污染负荷强度排序为旱地、城乡居民点、其他建设用地、水田、未利用地、果木、林地、草地,其具体有机氮污染负荷强度为 26.8kg/hm²、21.1kg/hm²、17.2kg/hm²、14.9kg/hm²、12.1kg/hm²、5.6kg/hm²、5.5kg/hm²、4.1kg/hm²;有机磷污染负荷强度排序为旱地、城乡居民点、其他建设用地、水田、未利用地、果木、林地、草地,其具体有机磷污染负荷强度为 2.3kg/hm²、1.5kg/hm²、1.3kg/hm²、1.2kg/hm²、0.9kg/hm²、0.6kg/hm²、0.4kg/hm²、0.4kg/hm²;吸附态磷污染负荷强度排序为旱地、城乡居民点、其他建设用地、水田、未利用地、果林、林地、草地,其具体吸附态磷污染负荷强分别为 2.3kg/hm²、1.6kg/hm²、1.4kg/hm²、1.3kg/hm²、0.9kg/hm²、0.9kg/hm²、0.6kg/hm²、0.5kg/hm²;溶解态磷污染负荷强度排序为旱地、城乡居民点、未利用地、其他建设用地、水田、果林、林地、草地,其具体溶解态磷污染负荷强度分别为 0.9kg/hm²、0.7kg/hm²、0.7kg/hm²、0.6kg/hm²、0.6kg/hm²、0.3kg/hm²、0.3kg/hm²、0.2kg/hm²;总氮污染负荷强度排序为旱地、城乡居民点、其他建设用地、未利用地、水田、林地、果林、草地,其具体总氮污染负荷强度分别为 60.3kg/hm²、45.3kg/hm²、36.7kg/hm²、36.1kg/hm²、34.9kg/hm²、13.5kg/hm²、12.9kg/hm²、11.8kg/hm²;总磷的污染负荷强度排序为旱地、城乡居民点、其他建设用地、水田、未利用地、果林、林地、草地,其具体总磷污染负荷强度为 5.5kg/hm²、3.7kg/hm²、3.2kg/hm²、3.1kg/hm²、2.5kg/hm²、1.8kg/hm²、1.3kg/hm²、1.2kg/hm²。就最主要的几种土地利用类型而言,污染负荷强度排序顺序基本上为旱田＞水田＞林地,主要是林地中土壤养分含量极低,而旱地土壤中的养分含量较高,导致营养元素大量流失;水田由于大量施肥,使得营养元素向上覆水体释放,同时雨滴对土壤表层的冲击随雨强增加而增加,导致大量细小颗粒物悬浮于土壤中,进一步增加水田水体中的营养元素浓度,但由于田埂的拦截作用,可以有效地降低径流流失量和营养元素流失负荷。

表 4.5　三峡库区不同土地利用类型下污染负荷强度

土地利用类型	泥沙 /(t/hm²)	硝氮 /(kg/hm²)	有机氮 /(kg/hm²)	有机磷 /(kg/hm²)	吸附态磷 /(kg/hm²)	溶解态磷 /(kg/hm²)	总氮 /(kg/hm²)	总磷 /(kg/hm²)
林地	10.4	8	5.5	0.4	0.6	0.3	13.5	1.3
旱地	27.2	33.5	26.8	2.3	2.3	0.9	60.3	5.5
草地	10.9	7.7	4.1	0.4	0.5	0.2	11.8	1.2
水田	20.5	20	14.9	1.2	1.3	0.6	34.9	3.1

土地利用类型	泥沙 /(t/hm²)	硝氮 /(kg/hm²)	有机氮 /(kg/hm²)	有机磷 /(kg/hm²)	吸附态磷 /(kg/hm²)	溶解态磷 /(kg/hm²)	总氮 /(kg/hm²)	总磷 /(kg/hm²)
果林	12.9	7.3	5.6	0.6	0.9	0.3	12.9	1.8
城乡居民点	8.4	24.1	21.1	1.5	1.6	0.7	45.3	3.7
其他建设用地	9.4	19.6	17.2	1.3	1.4	0.6	36.7	3.2
未利用地	16	24.1	12.1	0.9	0.9	0.7	36.1	2.5

2. 不同土壤类型下的非点源污染

根据研究区重分类后的土壤类型,以及经过 HRU 划分后所引起的土地利用类型面积的变化,可知紫色土、黄壤、石灰岩土以及水稻土在研究区内所占比例较大。通过对定义的 HRU 的非点源污染负荷进行统计,可以得到不同土壤类型的非点源污染负荷(表 4.6、图 4.28)。

根据 2001~2009 年的 9 年平均污染负荷情况可知,针对泥沙和各类氮磷物质流失量,紫色土的输出负荷所占比例最大,均大于 30%,其次为石灰岩土,均大于21%,再次为黄壤,均大于 15%。这与此三种土壤类型在库区所占比例较大相一致。

表 4.6 三峡库区不同土壤类型下污染负荷量

土壤类型	泥沙 /t	硝酸盐氮 /kg	有机氮 /kg	有机磷 /kg	吸附态磷 /kg	溶解态磷 /kg	总氮 /kg	总磷 /kg
黄棕壤	2721576.0	840331.1	544724.8	36161.6	47455.0	26233.8	1385056.0	109850.4
暗黄棕壤	1926913.0	1023676.0	535474.8	26171.8	38331.4	14074.2	1559151.0	78577.4
黄棕壤性土	726834.5	188028.7	174801.3	2302.6	3076.4	4153.8	362830.0	9532.7
黄褐土	1064613.0	249015.7	228758.4	2406.6	1796.9	4970.5	477774.1	9174.1
棕壤	844116.5	230625.3	169617.3	8471.5	13918.5	5345.1	400242.6	27735.0
白浆化棕壤	2354.8	472.9	269.2	97.9	143.8	30.7	742.1	272.4
石灰(岩)土	6197459.0	4618737.0	2451354.0	120593.4	160080.3	77853.7	7070091.0	358527.4
黑色石灰土	28154.7	7829.5	3934.7	566.0	904.0	234.0	11764.2	1703.9

续表

土壤类型	泥沙 /t	硝酸盐氮 /kg	有机氮 /kg	有机磷 /kg	吸附态磷 /kg	溶解态磷 /kg	总氮 /kg	总磷 /kg
棕色石灰土	230976.2	84568.4	43272.1	2971.7	3572.5	2896.7	127840.5	9440.9
黄色石灰土	744149.6	722757.6	516562.2	23197.9	26360.1	10048.5	1239320.0	59606.4
紫色土	27319194.0	28849283.0	19927195.0	856232.2	958213.9	409198.5	48776478.0	2223644.6
酸性紫色土	2236263.0	1538895.0	1215194.0	67473.7	94178.1	22206.4	2754089.0	183858.2
中性紫色土	4835405.0	6103132.0	4978274.0	186906.3	183998.6	80636.0	11081405.0	451540.9
石灰性紫色土	2278328.0	2214272.0	1646554.0	57700.5	64822.2	33872.1	3860826.0	156394.8
粗骨土	17275.8	6141.7	3164.3	377.0	648.2	129.4	9306.0	1154.6
酸性粗骨土	35542.6	10420.5	7553.3	46.4	17.9	190.1	17973.8	254.4
钙质粗骨土	11053.0	9366.7	3308.6	178.8	297.9	178.9	12675.3	655.6
山地灌丛草甸土	51433.6	12976.2	9937.5	145.8	90.3	198.0	22913.7	434.1
水稻土	18549131.0	17478791.0	16493929.0	636019.5	647823.1	233887.5	33972720.0	1517730.2
潴育水稻土	557008.7	730848.5	490581.1	19499.0	20498.7	9794.4	1221430.0	49792.1
淹育水稻土	51606.7	101054.8	33616.9	1940.2	2598.9	1764.1	134671.7	6303.2
渗育水稻土	699620.7	1600147.0	480599.8	28620.3	36631.2	27210.9	2080746.0	92462.4
潜育水稻土	55376.8	20654.2	11832.1	1130.2	2144.8	327.5	32486.3	3602.5
黄壤	15544529.0	14020753.0	9437427.0	387202.2	449764.3	197025.4	23458181.0	1033991.8
黄壤性土	407343.3	287521.1	137763.4	7048.4	9787.0	3492.1	425284.5	20327.5

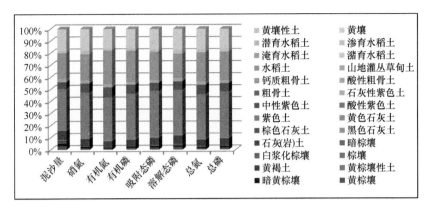

图 4.28　三峡库区不同土壤类型下非点源污染负荷百分比分布图

　　不同土壤类型的非点源污染负荷强度见表 4.7。由表 4.7 可知,对于同一种污染负荷,不同土壤类型的输出负荷强度差异较大,而对于同一土壤类型,不同污染物的输出负荷强度差异也较大。整体而言,泥沙负荷输出强度较高的是水稻土、中性紫色土、潜育水稻土、酸性紫色土、酸性粗骨土。根据研究区的土种理化属性调查,有几种土壤的孔隙度较大,板结程度低,一般属于水文分组 A 或 B,在完全湿润的情况下具有较高渗透率,有较高或中等程度的排水、能力,在降雨径流冲刷作用下更易被侵蚀。对于含氮污染物,输出负荷强度较高的是中性紫色土、水稻土、渗育水稻土、紫色土、潴育水稻土、黄色石灰土、淹育水稻土、石灰性紫色土、酸性紫色土以及黄壤。在上述几种土壤类型中,除黄壤含氮背景值较高外,其余土壤类型的含氮背景值并未处于较高水平。因此,关键是由于人为施肥的影响造成这几种土壤类型上含氮污染物的输出负荷强度较高。对于含磷污染物,输出负荷强度较高的是水稻土、中性紫色土、酸性紫色土、紫色土、潜育水稻土、黄色石灰土、潴育水稻土、渗育水稻土、石灰性紫色土、淹育水稻土。在上述的几种土壤类型中,除石灰性紫色土的含磷背景值较高外,其他几种土壤类型的含磷背景值也并未处于较高水平,因此,可以推断是由于人为施肥的影响造成这几种土壤类型上含磷污染物的输出负荷强度较高。

表 4.7　三峡库区不同土壤类型下污染负荷强度

土壤类型	泥沙 /(t/hm²)	硝酸盐氮 /(kg/hm²)	有机氮 /(kg/hm²)	有机磷 /(kg/hm²)	吸附态磷 /(kg/hm²)	溶解态磷 /(kg/hm²)	总氮 /(kg/hm²)	总磷 /(kg/hm²)
黄棕壤	6.2	1.9	1.2	0.2	0.2	0.1	3.1	0.5
暗黄棕壤	6.8	3.6	1.9	0.2	0.3	0.1	5.5	0.6
黄棕壤性土	14.7	3.8	3.5	0.1	0.1	0.2	7.3	0.4
黄褐土	16.5	3.9	3.5	0.1	0.1	0.2	7.4	0.3

续表

土壤类型	泥沙 /(t/hm²)	硝酸盐氮 /(kg/hm²)	有机氮 /(kg/hm²)	有机磷 /(kg/hm²)	吸附态磷 /(kg/hm²)	溶解态磷 /(kg/hm²)	总氮 /(kg/hm²)	总磷 /(kg/hm²)
棕壤	9.4	2.6	1.9	0.2	0.3	0.1	4.5	0.6
白浆化棕壤	4.1	0.8	0.5	0.3	0.5	0.1	1.3	1
暗棕壤	1.2	0.3	0.1	0.2	0.3	0.1	0.4	0.5
石灰(岩)土	8.3	6.2	3.3	0.3	0.4	0.2	9.5	1
黑色石灰土	8.9	2.5	1.2	0.4	0.6	0.1	3.7	1.1
棕色石灰土	2.2	0.8	0.4	0.1	0.1	0.1	1.2	0.2
黄色石灰土	16.8	16.3	11.6	1	1.2	0.5	27.9	2.7
紫色土	18.3	19.3	13.3	1.1	1.3	0.5	32.7	3
酸性紫色土	20	13.8	10.9	1.2	1.7	0.4	24.6	3.3
中性紫色土	29.3	37	30.1	2.3	2.2	1	67.1	5.5
石灰性紫色土	15.4	15	11.1	0.8	0.9	0.3	26.1	2.1
粗骨土	11.1	3.9	2	0.5	0.8	0.2	6	1.5
酸性粗骨土	19.8	5.8	4.2	0.3	0	0.2	10	0.3
钙质粗骨土	5.6	4.8	1.7	0.2	0.3	0.2	6.5	0.7
山地草甸土	2.8	0.4	0.4	0	0	0	0.8	0.1
山地灌丛草甸土	12.4	3.1	2.4	0.1	0	0.1	5.5	0.2
水稻土	34.6	32.6	30.8	2.4	2.4	0.9	63.4	5.7
潴育水稻土	13.2	17.3	11.6	0.9	1	0.5	28.9	2.4
淹育水稻土	8	15.7	5.2	0.6	0.8	0.5	21	2
渗育水稻土	8.5	19.5	5.9	0.7	0.9	0.7	25.4	2.3
潜育水稻土	21.1	7.9	4.5	0.9	1.6	0.2	12.4	2.7
黄壤	13.6	12.2	8.2	0.7	0.8	0.3	20.5	1.8
黄壤性土	4.6	3.2	1.5	0.2	0.2	0.1	4.8	0.5

3. 不同坡度分级下的非点源污染

坡度对承雨面积、土体稳定性、入渗、产流、土壤抗蚀力、降雨滴溅、流速及冲刷量等均有影响,是影响污染负荷的输出情况的重要下垫面条件之一。

HRU 的划分过程中,将坡度划分为 5 个等级,由 2001～2009 年的年均统计结果可以获得不同坡度下的污染负荷分布情况。由表 4.8、图 4.29 可知,各类型污染负荷比例随着坡度增加基本呈现出减少的趋势,但变化幅度有较为明显的差

异。对泥沙而言，0～8°、8°～15°、15°～25°的负荷分布比例较为接近，而营养物输
出比例随坡度变化幅度较大，尤其是从 0～8°变化至 8°～15°坡地时，负荷比例明显
降低。0～8°坡度带的营养物输出负荷比例基本占 50％以上，8°～15°坡度带的营
养物输出负荷比例为 15％～20％。25°以上坡度带的输出负荷则占据较小的
比例。

不同坡度下污染负荷强度分布情况见表 4.9。由表 4.9 可知，随着坡度的增
加，污染物输出负荷强度并非单调上升，而是出现了一定的波动，且不同污染物的
负荷强度变化规律也有细微差别。对于泥沙量而言，在 8°～15°坡度级别下高于
0～8°坡度级别下的污染强度，此后呈逐渐减低趋势；有机氮、吸附态磷的变化情况
与之相类似；而硝酸盐氮、溶解态磷污染负荷强度呈逐级下降趋势。之所以出现一
定的波动主要是由于各坡度下的土地利用和土壤分布情况分异明显。

表 4.8　三峡库区不同坡度下的非点源污染负荷量

坡度	泥沙 /t	硝酸盐氮 /kg	有机氮 /kg	有机磷 /kg	吸附态磷 /kg	溶解态磷 /kg	总氮 /kg	总磷 /kg
0～8°	21140472	50939545	37288087	3571309.8	3588542.2	1900810.2	88227631	9060662
8°～15°	20476933	15146312	20802745	1336617.6	1319398.8	499556.2	35949056	3155572.6
15°～25°	22380851	13065638	15146661	841130.8	1253181	477808.8	28212299	2572120.8
25°～35°	11213009	4072100	4298901	244037.4	494855.2	169865.3	8371002	908758
>35°	6319091	1491923	1441792	95194.8	176818.8	66327.6	2933715	338341.2

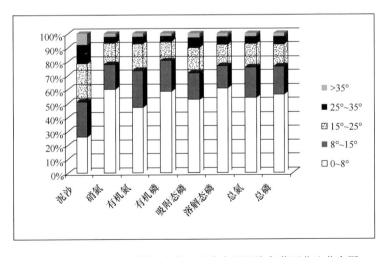

图 4.29　三峡库区不同坡度分级下非点源污染负荷百分比分布图

表 4.9 三峡库区不同坡度下的非点源污染负荷强度

坡度	泥沙 /(t/hm²)	硝酸盐氮 /(kg/hm²)	有机氮 /(kg/hm²)	有机磷 /(kg/hm²)	吸附态磷 /(kg/hm²)	溶解态磷 /(kg/hm²)	总氮 /(kg/hm²)	总磷 /(kg/hm²)
0～8°	11.9	28.7	21	2	1.5	1.1	49.8	4.1
8°～15°	23	17	23.4	1.5	2	0.6	40.5	4.1
15°～25°	18.3	10.7	12.4	0.7	1	0.4	23.1	2.1
25°～35°	15.8	5.7	6.1	0.3	0.7	0.2	11.8	1.3
>35°	16.2	3.8	3.7	0.2	0.5	0.2	7.5	0.9

4. 不同高程下的非点源污染

当研究区域面积较大且高程分异较大时,仅从平面的角度考量污染情况将会忽略地形条件的异质性(Shen et al.,2013b)。高程和坡度是土地资源固有的两个重要环境因子,对土地利用和水土保持有直接作用,在山区,高程和坡度基本上决定土地利用方向和利用方式,从而影响非点源污染情况(Weber et al.,2001;刘瑞民等,2013)。因此,从该角度进行探讨有助于对类似库区这种多山坡陡地区的非点源污染管理控制提供一定的理论依据。

将三峡库区非点源污染空间分布图、土地利用类型图、数字高程图、坡度图等转化为 100m×100m 的栅格图,在 ArcGIS 中进行 multi-combine 操作,可获得同一栅格下的污染负荷、土地利用类型、土壤类型及坡度情况,输出 combine 图层的属性表,通过对定义的所有栅格的非点源污染负荷进行统计,得到高程、坡度、土地利用类型及污染负荷之间的相互关系。

本节对每隔 100m 划分一个高程带,图 4.30 和图 4.31 为各个高程带的土地利用类型分布情况。表 4.10 为各高程带的面积百分比。由表 4.10 可以看出,三峡库区处于 300～500m 的土地面积超过 10%,200～1000m 区间带的土地面积超过 6%,在 1000～2200m 区间,土地面积迅速下降。图 4.30 为各种土地利用类型的面积随高程变化的分布情况。由 4.30 可以看出,由于各高程带总体面积的差异,各种土地利用类型在较低高程区面积较多,在较高高程区则迅速减少。同时,图 4.30 也显示出同一高程带的土地利用类型面积差异较大,水田、旱地、林地、草地明显占优。图 4.31 为各土地利用类型在同一高程带的比例分布情况,随着高程的变化,土地利用类型结构变化也较大。从总体上看,水田和旱地比例随高程的增加呈现出逐渐降低的趋势,林地和草地则随高程的增加而逐渐升高(图 4.32)。高程 800m 以下一般为农业区,耕地大多集中在这个区的河谷阶地、低丘、台地、岩溶槽谷和洼地中;800～1500m 为农林交错区,1500～2000m 为林牧交错区,2100m 以上为牧林交错区。

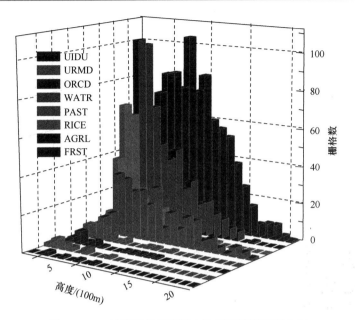

图 4.30　三峡库区各高程带土地利用类型面积分布

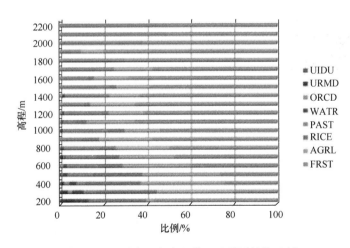

图 4.31　三峡库区各高程带土地利用结构比例

表 4.10　三峡库区各高程带土地面积百分比

高程下限/m	高程上限/m	各高程土地面积百分比/%	各高程土地面积累积百分比/%
99	200	1.40	1.40
200	300	6.36	7.76
300	400	12.34	20.10

续表

高程下限/m	高程上限/m	各高程土地面积百分比/%	各高程土地面积累积百分比/%
400	500	13.00	33.10
500	600	9.82	42.92
600	700	8.37	51.29
700	800	7.20	58.49
800	900	8.46	66.95
900	1000	6.55	73.49
1000	1100	5.98	79.48
1100	1200	4.58	84.06
1200	1300	4.02	88.08
1300	1400	3.88	91.96
1400	1500	3.04	95.00
1500	1600	1.78	96.77
1600	1700	1.31	98.08
1700	1800	0.47	98.55
1800	1900	0.47	99.02
1900	2000	0.61	99.63
2000	2100	0.28	99.91
2100	2200	0.09	100.00

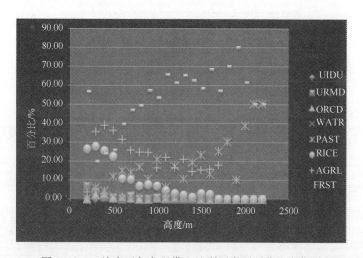

图 4.32　三峡库区各高程带土地利用类型百分比变化图

　　各高程带的坡度分布情况如图 4.33 所示。由图 4.33 可知,在各高程带的坡度分布情况呈现出较为明显的规律性。在 800m 以下,随着高程的增加,平缓地比例逐渐减少,缓坡地、斜坡地、陡坡地比例都逐渐增加;在 800～1500m,平缓地、缓坡地、斜坡地的比例基本保持稳定,但陡坡地比例持续增加;高程大于 1500m 的地带中,各坡度类型比例出现了一定的波动,缓坡地比例波动较大,陡坡地比例逐渐降低。三峡库区土地自然高程和坡度状态的基本特征是:山高坡陡,平坝和平缓土地少,坡度和高程区域分布差异大。而相关农业生产活动实践表明:0～8°平缓地,水体运动平衡,水土流失微弱,是农业生产最理想的坡度条件;8°～15°缓坡地,动力和重力作用加大,水体运动加快,侵蚀和水土流失也随之加重,但并不强烈,是农作的较好地区;15°～25°斜坡地,侵蚀和块体运动比较剧烈,水土流失比较严重,勉强,是农耕地的上限区;25°以上的陡坡地,随着坡度的加大,雨水冲刷和块体运动加剧,侵蚀强烈,水土流失严重,土壤贫瘠,裸岩增多,不宜垦种。因此,应根据实际情况,在不同的高程带根据坡度情况加强水土保持,控制非点源污染。

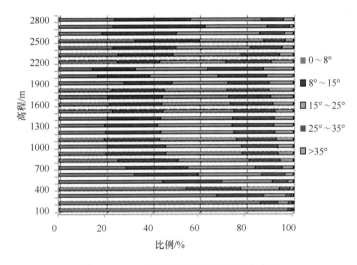

图 4.33　三峡库区各高程带坡度分布图

　　各污染物随高程带变化表现出较强的规律性。如图 4.34 所示,列出了总氮、总磷、硝氮、有机氮、溶解态磷、吸附态磷、有机磷以及泥沙负荷强度随高程变化的情况。整体上基本呈对数分布,相关系数均大于 0.74。

　　同时,由图 4.35 可以看出,各高程带的污染负荷随土地利用类型百分比呈现出明显的规律性:各类污染物都随水田、旱地的百分比增加而增加,随林地百分比的增加而减少。因此,在陡坡度地区积极推进退耕还林工程,是防控非点源污染的重要措施。

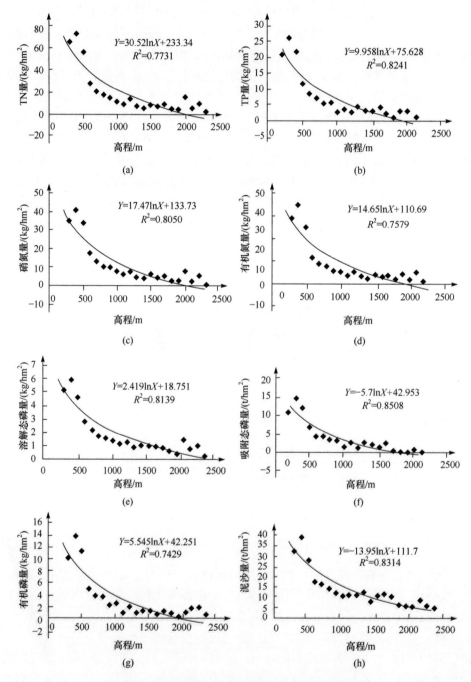

图 4.34　三峡库区不同高程带下的污染物分布

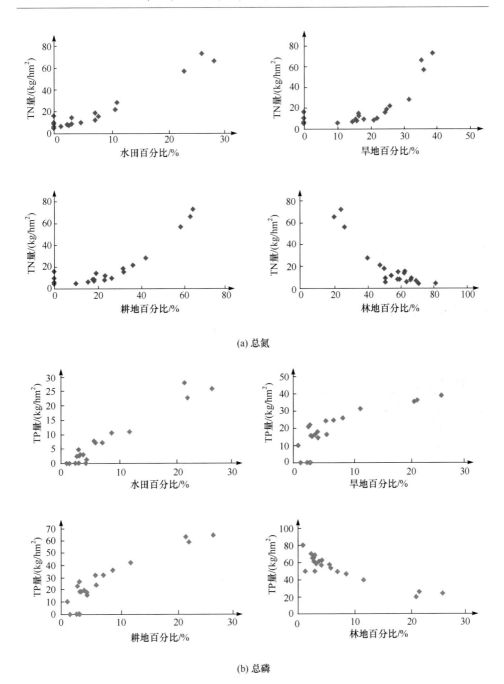

(a) 总氮

(b) 总磷

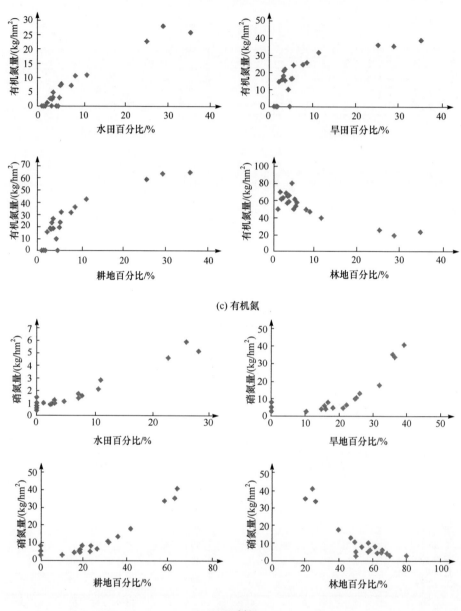

(c) 有机氮

(d) 硝氮

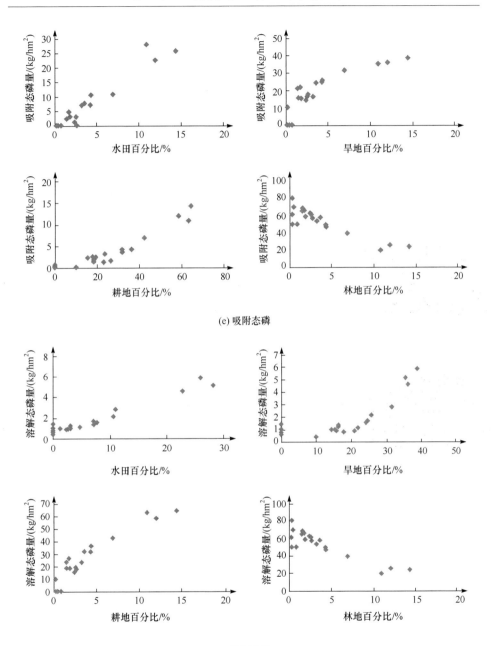

(e) 吸附态磷

(f) 溶解态磷

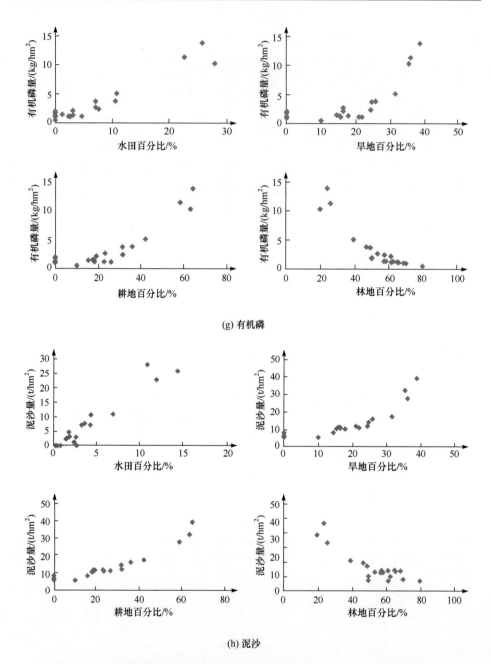

(g) 有机磷

(h) 泥沙

图 4.35　三峡库区非点源污染负荷与各高程带土地利用类型百分比关系图

4.2.2　不同影响因素的方差分析

　　由于非点源污染影响因素众多,且存在一定的交互作用,难以评判哪些因子起决定性作用。因此,这一节通过多因素方差分析考察各影响因素对特定污染物的影响程度差异。

　　方差分析(analysis of variance,ANOVA),即"变异数分析"或"F 检验",由Fisher 发明,用于两个及两个以上样本均数差别的显著性检验(杨晓华等,2008)。由于各种因素的影响,在不同的条件下,一般实验数据呈波动状。造成波动状的原因可分为两大类:一类为不可控因素,是由随机因素引起,称为组内差异;另一类则是可控因素,由实验设计条件(因素)不同引起,通常称为组间差异。若因素对实验结果有显著影响,则实验结果也会产生明显差异。方差分析是从观测变量的方差入手,研究诸多控制变量中哪些变量是对观测变量有显著影响的变量。

　　方差分析主要通过构建一般线性模型来进行分析,因此也可以看作因素变量与因变量之间线性关系的研究(许榕,徐淑霞,2002)。方差分析的目的是通过分析实验数据中不同来源的变异对总体贡献率的大小,从而确定试验中的可控因素(自变量)是否对实验结果(因变量)有重要影响以及能够确定对哪个因素的哪个水平有显著性影响。方差分析是在可比较的数组中,把数据间总的"变差"按各指定的变差来源进行分解的一种技术。方差分析中采用离差平方和对变差进行度量。其分析方法就是从总的离差平方和分解出可追溯到指定来源的部分离差平方和。

　　单因素方差分析基本原理:假设某实验结果受因素 A 影响,A 有 k 个水平,对每一个水平 $A_j(j=1,2,\cdots,k)$ 进行独立重复实验,各水平下各实验次数分别为 n_1,$n_2,\cdots,n_k$。n 为全部实验次数,$n=n_1+n_2+\cdots+n_k$。将同一水平下的结果视为来自一个总体,即水平 A_j 下的 x_j。假定各水平下总体 x_j 服从方差相同的分布 $N(\mu_i,\sigma)$,且相互独立,则每个观测值等于可用该水平下的均值加上随机误差的模型表示:

$$x_{ij} = \mu_j + \varepsilon_{ij} \tag{4.4}$$

$$\mu = \frac{1}{k}\sum_{j=1}^{k}\mu_j \tag{4.5}$$

$$\alpha_j = \mu_j - \mu \tag{4.6}$$

式中,x_{ij} 为某一次实验结果;μ_j 为水平 A_j 下的均值;ε_{ij} 为随机误差;μ 为所有水平下实验结果均值;α_j 为水平 A_j 的效应。

　　在研究因素的同一水平下,实验结果差异主要由随机误差引起,而在不同水平下,除随机误差外,还可能由系统误差造成。总离差平方和表征全部数据的总波动,包括随机误差和系统误差:

$$SST = SSE + SSA = \sum_{j=1}^{k} \sum_{i=1}^{n_j} (x_{ij} - \overline{x})^2, \quad \overline{x} = \frac{1}{n} \sum_{j}^{k} \sum_{i=1}^{n_j} x_{ij} \tag{4.7}$$

式中，SST 为总离差平方和；SSE 为组内离差平方和，表征随机误差；SSA 为组间离差平方和，表征组间随机误差和系统误差，即不同水平之间的差异。

$$SSE = \sum_{j=1}^{k} \sum_{i=1}^{n_j} (x_{ij} - \overline{x_j})^2, \quad \overline{x_j} = \frac{1}{n_i} \sum_{i=1}^{n_j} x_{ij} \tag{4.8}$$

$$SSA = \sum_{j=1}^{k} n_j (\overline{x_j} - \overline{x})^2 \tag{4.9}$$

通过比较 SSA 与 SSE 在 SST 内的比例来判断因素水平对实验结果的影响，比例越大，则表示研究因素的不同不平对观测值的影响越大，用统计量 F 表示：

$$F = \frac{SSA/(k-1)}{SSE(n-k)} \tag{4.10}$$

将 F 与给定显著水平 a 的临界值进行比较，如 $F > Fa$，则拒绝假设，表明均值之间差异显著，即因素 A 对实验结果有显著影响。但实际情况下，某一实验结果通常受多种因素共同作用，多因素方差分析提供了相应的分析技术，它是在单因素分析基础上，分析每一个独立因素作用效应，判断各因素对实验结果的不同效应的大小。

本节将多因素方差分析涉及的因素除上述的土地利用类型、土壤类型、坡度等几大主要下垫面条件之外，也加入了降雨量、坡长、施肥量这三个因素。

针对各因变量与各个因素下的不同水平下进行多因素方差分析，其主要结果如表 4.11 所示：Sig. < 0.05 认为因素对因变量影响显著。针对各变量的不同因素的 F 值大小判定各因素对非点源污染的影响程度。各影响泥沙流失的因子按显著程度大小排序为土地利用类型、土壤类型、坡长、降雨、坡度，其中土壤类型和坡长的影响程度较为接近，降雨和坡度的影响因子较为接近，施肥量对土壤流失的影响不显著；对硝氮而言，影响因子按显著程度大小排序为施肥量、土地利用类型、降雨、坡长、坡度、土壤类型；对有机氮而言，影响因子按显著程度大小排序为施肥量、土地利用类型、土壤类型、降雨、坡长、坡度，其中降雨和坡长的影响程度较为接近；对有机磷而言，影响因子按显著程度大小排序为施肥量、土地利用类型、土壤类型、降雨量、坡长、坡度；对吸附态磷而言，影响因子按显著程度大小排序为施肥量、土地利用类型、土壤类型、降雨量、坡长、坡度；对溶解态磷而言，影响因子按显著程度大小排序为施肥量、土地利用类型、降降雨、坡长、坡度、土壤类型；对有机磷而言，影响因子按显著程度大小排序为施肥量、土地利用类型、降雨、坡长、坡度、土壤类型。对于总氮而言，影响因子按显著程度大小排序为施肥量、土地利用类型、降雨、土壤、坡长、坡度；对总磷而言，影响因子按显著程度大小排序为施肥量、土地利用类型、土壤类型、降雨、坡长、坡度。

表 4.11　三峡库区非点源污染负荷多因素方差分析结果

影响因素	泥沙量		硝氮		有机氮		有机磷		吸附态磷		溶解态磷		总氮		总磷	
	F 值	排序	F 值	排序	F 值	排序	F 值	排序	F 值	排序	F 值	排序	F 值	排序	F 值	排序
施肥量			1604	1	936	1	4548.2	1	4118.7	1	5051.6	1	2268.9	1	5822.5	1
土地利用类型	842.3	1	95.5	2	357.7	2	318	2	339.6	2	807.3	2	744.7	2	331.8	2
土壤类型	477.2	2	33.4	6	38.5	3	36	3	44.2	3	17.7	6	133.6	4	164.3	3
降雨量	26.1	3	83.6	3	18.6	4	18.5	4	35	4	432.3	3	235.7	3	42.3	4
坡长	16.4	4	75	4	13.9	5	16	5	33.1	5	40	4	32	5	29.2	5
坡度	10.1	5	38.5	5	8.6	6	9	6	19.4	6	21.5	5	13.9	6	17.7	6

就营养物而言,最为显著的影响因素皆为施肥量,可见人为施肥对三峡库区非点源污染的产生量有着最为显著的影响。同时可以看出,对于泥沙和有机污染物及吸附态污染物来说,各因子的影响程度表现出较好的一致性,对于溶解态污染物,各因子的影响程度也表现出一致性。但两者中土壤类型和降雨的排序位置不同,导致总氮总磷污染的最终影响因素排序出现差异:对于总氮而言,降雨的影响程度强于土壤类型,对于总磷而言,土壤类型的影响程度强于降雨。这主要是因为SWAT 模型中考虑了含氮污染物的大气沉降来源,而对于磷循环过程没有考虑大气沉降;此外,含氮污染物随径流流失比例较高,而含磷污染物大部分以吸附态形式随土壤侵蚀流失,因此,两者的影响因素排序出现了这一显著差异(Arhonditsis et al.,2000;Huang et al.,2010;Liu et al.,2014)。

4.3　不同下垫面条件的不确定性分析

由前面分析可以看出,土地利用和土壤类型都是影响三峡库区非点源污染的关键因素。土地利用方式反映了流域种植制度和种植模式的变化,是流域产流产沙和土壤养分流失变化的重要内因。目前,土地利用方式与非点源污染之间关系的研究主要侧重于土地利用方式的时间变化和空间格局对非点源污染的影响(王晓燕,2011;Randhir,Tsvetkova,2011;魏冲等,2014)。近年来,针对不同土地利用方式与非点源污染不确定性影响因素之间的关系的研究已有少量报道,对耕地、林地、草地下的不确定性参数的相关研究也有报道(Nandakumar,Mein,1997;宫永伟,2010;Shen et al.,2013c)。在三峡库区,典型耕地包括水田与旱地,此两种土地利用类型下的耕作方式、营养物输移特征等存在着明显的差别,在防治非点源污染中必须进行区分管理。土壤类型是影响非点源污染的关键因素之一,土壤类型的理化属性可从某一侧面反映养分吸收潜力、氮磷循环特征等,是流域产流产沙和养分输出的重要内因。目前,土壤类型与非点源污染之间的关系的研究主要侧重于某一典型土壤类型下泥沙和氮磷输出负荷的小区实验,而尚未见关于土壤类型与非点源污染不确定性影响因素之间的关系的研究。而前面的研究结果表明,不同土壤类型的污染负荷输出情况存在显著差异,因此,为了更好地预测、控制和管理农业非点源污染,研究不同土地利用类型和不同土壤类型等影响因素下的非点源污染不确性具有重要意义。本节将重点对不同土地利用类型下的旱地、水田以及不同土壤类型下的紫色土、黄壤、石灰岩土开展不确定性分析。

4.3.1　FOEA 方法介绍

研究中采用FOEA(一阶误差分析)方法来进行不同下垫面条件的不确定性分析。FOEA 方法源于 Taylor 在平均值附近的一系列展开式,只取一阶微分。FOEA 在参数敏感性分析的基础上分析模型中不确定性,计算过程主要包括确定模型的主要参数、计算模型主要参数的敏感系数、再通过变异系数确定模型总的输出标准差(余红,2007;张巍等,2008)。

采用 Taylor 一阶展开式计算参数的敏感系数,表达如下:

$$Y = Y(X_e) + \sum_{i=1}^{p} (X_i - X_{ie}) \left(\partial Y / \partial X_i \right)_{X_e} \tag{4.11}$$

式中,Y 为模型输出结果;X_e 为展开式向量;X_i 为模型参数的标准值;X_{ie} 为模型参数的变化值;p 为基础参数的个数。

当模型参数相互独立时,Y 的方差可以表示为

$$\mathrm{Var}(Y) = \sigma_g^2 = \sum_{i=1}^{p} \left[(\partial Y / \partial X_i)\sigma_i \right]^2 \tag{4.12}$$

此时 σ_i 表示模型参数的标准差。

倒数(Y/X_i)也称作敏感系数,可以用有限差分的方法进行求解,采用中间差分的数学表示如下:

$$Y(X + \Delta X) = Y(\Delta X) + \frac{\partial Y(X)}{\partial X} \cdot \Delta X$$

当 $\Delta X \to 0$ 时,　$Y(X - \Delta X) = Y(\Delta X) - \frac{\partial Y(X)}{\partial X} \cdot \Delta X$ 　　(4.13)

$$\frac{\partial Y(X)}{\partial X} = \frac{Y(X + \Delta X) - Y(X - \Delta X)}{2\Delta X}$$

Y 的方差亦可以用模型参数 X_i 的方差表示,方程(4.2)可以表示为

$$\mathrm{Var}(Y) = \sum_{i=1}^{P} \mathrm{Var}(X_i) \cdot \left(\frac{\Delta Y}{\Delta X_i} \right)^2 \tag{4.14}$$

由此模型的输出标准差及标准化敏感系数表示如下:

$$\frac{\mathrm{Var}(Y)}{Y^2} = \sum_{i=1}^{P} \mathrm{Var}(X_i) \cdot \frac{(\Delta Y / \Delta X_i)^2}{Y^2} \tag{4.15}$$

$$\frac{\text{Var}(Y)}{Y^2} = \sum_{i=1}^{P} \frac{\text{Var}(X_i)}{X_i^2} \cdot \frac{(\Delta Y / \Delta X_i)^2}{Y^2 / X_i^2} \qquad (4.16)$$

$$\frac{\left[\sigma(Y)\right]^2}{Y^2} = \sum_{i=1}^{P} \frac{\left[\sigma(X_i)\right]^2}{X_i^2} \cdot \frac{(\Delta Y / Y)^2}{(\Delta X_i / X_i)^2} \qquad (4.17)$$

$$\left[\text{SD}(Y)\right]^2 = \sum_{i=1}^{P} \left[\text{CV}(X_i)\right]^2 \cdot \left(\frac{\Delta Y / Y}{\Delta X_i / X_i}\right)^2 \qquad (4.18)$$

因此

$$\left[\text{SD}(Y)\right]^2 = \sum_{i=1}^{P} \left[\text{CV}(X_i)\right]^2 \cdot S_i^2 \qquad (4.19)$$

其中

$$S_i = \frac{\Delta Y / Y}{\Delta X_i / X_i} \qquad (4.20)$$

在以往的研究中,标准偏差常通过变异系数与参数均值相乘来计算,而变异系数不易得到,通常是通过参考文献、经验和工程判断来获取,这样计算得到的标准偏差有较大的误差。在 SWAT 模型中的敏感性分析结果中,不仅给出了参数的敏感度,同时也给出了参数的方差,可以通过参数的方差来计算参数的标准偏差。

每个不确定参数对总的输出方差的贡献可以直接用公式计算。可以根据其对总方差的相对贡献来确定参数对每个特定输出变量的不确定性的贡献。计算公式如下:

$$\text{贡献率}(\%) = \frac{\text{参数的贡献}}{\text{总的方差}} \times 100\% \qquad (4.21)$$

4.3.2 基于土地利用的不确定性分析

根据 FOEA 的计算步骤,采用 FOEA 来识别不同土地利用类型下重要的不确定性参数以及计算每个参数对输出结果不确定性的贡献。研究中选取的两种典型土地利用类型,即旱地与水田,计算结果见表 4.12 和表 4.13。

表 4.12 旱地的不确定性参数的贡献指标

参数	泥沙	有机氮	有机磷	硝氮	总氮	总磷
Alpha_Bf	0.00	0.00	0.00	0.00	0.00	0.00
Biomix	0.00	0.00	0.00	0.00	0.00	0.00
Cn2	38.56	46.44	43.15	38.95	36.70	34.19
Esco	28.96	6.30	0.00	8.00	7.20	0.00
Nperco	0.00	0.00	0.00	0.00	0.00	0.00
Pperco	0.00	0.00	0.00	0.00	0.00	0.00

参数	泥沙	有机氮	有机磷	硝氮	总氮	总磷
Sol_Awc	8.10	8.30	8.46	8.33	6.91	6.05
Sol_K	0.00	0.00	0.00	0.00	0.00	0.00
Sol_Z	0.00	8.56	0.00	6.84	11.16	8.90
Spcon	5.31	0.00	0.00	0.00	0.00	0.00
Spexp	6.37	0.00	0.00	0.00	0.00	0.00
Surlag	0.00	0.00	0.00	0.01	0.00	0.00
Usle_P	0.00	15.60	25.41	16.41	11.80	16.00
Canmx	0.00	0.00	0.00	0.00	0.00	0.00
Ch_K2	0.00	0.00	0.00	0.00	0.00	0.00
USLE_C	12.60	10.20	4.98	13.00	11.00	17.00
Sol_Labp	0.00	0.00	0.00	0.00	0.00	7.84
Sol_Orgn	0.00	4.60	0.00	0.00	8.73	0.00
Sol_No3	0.00	0.00	0.00	8.46	6.50	0.00
Sol_Orgp	0.00	0.00	18.00	0.00	0.00	10.02

由表 4.12 可以得知,对旱地而言,径流曲线数 Cn2、土壤蒸发补偿系数 Esco、土壤可利用水量 Sol_Awc、植被覆盖因子 USLE_C、泥沙输移线性系数 Spcon 和泥沙输移指数 Spexp 是影响泥沙的重要不确定性参数;径流曲线数 Cn2、土壤可利用水量 Sol_Awc、土壤剖面深度 Sol_Z、水土保持措施 Usle_P、植被覆盖因子 USLE_C、土壤中初始有机氮含量 Sol_Orgn 和土壤蒸发补偿系数 Esco 是影响有机氮的重要不确定性参数;径流曲线数 Cn2、土壤可利用水量 Sol_Awc、水土保持措施因子 Usle_P、土壤中初始有机磷浓度 Sol_Orgp 是影响有机磷的重要不确定性参数;径流曲线数 Cn2、土壤蒸发补偿系数 Esco、水土保持措施因子 Usle_P、植被覆盖因子 USLE_C、土壤中初始硝态氮含量 Sol_No3 是影响硝氮的重要不确定性参数;径流曲线数 Cn2、土壤蒸发补偿系数 Esco、土壤剖面深度 Sol_Z、水土保持措施因子 Usle_P、植被覆盖因子 USLE_C、土壤中初始硝态氮含量 Sol_Orgn、土壤中初始有机氮含量 Sol_No3 是影响总氮的重要不确定性参数;径流曲线数 Cn2、土壤剖面深度 Sol_Z、水土保持措施因子 Usle_P、植被覆盖因子 USLE_C、土壤中初始有机磷含量 Sol_Orgp、土壤中初始溶解态磷含量 Sol_Labp 是影响总磷的重要不确定性参数。

由表 4.13 可得知,对水田而言,径流曲线数 Cn2、土壤可利用水量 Sol_Awc、植被覆盖因子 USLE_C、泥沙输移线性系数 Spcon 是影响泥沙的较为重要的不确定性参数;径流曲线数 Cn2、土壤可利用水量 Sol_Awc、土壤中初始有机氮含量 Sol_Orgn

是影响有机氮的重要不确定性参数；径流曲线数 Cn2、土壤可利用水量 Sol_Awc、土壤中初始有机磷浓度 Sol_Orgp 是影响有机磷的重要不确定性参数；径流曲线数 Cn2、土壤可利用水量 Sol_Awc、水土保持措施因子 Usle_P、植被覆盖因子 USLE_C、土壤中初始硝态氮含量 Sol_No3 是影响硝氮的重要不确定性参数；径流曲线数 Cn2、土壤可利用水量 Sol_Awc、土壤中初始硝态氮含量 Sol_Orgn、土壤中初始有机氮含量 Sol_No3 是影响总氮的重要不确定性参数；而径流曲线数 Cn2、土壤可利用水量 Sol_Awc、土壤中初始有机磷含量 Sol_Orgp、土壤中初始溶解态磷含量 Sol_Labp 是影响总磷的重要不确定性参数。

表 4.13　水田的不确定性参数的贡献指标值

参数	泥沙	有机氮	有机磷	硝氮	总氮	总磷
Alpha_Bf	0.00	0.00	0.00	0.00	0.00	0.00
Biomix	0.00	0.00	0.00	0.00	0.00	0.00
Cn2	28.11	26.35	25.33	21.74	17.56	18.12
Esco	12.65	0.00	4.79	12.49	3.65	0.00
Nperco	0.00	0.00	0.00	0.00	0.13	0.00
Pperco	0.00	0.00	0.00	0.00	0.00	0.00
Sol_Awc	29.60	30.47	29.47	39.41	22.34	14.68
Sol_K	0.00	0.00	0.00	0.00	0.00	0.00
Sol_Z	1.08	0.00	1.43	4.52	1.44	8.00
Spcon	12.13	0.00	0.00	0.00	0.00	0.00
Spexp	4.77	0.00	0.00	0.00	3.53	0.00
Surlag	0.13	0.00	0.00	0.00	0.00	0.00
Usle_P	3.12	2.67	3.10	3.20	4.12	6.98
Canmx	0.09	2.73	0.00	0.00	0.00	0.00
Ch_K2	0.00	0.00	0.00	0.00	0.00	0.00
USLE_C	8.30	4.66	2.00	3.80	5.33	4.25
Sol_Labp	0.00	0.00	0.00	0.00	0.00	22.03
Sol_Orgn	0.00	31.12	0.00	0.04	23.84	0.00
Sol_No3	0.02	2.00	0.00	14.80	18.06	0.00
Sol_Orgp	0.00	0.00	33.88	0.00	0.00	25.94

由图 4.36～图 4.41 可见，在两种土地利用方式下，径流曲线数 Cn2 普遍成为对各类污染物输出的不确定性参数，降雨径流对非点源污染的驱动力作用占据主导地位。但也可以看出，同一种参数在不同的土地利用方式下对同一种污染物的不确定性的贡献不同。径流曲线数在旱田下对污染物输出不确定性的贡献率普遍小于在水田下的贡献率，一方面是因为下垫面特征对水文循环及物质输移产生了

极大影响,不同土地利用方式下结合了不同地形地貌、土壤属性、植被等,因此参数的贡献率不尽相同;另一方面,是由于人类活动的影响,在不同的土地利用方式下,人为干扰不同。

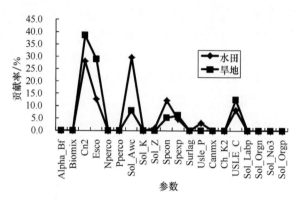

图 4.36　不同土地利用类型下参数对泥沙不确定性的贡献

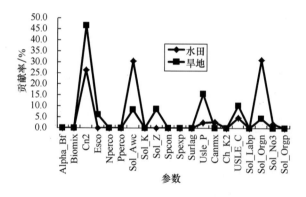

图 4.37　不同土地利用类型下参数对有机氮不确定性的贡献

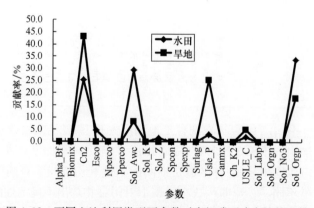

图 4.38　不同土地利用类型下参数对有机磷不确定性的贡献

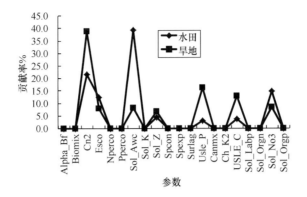

图 4.39　不同土地利用类型下参数对硝氮不确定性的贡献

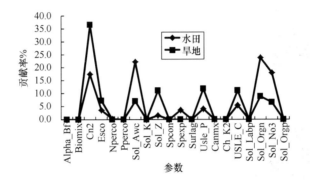

图 4.40　不同土地利用类型下参数对总氮不确定性的贡献

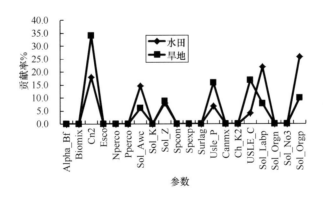

图 4.41　不同土地利用类型下参数对总磷不确定性的贡献

在这两种土地利用方式下,虽然带来不确性定性影响的重要参数都具有共同点,但它们之间的差异也较为明显。

对于泥沙而言,旱地和水田的重要不确定性参数的差异主要体现在土壤蒸发补偿系数 Esco 和土壤含水量 Sol_Awc 上。其中,土壤蒸发补偿系数表征了毛细作用和土壤裂隙对土壤蒸发的影响,该参数的变化会影响到整个水量平衡,当土壤蒸发补偿系数增大时,基流、瓦管排水、地表径流都会相应增加,旱地的干湿条件变化较大,因此土壤蒸发补偿系数对径流产生会有较大的不确定性,从而影响泥沙负荷输出的不确定性。另一方面,由于水田其常年处于水分较为充足的状态,土壤可利用水量的大小标志着其保水保土能力的高低,因此,该参数对水田泥沙输出负荷中有较大的不确性定性。

对于有机氮而言,旱地和水田的重要不确定性参数差异较大,水土保持措施因子 Usle_P 和植被覆盖因子 USLE_C 在旱地条件下都被识别为重要不确定性参数,而在水田条件下则贡献率较低。这主要是由人为活动干扰的不同造成的,比较而言,水田的植被类型耕作方式较为单一,而旱田则变化较大,因此,水土保持措施和植被覆盖情况会对旱田下营养物的流失会带来较多的不确定性。同时,土壤剖面深度 Sol_Z 也对旱地下的有机氮输出有较大的不确定性贡献。因为土壤剖面的深度对于肥效的吸收有较大的影响,如尿素施入土壤后,大部分在尿酶的作用下分解成为三种铵态氮,易解离产生氨气影响肥效,因此尿素施肥深度也是影响有机氮的输出的不确定性因素之一。

对于有机磷而言,旱田下的水土保持措施因子 Usle_P 不确定性贡献较大,但植被覆盖因子的不确定性贡献率不明显,这主要是因为有机磷多以吸附态的形式随泥沙迁移,水保措施会造成较大的不确定性;水田下土壤可利用水量 Sol_Awc 表现出较高的不确定性,这主要是磷肥的迁移转化特征决定的。施入土壤中的磷很快和土壤中的铁、铝、钙结合成难溶性磷酸盐(称化学固定作用),这种固定作用也存在有利的一面,可以减少淋洗作用引起的损失,被固定的一部分磷素是弱酸溶性,而稻田的淹水条件下有助于磷素的释放,因此固定的磷素可供第二年作物吸收利用。因为水稻田在淹水条件下有助于磷素的释放,因此,土壤可利用水量对于磷素的输出情况会产生显著的不确定性。

对于硝氮而言,与上述情况类似,旱地条件下水土保持措施因子和植被覆盖因子有显著的不确定性贡献,而水田条件下土壤可利用水量有显著的不确定性贡献,硝氮易溶于水,易被作物吸收,但由于其不被土壤胶体吸附,因此易随水流失。若在 24h 之内排水,氮素损失量可达到 $10\%\sim20\%$,因此,土壤可利用水量对于硝氮的输出有较大的不确定性贡献。

对于总氮和总磷而言,与上述情况较为类似,旱地和水田不确定性参数的差异主要体现在管理措施因子、植被覆盖因子和土壤可利用水量上。

由此,可以得出相应结论,对于旱地,应加强管理措施和植被覆盖的优化以控制非点源污染,而对于水田,应保证其保水保土能力,优化水分蓄排管理。

4.3.3　基于土壤类型的不确定性分析

根据 FOEA 的计算步骤,采用 FOEA 来识别不同土壤类型下重要的不确定性参数以及计算每个参数对输出结果不确定性的贡献。研究中选取的三种典型土壤类型为紫色土、黄壤与石灰岩土,计算结果分别见表 4.14、表 4.15 及表 4.16。

表 4.14　紫色土的不确定性参数的贡献指标

参数	泥沙	有机氮	有机磷	硝氮	总氮	总磷
Alpha_Bf	0.00	0.00	0.00	0.00	0.00	0.00
Biomix	0.00	0.00	0.00	0.00	0.00	0.00
Cn2	37.34	44.51	53.72	44.62	40.78	60.96
Esco	0.00	0.00	0.00	19.12	0.00	0.00
Nperco	0.00	3.92	0.00	0.15	0.00	0.00
Pperco	0.00	0.00	0.00	0.00	0.00	0.00
Sol_Awc	9.89	0.03	16.73	0.00	7.93	22.14
Sol_K	4.23	4.94	5.12	0.00	0.79	0.63
Sol_Z	0.19	0.00	0.36	0.00	5.16	0.01
Spcon	11.02	0.00	0.00	0.00	0.00	0.00
Spexp	15.76	0.00	0.00	0.00	0.00	0.00
Surlag	4.12	0.00	0.00	2.53	0.00	0.00
Usle_P	0.00	3.48	8.45	0.00	5.84	6.68
Canmx	17.45	0.01	3.55	0.00	0.01	0.00
Ch_K2	0.00	0.00	0.00	0.00	0.00	0.00
USLE_C	0.00	0.00	1.33	5.86	2.10	0.00
Sol_Labp	0.00	0.00	0.00	0.00	0.00	1.12
Sol_Orgn	0.00	43.11	0.00	0.00	22.17	0.00
Sol_No3	0.00	0.00	0.00	27.72	15.23	0.00
Sol_Orgp	0.00	0.00	10.75	0.00	0.00	8.45

由表 4.14 可以得知,对于紫色土而言,径流曲线数 Cn2、土壤可利用水量 Sol_Awc、泥沙输移线性系数 Spcon、泥沙输移指数系数 Spexp 及最大冠层截流量 Canmx 是影响泥沙负荷输出的重要不确定性参数;径流曲线数 Cn2、土壤初始有机氮含量 Sol_Orgn 是影响有机氮负荷输出的重要不定性参数;径流曲线数 Cn2、土壤可利用水量 Sol_Awc、水土保持措施因子 Usle_P、土壤初始有机磷含量 Sol_Orgp 是影响有机磷负荷输出的重要不确定性参数;径流曲线数 Cn2、土壤蒸发补偿系数 Esco、土壤初始硝态氮含量 Sol_No3 是影响硝氮负荷输出的重要不确定性参数;

径流曲线数 Cn2、土壤初始有机氮含量 Sol_Orgn、土壤初始硝氮态量含量 Sol_No3 是影响总氮输出的重要不确定性参数；径流曲线数 Cn2、土壤可利用水量 Sol_Awc、土壤初始有机磷含量 Sol_Orgp 是影响总磷负荷输出的重要不确定性参数。

表 4.15　黄壤的不确定性参数的贡献指标值

参数	泥沙	有机氮	有机磷	硝氮	总氮	总磷
Alpha_Bf	0.00	0.00	0.00	0.00	0.00	0.00
Biomix	0.00	0.00	0.00	0.00	0.00	0.00
Cn2	51.74	49.67	50.77	77.02	58.42	60.50
Esco	0.00	0.00	0.00	0.00	0.00	0.00
Nperco	0.00	0.00	0.00	0.00	0.01	0.00
Pperco	0.00	0.00	0.00	0.00	0.00	2.15
Sol_Awc	28.88	0.06	26.89	0.00	0.00	15.94
Sol_K	1.95	0.01	0.25	0.00	0.06	0.03
Sol_Z	0.00	15.35	0.00	0.00	10.31	0.00
Spcon	5.46	0.00	0.00	0.00	0.00	0.00
Spexp	9.21	0.00	0.00	0.00	0.00	0.00
Surlag	0.00	0.00	0.00	0.94	0.00	0.00
Usle_P	0.00	1.78	6.98	4.1	7.15	5.64
Canmx	0.14	0.00	1.06	0.00	0.00	0.01
Ch_K2	0.00	0.00	0.00	0.00	0.00	0.00
USLE_C	2.62	0.00	1.65	9.15	0.84	7.74
Sol_Labp	0.00	0.01	0.00	0.00	0.00	0.00
Sol_Orgn	0.00	33.12	0.00	0.01	14.76	0.00
Sol_No3	0.00	0.00	0.00	8.76	8.45	0.00
Sol_Orgp	0.00	0.00	12.41	0.00	0.0	7.99

由表 4.15 可知，对于黄壤而言，径流曲线数 Cn2、土壤可利用水量 Sol_Awc、泥沙输移线性系数 Spcon、泥沙输移指数系数 Spexp 是影响泥沙负荷输出的重要不确定性参数；径流曲线数 Cn2、土壤剖面深度 Sol_Z、土壤初始有机氮含量 Sol_Orgn 是影响有机氮负荷输出的重要不定性参数；径流曲线数 Cn2、土壤可利用水量 Sol_Awc、水土保持措施因子 Usle_P、土壤初始有机磷含量 Sol_Orgp 是影响有机磷负荷输出的重要不确定性参数；径流曲线数 Cn2、植被覆盖因子 USLE_C、土壤初始硝态氮含量 Sol_No3 是影响硝氮负荷输出的重要不确定性参数；径流曲线数 Cn2、土壤初始有机氮含量 Sol_Orgn、土壤剖面深度 Sol_Z、土壤初始硝氮态量含量 Sol_No3 是影响总氮输出的重要不确定性参数；径流曲线数 Cn2、土壤可利用

水量 Sol_Awc、土壤初始有机磷含量 Sol_Orgp 是影响总磷负荷输出的总要不确定性参数。

由表 4.16 可知,对于石灰岩土而言,径流曲线数 Cn2、土壤可利用水量 Sol_Awc、泥沙输移线性系数 Spcon、土壤饱和导水率 Sol_K、泥沙输移指数系数 Spexp 是影响泥沙负荷输出的重要不确定性参数;径流曲线数 Cn2、土壤初始有机氮含量 Sol_Orgn 是影响有机氮负荷输出的重要不定性参数;径流曲线数 Cn2、土壤可利用水量 Sol_Awc、水土保持措施因子 Usle_P、土壤初始有机磷含量 Sol_Orgp 是影响有机磷负荷输出的重要不确定性参数;径流曲线数 Cn2、植被覆盖因子 USLE_C、土壤初始硝态氮含量 Sol_No3 是影响硝氮负荷输出的重要不确定性参数;径流曲线数 Cn2、土壤初始有机氮含量 Sol_Orgn、土壤初始硝氮态量含量 Sol_No3 是影响总氮输出的重要不确定性参数;径流曲线数 Cn2、土壤可利用水量 Sol_Awc 以及土壤初始有机磷含量 Sol_Orgp 是影响总磷负荷输出的重要不确定性参数。

表 4.16　石灰岩土的不确定性参数的贡献指标值

参数	泥沙	有机氮	有机磷	硝氮	总氮	总磷
Alpha_Bf	0.00	0.00	0.00	0.00	0.00	0.00
Biomix	0.00	0.00	0.00	0.00	0.00	0.00
Cn2	49.41	59.41	49.85	66.24	62.18	61.07
Esco	0.00	0.00	0.00	0.00	0.00	0.00
Nperco	0.00	0.00	0.00	0.00	0.00	0.00
Pperco	0.00	0.00	0.00	0.00	0.00	0.00
Sol_Awc	30.12	6.62	29.56	4.16	0.06	16.04
Sol_K	7.06	0.00	0.39	0.00	0.16	1.82
Sol_Z	0.00	2.49	0.00	0.00	0.00	0.00
Spcon	7.14	0.00	0.00	0.00	0.00	0.00
Spexp	6.09	0.00	0.00	0.00	0.00	0.00
Surlag	0.00	0.16	0.00	0.00	0.00	0.00
Usle_P	0.00	4.96	10.59	6.51	8.59	6.54
Canmx	0.10	0.00	0.15	0.0	0.00	0.01
Ch_K2	0.00	0.00	0.00	0.02	0.00	0.00
USLE_C	0.00	4.17	0.13	12.90	5.94	4.90
Sol_Labp	0.00	0.00	0.00	0.00	0.00	1.49
Sol_Orgn	0.00	22.19	0.00	0.02	13.97	0.00
Sol_No3	0.00	0.00	0.00	10.15	9.10	0.00
Sol_Orgp	0.00	0.00	9.34	0.00	0.00	8.13

由图 4.42～图 4.47 可见,在三种土壤类型下,径流曲线数 Cn2 普遍成为对各

类污染物输出的不确定性参数,降雨径流对非点源污染的驱动力作用占据主导地位。但也可以看出,同一种参数在不同的土壤类型下对同一种污染物的不确定性的贡献不同。以对泥沙不确定性的贡献率为例,径流曲线数在紫色土下的贡献率小于在黄壤和石灰岩土的贡献率,主要是因为土壤条件对径流下渗、水力迁移及物质输移影响很大,同时,不同土壤类型下的植被情况也不尽相同,人为干扰有异,从而影响水土流失。

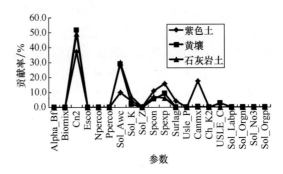

图 4.42 不同土壤类型下参数对泥沙不确定性的贡献

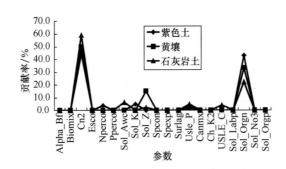

图 4.43 不同土壤类型下参数对有机氮不确定性的贡献

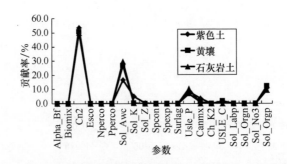

图 4.44 不同土壤类型下参数对有机磷不确定性的贡献

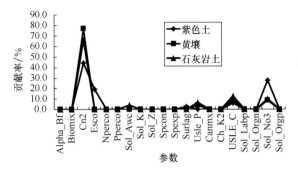

图 4.45　不同土壤类型下参数对硝氮不确定性的贡献

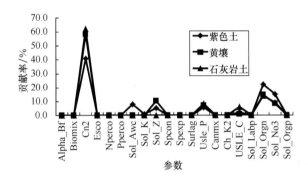

图 4.46　不同土壤类型下参数对总氮不确定性的贡献

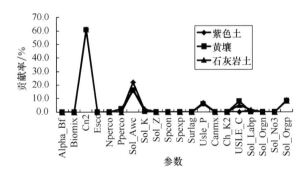

图 4.47　不同土壤类型下参数对总磷不确定性的贡献

　　在这三种典型土壤类型下,对于同一种污染物,导致不确定性的重要参数之间也存在着一定的差异性。

　　对于泥沙而言,最大冠层截留 Canmx 在紫色土中被识别为重要的不确定性参数,而在黄壤和石灰岩土中不确定性贡献不显著。由于紫色土是三峡库区重要的柑橘产区,果林的栽种情况一般较常规非经济林稀疏,因此,冠层截留对降雨滴溅冲蚀的影响较显著，从而对泥沙负荷的输出带来较多的不确定性。

对于有机氮而言，土壤初始有机氮含量 Sol_Orgn 都被识别为重要的不确定性参数，但贡献率大小存在着明显的差异：紫色土下的贡献率最高，黄壤下的贡献率次之，石灰岩土下的贡献率则最低。这于三种土地利用类型的背景养分情况有关，紫色土有机质含量很低，背景值的变化对有机氮输出负荷带来的不确定性影响较大，而石灰岩土富含有机质，引起的不确定性相对较小。同时还可看出，土壤剖面深度 Sol_Z 是黄壤有机氮负荷输出的重要不确定性参数，黄壤土层浅薄但耕层较厚，在库区的农业生产中，人为活动会导致有机质上下层差异大，从而影响污染物的输出的不确定性。

对于有机磷而言，与有机氮不同，土壤初始有机磷含量 Sol_Orgp 对负荷的输出不确定性影响处于较低水平，且差异不大。因为三种土壤类型中磷的含量较氮相对丰富，因此土壤初始含量引起的不确定性较小。

对于硝氮而言，径流曲线数 Cn2 是最重要的不确定性参数。但土壤蒸发补偿系数 Esco 在紫色土下的贡献率较高，在三峡库区，紫色土是重要的旱作土壤且入渗能力强，在这样的下垫面条件下，土壤蒸发补偿系数将会对径流产生显著影响，而硝氮不能被土壤吸附，易随水迁移，产流情况决定着硝氮的流失量，因此，该参数会对紫色土的硝氮输出产生重要的不确定性影响。土壤硝氮初始含量 Sol_No3 的贡献率情况也与有机氮输出中土壤初始有机氮含量的贡献情况类似，紫色土较高，黄壤和石灰岩土相对较低。紫色土虽然矿质养分高，但其中含氮量较低，对硝氮的输出易引起较多的不确定性。

对于总氮和总磷而言，三种土壤类型下不确定性参数的差异分别与有机氮、硝氮和有机磷的不确定性具有一定的相似性。

根据对不同土地类型下参数不确定性的输出结果，可以看出，对于紫色土，需加强灌溉增加有机质和氮的含量，并合理轮作，可加入伴生种植来控制降雨带来的土壤侵蚀；对于黄壤，应深耕改土，保证有机肥料的肥效，减少上下层差异。同时，应进行测土配方施肥，根据土壤背景值的差异有针对性地施肥，以防控因过量施肥带来的非点源污染。

4.4　小　　结

本章采用小流域推广模拟方法对三峡库区进行非点源污染模拟，获得了该区域 2001～2009 年相应的非点源污染时空分布特征。研究结果表明，整个三峡库区非点源污染空间差异较大，西部污染负荷较为严重，中部次之，东部最轻，主要原因在于西部耕地比重较大，易发生土壤侵蚀和营养物流失，东部以林地为主，植被覆盖率较高，因此土壤侵蚀量较低，氮磷负荷输出较少，中部林草地、耕地比重相对均衡,因此污染程度居中。时间分布方面,泥沙量与降雨量有较好的相关性,对营养物而言,如 2006 年虽为典型枯水年,但溶解态氮磷污染物明显增加,导致营养物总输出负荷增加,推测可能为库区蓄水造成,同时,库区非点源污染近年来整体呈现上升趋势。

综合分析可知,对三峡库区非点源污染造成影响的因素包括土地利用类型、土类型、坡度、坡长、降雨量、施肥量六大因素。通过多因素方差分析,结果表明,不同污染物的各影响因子显著度排序有所差异。就营养物而言,最为显著的影响因素皆为施肥量,可见人为施肥对三峡库区非点源污染的产生量有着最为显著的影响。同时可以看出,对于泥沙和有机污染物及吸附态污染物,其各影响因子影响程度表现出较好的一致性,其按显著程度大小排序为施肥量、土地利用类型、土壤类型、降雨量、坡长、坡度;对于溶解态污染物,各影响因子的影响程度也表现出一致性,其按显著程度大小排序为施肥量、土地利用类型、降雨、坡长、坡度、土壤类型。但两者中土壤类型和降雨的排序位置不同,导致总氮总磷污染的最终影响因素排序出现差异,对于总氮而言,降雨的影响程度强于土壤类型,对于总磷而言,土壤类型的影响程度强于降雨。两者的影响因素排序出现了显著差异,这主要是因为 SWAT 模型中考虑了含氮污染物的大气沉降来源,而对于磷循环过程没有考虑大气沉降;含氮污染物随径流流失比例较高,而含磷污染物大部分以吸附态形式随土壤侵蚀流失。

采用 FOEA 方法对不同土地利用类型、不同土壤类型进行了非点源污染的不确定性分析,结果表明,水土保持措施因子和植被覆盖因子对旱地污染物输出的不确定性较大,这主要是因为旱地的耕作方式、植被类型较为多样,容易引起相应的不确定性,土地可利用水量对于水田的污染物输出不确定性较大,主要是该参数表征着水田的保土保水情况,当水分充足时,营养物固相水相之间的交换较为充足,氮素容易水解,磷素容易释放,溶出状态的营养物都容易随水迁移,所以,水田中的土壤可利用水量会带来较多的不确定性。因此,旱地对非点源污染的管理应加强管理措施和植被覆盖度的合理化,而水田则应保证其保水能力,加强水分蓄排管理。在不同的土壤类型下,影响非点源污染物输出的不确定性差异也较大,集中在土壤初始含量对不确定性的差异上。总体而言,对于紫色土,应加强灌溉、增加有机质和氮的含量,合理轮作,引入伴生种植以降低降雨径流带来的土壤侵蚀,对于黄壤则应该深耕改土,保证有机肥效,加强测土配方施肥。

参 考 文 献

耿润哲,王晓燕,段淑怀,等.2013.基于数据库的农业非点源污染最佳管理措施效率评估工具构建.环境科学学报,33(12):3292-3300.

宫永伟.2010.三峡库区大宁河流域(巫溪段)TMDL 的不确定性研究(博士学位论文).北京:北

京师范大学.

洪倩. 2011. 三峡库区农业非点源污染及管理措施研究(博士学位论文). 北京:北京师范大学.

金洋,李恒鹏,李金莲. 2007. 太湖流域土地利用变化对非点源污染负荷量的影响. 农业环境科学学报,26(4):1214-1218.

刘瑞民,王嘉薇,张培培,等. 2013. 大伙房水库控制流域土壤侵蚀评价及其影响因素分析. 农业环境科学学报,32(8):1597-1601.

孙宗亮. 2009. 三峡库区小江流域 SWAT 模型应用研究(硕士学位论文). 北京:北京师范大学.

王晓燕. 2011. 非点源污染过程机理与控制管理. 北京:科学出版社.

魏冲,宋轩,陈杰. 2014. SWAT 模型对景观格局变化的敏感性分析——以丹江口库区老灌河流域为例. 生态学报,34(2):517-525.

许榕,徐淑霞. 2002. 方差分析在环境质量评价中的应用. 江苏环境科技,15(4):19-22.

杨晓华,刘瑞民,曾勇. 2008. 环境统计分析. 北京:北京师范大学出版社.

余红. 2007. 大宁河流域非点源污染的不确定性研究(硕士学位论文). 北京:北京师范大学.

张巍,郑一,王学军. 2008. 水环境非点源污染的不确定性及分析方法. 农业环境科学学报,27:1290-1296.

Arhonditsis G,Tsirtsis G,Angelidis M,et al. 2000. Quantification of the effects of nonpoint nutrient sources to coastal marine eutrophication:Applications to a semi-enclosed gulf in the Mediterranean Sea. Ecological Modelling,129(2-3):209-227.

Collins A,Anthony S. 2008. Predicting sediment inputs to aquatic ecosystems across England and Wales under current environmental conditions. Applied Geography,28(4):281-294.

Huang J,Hong H. 2010. Comparative study of two models to simulate diffuse nitrogen and phosphorus pollution in a medium-sized watershed,southeast China. Estuarine,Coastal and Shelf Science,86(3):387-394.

Liu R M,Wang J W,Shi J H,et al. 2014. Runoff characteristics and nutrient loss mechanism from plain farmland under simulated rainfall conditions. Science of the Total Environment,468-469:1069-1077.

Liu R M,Zhang P P,Wang X J,et al. 2013. Assessment of effects of best management practices on agricultural non-point source pollution in Xiangxi river watershed. Agricultural Water Management,117:9-18.

Nandakumar N,Mein R G. 1997. Uncertainty in rainfall-runoff model simulations and the implications for predicting the hydrologic effects of land-use change. Journal of Hydrology,192(1-4):211-232.

Randhir T O,Tsvetkova O. 2011. Spatiotemporal dynamics of landscape pattern and hydrologic process in watershed systems. Journal of Hydrology,404:1-12.

Shen Z Y,Chen L,Hong Q,et al. 2013a. Assessment of nitrogen and phosphorus loads and causal factors from different land use and soil types in the Three Gorges reservoir area. Science of the Total Environment,454-455:383-392.

Shen Z Y,Chen L,Hong Q,et al. 2013b. Vertical variation of nonpoint source pollution in a mountainous region. PLOS One,8(8): e71194.

Shen Z Y,Chen L,Liao Q,et al. 2012. Impact of spatial rainfall variability on hydrology and non-point source pollution modeling. Journal of Hydrology,472:205-215.

Shen Z Y,Chen L,Liao Q,et al. 2013c. A comprehensive study of the effect of GIS data on hydrology and non-point source pollution modeling. Agricultural Water Management, 118: 93-102.

Shen Z Y,Qiu J L,Hong Q,et al. 2014. Simulation of spatial and temporal distribution on non-point source pollution load in the Three Gorges reservoir region. Science of the Total Environment,493:138-146.

Srivastava P,Hamlett J,Robillard P,et al. 2002. Watershed optimization of best management practices using AnnAGNPS and a genetic algorithm. Water Resources Research,38(3):1-14.

Weber A,Fohrer N,Möller D. 2001. Long-term land use changes in a mesoscale watershed due to socio-economic factors—effects on landscape structures and functions. Ecological Modelling, 140(1-2):125-140.

Zhang P P,Liu R M,Bao Y M,et al. 2014. Uncertainty of SWAT model at different DEM resolutions in a large mountainous watershed. Water Research,53:132-144.

第5章 典型小流域 TMDL 框架及负荷分配

为改善流域水环境状况,必须以流域/区域整体为对象,采取科学合理的方法进行统一规划和管理。因此,建立一套高效合理的流域水污染防治方法体系,是当前我国环境保护的一项紧迫任务。本章在总结国内外总量控制技术的基础上,引入美国的 TMDL 技术,选择大宁河流域(巫溪段)为研究区,构建了研究区的 TM-DL 框架,确定了合适的安全余量值,并将污染负荷在不同区域间进行了分配,最后提出了合理的污染控制体系。

5.1　国内外相关研究进展

5.1.1　总量控制技术进展

在水污染物总量控制方面,日本、美国和欧盟等进行了大量的理论研究和实践,取得了明显的成效(孟伟,2008)。日本在 20 世纪 60 年代就提出污染物总量控制的问题,他是最早提出环境容量理论的国家。由于 1978 年实施的总量控制计划未使水质状况得到改善,日本以 1989 年为目标年进行了第二次总量控制(宫永伟,2010)。

自 20 世纪 70 年代至今,美国分三个阶段进行了总量控制计划的推广:前期阶段——以技术为基础(排放标准);全面推广阶段——以水质限制为基础;总结提高深入发展阶段——以生态系统健康为目标。整个历程从单一的对工业点源和城市生活污染源的控制过渡到对点源和非点源污染源综合控制,控制对象也从初期的生化需氧量(bio-chemical oxygen demand,BOD)、氨氮等发展到各类重金属、有毒有机污染物、粪大肠菌群等多种指标(USEPA,1991)。

欧盟自 20 世纪 70 年代以来相继出台了一系列的水政策,2000 年颁布实施的《水框架指令》从流域尺度强调水管理要综合所有水资源、水利用方式及价值、涉水立法、生态和利益相关者意见等诸多因素,要加强政策、措施制定及实施的透明度,鼓励公众参与,并给出了流域水管理的基本步骤和程序(宫永伟,2010)。

我国的水污染总量控制概念来自日本的"闭合水域总量控制",方法引自美国的水质规划理论。参照美国水污染防治规划中划分流域、区域、设施三个层次制订水质规划的要求,以及分排放标准和水质标准划分限制河段确定允许排放量的做法,在河北省洋河流域诞生了我国最早的河流水质规划(夏青,1996)。在第一松花江上引进水质模型和线性规划方法分配 BOD 负荷量,制定了我国第一个流域五日生化需氧总量控制标准,这成为我国水污染物总量控制和水质规划理论的最早实践。

"六五"科技攻关水环境容量研究课题,以沱江为对象进行了水环境容量评价。"七五"、"八五"期间,在"排放水污染物许可证工作大纲"、"地表水环境功能区划分技术纲要"和"水环境综合整治技术纲要"三个技术指南的指导下,在长江安庆段、铜陵段、芜湖段、南京段、黄河石嘴山段和渭河咸阳段等 30 余个水域,以总量控制规划为基础,进行了排污许可证发放和水环境保护功能区划分的实践。

"九五"期间,1996 年全国人大通过的《国民经济和社会发展"九五"计划和 2010 年远景目标纲要》中将污染物排放总量控制正式作为我国环境保护的一项重大举措。原国家环保局编制了《"九五"期间全国主要污染物排放总量控制计划》。国务院 2000 年颁布的《水污染防治法实施细则》中用多项条款对总量控制做了细化和更具可操作性的规定,确保了水环境污染物总量控制管理办法在我国的科学、严格、顺利的实施。"九五"期间全国主要污染物排放总量控制计划基本完成,2000 年废水中的 COD,石油类、重金属等 12 项主要污染物的排放总量比"八五"末期分别下降了 10%～15%,重点区域的污染治理取得了阶段性成果。淮河干流污染程度明显减轻,海河、辽河流域污染程度有所降低,太湖水质恶化趋势得到初步控制,滇池富营养状态恶化趋势有所减缓,巢湖富营养状态恶化趋势得到基本控制(国家环境保护总局,2002)。

"十五"期间,国家继续对"三河"、"三湖"进行重点治理,并取得阶段性成果。但是,重点流域污染治理工程项目的完成情况不理想。截至 2005 年年底,列入《国家环境保护"十五"计划》的 2130 项治污工程,完成 1378 项,仅占总数的 65%;完成投资 864 亿元,占总投资的 53%。由于工程项目的进展不理想,造成仅有 60% 的水质监测考核断面达标,重点流域中仅有淮河流域完成 COD 削减目标,其余大多差距较大(国家环境保护总局,2006)。

在"十一五"期间,2008 年环境保护部会同国家发改委、建设部、水利部下发《淮河、海河、辽河、巢湖、滇池、黄河中上游等重点流域水污染防治规划(2006—2010 年)》(环发〔2008〕15 号),重点流域水污染防治工作进入了新阶段。规划目标是:到 2010 年,要使淮河、海河、辽河、巢湖、滇池和黄河中上游这 6 个重点流域集中式饮用水水源地得到治理和保护,跨省界断面水环境质量明显改善,重点工业企业实现全面稳定达标排放,城镇污水处理水平显著提高,水污染物排放总量得到有效控制,流域水环境监管及水污染预警和应急处置能力显著增强。

当前我国正处在"十二五"规划的末期。2012 年环境保护部会同国家发改委、财政部、水利部印发了《重点流域水污染防治规划(2011—2015)》(环发[2012]58 号),该规划包括重点流域水污染防治形势、总体要求、规划主要任务、水质维护型单元保护方案、水质改善型单元治理方案、风险防范型单元防治方案、规划项目与投资估算、政策措施等内容。规划范围包括松花江、淮河、海河、辽河、黄河中上游、太湖、巢湖、滇池、三峡库区及其上游、丹江口库区及上游等 10 个流域,涉及 23 个省(自治区、直辖市)(国家环境保护部,2012)。

非点源污染在我国当前的水环境污染中所占的比重已越来越大,很多学者对我国的非点源污染进行了估算(Ongley et al. ,2010)。在总量控制研究中,已有关于非点源污染控制方面的研究(朱继业,窦贻俭,1999;王少平等,2002;李锦秀等,2005;李家科等,2012),但我国在近期的重点流域水污染防治规划中尚未对非点源污染控制提出明确的方法和要求(环境保护部环境规划院,2008a,2008b,2008c,2009),因此有必要对非点源污染控制进行探讨。

总体上看,我国的总量控制理论研究和实践已取得了丰硕的成果,但实践中仍多采用目标总量控制模式,根据管理上能达到的允许限额确定允许排放污染物总量,而不是水质标准的要求。目标总量控制方式虽然较传统的浓度控制有很大进步,但并没有真正将水质标准与污染物治理紧密地联系起来(孟伟等,2006)。而且,目标总量控制并未充分考虑到我国幅员辽阔、区域经济水平差异巨大等因素。因为各地区经济发展水平不尽相同,东南沿海与中、西部地区之间存在梯级落差,污染物排放的总量总体上也是此格局,在全国范围内统一执行控制指标将会存在一系列的矛盾(徐进,2004)。虽然目标总量控制具有便于操作和分解落实等特点,但要真正起到保护水环境质量的作用,必须实行与区域水环境质量和水环境承载力相协调的容量总量控制制度。

5.1.2　TMDL 技术进展

美国在 1972 年的《清洁水法》中提出了 TMDL 的概念,但当时的 TMDL 仅针对点源污染的控制(王晓燕,2011)。1985 年,USEPA 第一次颁布 TMDL 导则,将非点源污染负荷作为分配的一个方面。1992 年,USEPA 对 TMDL 导则进行了修正,要求各州以两年为周期提交受损水体清单。1999 年,由于一些诉讼和公众来信,TMDL 导则被再次修正,修正后综合考虑点源负荷、非点源负荷和安全余量的分配,并提议对国家污染物排放削减体系许可证进行修改。2000 年,USEPA 批准通过了 1999 年的修正,但新导则一直没有生效。由于公众和许多工业、农业等团体的强烈反对,2003 年 5 月,USEPA 宣布 2000 年的新 TMDL 导则无效(USEPA,2003),TMDL 导则仍然采用 1992 年版本;但是 TMDL 的具体的实施中也考虑了 2000 年版本中合理的做法,并随着科技的进步不断更新。

1. 列清单方法学

USEPA 要求各州以两年为周期提交受损水体清单,称为 303(d)清单。该清单文件中包含新列入和已剔除 303(d)清单的水体信息、该州识别受损水体的方法学和识别水体时所用数据资料的说明等。自 2002 年开始,USEPA 推荐将《清洁水法》的 303(d)、305(b)和 314 这三项条款的要求综合为一份文件,并提供了统一的格式(USEPA,2001)。由于 USEPA 对于制定 303(d)清单的规定较为宽泛,各州在实际执行中存有较大差异,并有相对独立的法规。各州的法规仅考虑本州的气候、土地利用、水质目标和社会经济等特点,以致于对于跨州界水体的处理方法有所不同,由此引发的矛盾给相关利益者带来极大的不便,因此宜制定全国范围统一的标准,但同时应考虑到各州的特点(Keller,Cavallaro,2008)。

2. 主要关注污染物

自美国开始在流域范围进行水污染治理以来,水质污染的结构以及人们对于各种污染物的关注程度都发生了一定的改变,水污染治理的重点也与我国有较大差异。据 USEPA 统计,自 1995 年 10 月 1 日至 2010 年 2 月 4 日,上报的 303(d)清单中有 75739 个水体和污染物的组合,排在前 6 位的污染物分别为:病菌(10654,14.1%)、汞(8874,11.7%)、金属(不包括 Hg)(7498,9.9%)、营养物(6825,9.0%)、有机物富集/氧耗竭(6400,8.5%)和沉积物(6292,8.3%)。由 USEPA 批准通过的 TMDL 报告有 40711 个,排在前 6 位的分别为:病菌(7733,19.0%)、金属(不包括 Hg)(7064,17.1%)、汞(6793,16.7%)、营养物(4452,10.9%)、沉积物(3387,8.3%)和有机物富集/氧耗竭(1811,4.4%)(宫永伟,2010)。

3. 模型和计算方法

模型可再现污染物的产生及其在陆面和水体中的迁移转化过程,TMDL 的编制过程中可利用模型解决以下问题:识别污染源及计算负荷、计算水环境容量、设计负荷削减方案和设计最佳管理措施(best management practices,BMPs)等(Munoz-Carpena et al., 2006)。常用的负荷模型有 AGNPS(agricultural nonpoint source pollution model)、SWAT(soil and water assessment tool)、HSPF(hydrological simulation program-fortran)、SWMM(storm water management model)、GWLF(generalized watershed loading function)、WAM(watershed assessment model)等,水质模型有 WASP(water quality analysis simulation program)、Qual2K、BATHTUB、CE-QUAL-W2 等,综合性模型有 BASINs(better assessment science integrating point and nonpoint sources)、WARMF(watershed analysis risk management framework)等。USEPA 亦推荐使用负荷历时曲线(load duration curves)法(Kim et al.,2009),该方法的主要优点是适应于数据较少的情况。当法规中未对某类污染制定数值型标准时,可将其他未被污染的流域(Wagner et al.,2007)或此水体受损前的状态作为参照标准。TMDL 制定者根据管理目标、区

域特征以及信息资料的完备程度选择模型,或根据需要自行开发模型,当管理要求较低时可选用简易的模型,当管理的要求提高且可用的数据资源增多时,再采用复杂的模型进行分析(DePinto et al.,2004;Alameddine et al.,2011)。

4. 最佳管理措施

BMPs 是一种非点源污染控制体系,其核心是在污染物进入水体对水环境产生污染前,通过各种经济高效、满足生态环境要求的措施使其得到有效控制(Liu et al.,2013)。USEPA 把 BMPs 定义为"任何能够减少或预防水资源污染的方法、措施或操作程序,包括工程、非工程措施的操作和维护程序"。在 TMDL 报告中"实施方案"部分可提出和推荐 BMPs,以消除水体污染。由于 BMPs 的实施需要一定的成本,故其实用技术的优化选择与效果评价成为研究的热点(Munster et al.,2004;Aaronhipp,2006;Smith et al.,2007;Richards et al.,2008)。特定的 BMPs 往往仅适用于当地,缺乏移植性和可比性(Strecker et al.,2001),因此应该根据区域特征建立适合当地的 BMPs 数据库,以便于流域管理中选用最合理的 BMPs。美国阿拉巴马州拟建立基于 SWAT 的农业和林业的 BMPs 数据库,以期为环境管理人员提供详尽的农业和林业管理信息(Butler,Srivastava,2007)。

5. 美国以外的 TMDL 应用和研究

鉴于 TMDL 在美国水环境保护中起到的积极作用,很多国家引进了 TMDL 方法进行探讨。韩国学者以 Han River 流域为研究区,根据 TMDL 中基于质量负荷的做法进行管理,提出了适合当地的 BMPs 措施,以期在国内起到示范作用(Jung et al.,2008;Kim et al.,2008)。土耳其学者对 Tahtali 流域制定了 TMDL,以纠正由于错误的规划或无规划引起的水污染问题,旨在为决策者提供合理的依据(Boyacioglu,Alpaslan,2008)。巴西学者运用 TMDL 方法,分析了 Atibaia 河的水环境容量和污染状况(Silva,Jardim,2007)。我国学者对台湾急水溪流域和高屏溪流域(Chen et al.,2007)、广东佛山水道(周雯,2007)、湖北武汉东湖(王彩艳等,2009)、辽宁太子河(张楠,2009)和深圳湾(陶亚等,2013)等地也进行了 TMDL 方法的探索。

5.2　大宁河流域 TMDL 框架

5.2.1　TMDL 一般流程

TMDL 以流域整体为研究对象,将点源和非点源污染控制相结合,其任务是在满足水质标准的前提下,估算水体所能容纳某种污染物的总量,并将 TMDL 总量在各污染源之间分配,通过制定和实施相关措施促使污染水体达标或维护达标

水体的水环境状况(USEPA,1991)。它的表示方式为

$$TMDL = \sum WLA + \sum LA + MOS \qquad (5.1)$$

式中,TMDL 为受纳水域允许纳污总量;$\sum WLA$(waste load allocation)为点源污染负荷的总和;$\sum LA$(load allocation)为非点源污染负荷的总和;MOS(margin of safety)为安全余量,用于表征 TMDL 的不确定性,可表示为未予分配的污染物负荷量,也可通过在计算 TMDL 总量的过程中使用保守性的假设加以体现(USEPA,1991)。

　　TMDL 的基本内容包括水质问题的识别、确定优先等级和目标水体、制定 TMDL 计划、执行控制措施和评估水质控制措施这 5 项,如图 5.1 所示 (USEPA, 1991)。

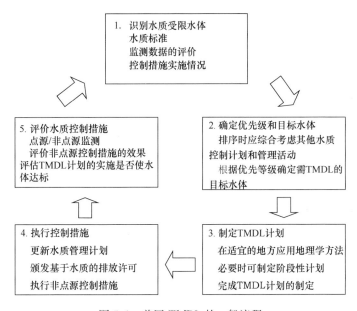

图 5.1　美国 TMDL 的一般流程

　　通过对三峡库区的考察和调研,可知研究区与美国以及国内其他区域有较大的差异,主要表现为工业等点污染源被严格控制,因此非点源污染对该区域的影响相对较大。构建大宁河流域(巫溪段)TMDL 框架时,需注意以下几个方面。

　　1) 水质标准和水质目标的选择

　　水质标准应根据《地表水环境质量标准(GB 3838－2002)》及地方的相关法律规定来确定,水质目标则应根据水环境功能区划以及特定流域(区域)的水污染防治规划来确定(国家环境保护总局,国家质量监督检验检疫总局,2002)。对于某些对生态环境和人类健康有较大影响的但没有相关标准的指标,如泥沙、NO_3-N 等,

可借鉴国外经验,由相关部门进一步制定标准,或者通过选取其他指标作为替代。

2) 关注的污染物

在我国实施 TMDL,对优先污染物的选取应体现阶段性的特点。由于我国目前正处于工业化阶段,现阶段水污染治理可着重强调 TP、TN、COD 和氨氮等污染物。鉴于发达国家当前的环境状况,应充分预见我国在实现工业化之后水污染治理重点的可能转变,如病菌、持续性有机污染物和各种重金属等。与 TMDL 配套的法规、方法等也应体现阶段性。但是,不能排除现阶段发生不可预见的水污染事故的可能性,构建 TMDL 框架时需对此加以考虑,以进行应急处理。

3) 地方差异

中国和美国的管理体制有所差异,当前美国的 TMDL 大多在各州内部实施,较少制定跨州界的 TMDL;而我国在相关政策的指导下,可以以流域为单位,跨行政区进行水环境管理,这使得我国可以在流域整体水平上制定 TMDL,实现更为有效的流域管理。构建 TMDL 框架时,应当充分考虑跨行政区的水环境管理中存在的问题及可能的解决方案。

4) 分配策略

我国现阶段的水污染特征为点源污染的比重仍然较大。美国能够顺利实施 TMDL 的重要保障在于其国家污染物排放削减体系,该体系对各点污染源进行审核,并在国家范围内统一编码,每一污染源都有严格而合理的排放限制,这使得 TMDL 中对于点源负荷的分配较为明确,非点源污染负荷量的分配亦相应简化。我国虽有关于点污染源的排污许可证制度、排污申报登记制和排污收费等制度,但其对于污染物的总量控制作用不明显,因此应合理地确定点源和非点源污染负荷的分配比例。

5) 模型的选择

TMDL 的众多环节需要模型支持,特别是非点源污染模拟方面。由于我国在此方面缺少自主研制的模型,因此可能需要利用国际上较为成熟的模型,如 SWAT、HSPF、WEPP(water erosion prediction project)、BASINs、WARMF 等,但这些模型复杂程度不同,特别是有的模型的数据输入格式和重要参数都是基于国外特点,而且对模型使用者的能力要求较高,这势必造成模型的精度与实用性之间的矛盾。

6) MOS 的计算方法

我国的流域水污染物总量控制实践较少,非点源污染治理的经验极为有限,故无法效仿美国利用经验系数进行不确定性项 MOS 的估算,而应进行深入的不确定性分析,在此基础上计算 MOS。

7）最佳管理措施

TMDL 中可提出较为可行的点源和非点源污染治理措施。在非点源污染治理方面，美国有清洁水法 319 专款（Fakhraei et al.，2014），并进行了大量的 BMPs 实践，可以建立 BMPs 数据库以供选择（Wright-Water-Engineers-Inc.，GeoSyntec-Consultants，2007）。虽然我国在长江流域水土保持方面进行了大量的示范工程，但涉及污染物的研究和实践较少，范围和数量亦不足以为三峡库区提供技术支持。如何选取合理的 BMPs，仍需进行大量的方法和试验研究。

5.2.2　大宁河 TMDL 框架

根据三峡库区的特征，总结美国各州 TMDL 实践的经验教训，针对大宁河流域提出下述 TMDL 框架。

1）确定待治理河段

提供水体的背景情况，描述该河段受关注之处，说明编制 TMDL 报告的原因。结合与研究区 TMDL 相关的法律法规，明确该水体的水环境功能以及应满足的水质标准。按照该标准评价水体水质，给出编制 TMDL 的时间安排。

2）污染源分析和评价

列出对水体污染有贡献的所有点源和非点源等污染源，分析每个污染源的特点及其与受纳水体水质的输入-响应关系。该项工作通常需要模型辅助完成。模型的选择应根据流域水环境问题的复杂程度、监测数据的可得性、时间限制和管理目标等因素来确定。

在我国，基础数据不足是影响污染源评价的重要因素。点源污染负荷数据通常以调研的方式获取，虽然我国实施了排污许可证制度、排污申报登记制度和排污收费制度，但点源污染数据依然很难获得，这极大影响了点源污染的评价工作。非点源污染负荷通常根据模型计算获取，所需的数据量较大，包括气象、水文、泥沙、水质等，数据的可得性对非点源污染负荷的计算精确度的影响较大。

3）总量的确定

总量有两种涵义：一种是各污染源排放污染物的总和；另一种是水环境容量，可以通过相关模型计算获得。这二者存在输入-响应的关系，当该关系确定后，在编制 TMDL 时可不必计算水环境容量，而只需要各污染源的排污信息。

4）污染负荷分配

根据上述输入-响应关系，可将 TMDL 总负荷分配到各个污染源。这一过程通常需要模型辅助，选用不同的情景，均衡各利益群体的利益。分配过程中应注意公平性和技术可行性，并考虑社会经济等方面的约束，以保障相应的治理措施能成功实施。由于我国之前没有相关的经验，因此 TMDL 中的不确定性项 MOS 只能在不确定性分析的基础上给出，而不应简单地采用随意的安全系数法。

5）提出治理措施

根据需削减的污染物负荷提出治理措施。当基础数据较为充足时，可进行成本效益分析；同时应积极争取公众的支持，以使 TMDL 更为高效。

根据上述框架，给出单个水体的 TMDL 流程，见图 5.2。

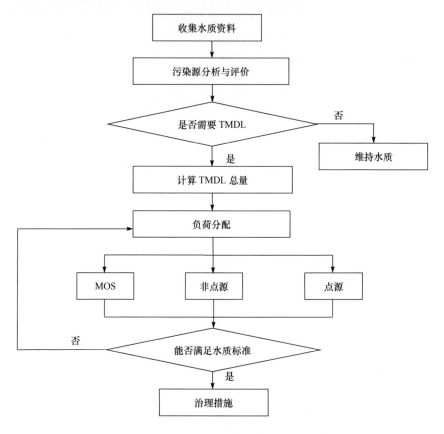

图 5.2　单个水体的 TMDL 流程

5.2.3　水质问题描述

根据重庆市环境保护局《重庆市地面水域适用功能类别划分规定》（重庆市环境保护局，1999），对大宁河（巫溪段）干支流水环境功能划分情况进行统计，见表 5.1。相应的 I 类、II 类水质标准见表 5.2（国家环境保护总局，国家质量监督检验检疫总局，2002）。

由表 1.1～表 1.3 可知大宁河下游巫山段的水质常为 IV 类，超出水环境功能区划的 III 类水要求。该河段处于三峡水库的回水区，其水质受三峡水库上游和大宁河（巫溪段）二者的共同影响。根据 2004～2008 年的枯、平、丰水期（2 月、5 月、8

月)的常规监测报告,可知大宁河巫溪水文站、大宁河与柏杨河交汇处的 TP 均为
Ⅱ类。虽然常规监测中大宁河(巫溪段)的水质较好,但经查阅气象资料,可知监测
当日或前期大多没有较强降雨,因此常规监测的数据无法代表大宁河的真实水质
状况,特别是暴雨冲刷下非点源污染对河流水质的影响不能得以体现。针对上述
不足,在研究中首先运用模型模拟来反映大宁河的水质状况,以此作为水质评价的
依据。

表 5.1　大宁河流域(巫溪段)水环境功能类别划分

河段	功能类别	适用功能类别	备注
大宁河干流	饮用水源保护区	Ⅱ类	
东溪河	源头水	Ⅱ类	
西溪河	源头水	Ⅱ类	
后溪河	自然保护区、饮用水源保护区	Ⅰ类	宁厂古镇(历史文化名镇)
柏杨河	源头水	Ⅱ类	

表 5.2　大宁河流域(巫溪段)的水质标准

水质指标	TP	
	Ⅰ类	Ⅱ类
水质标准上限/(mg/L)	0.02	0.1

相关研究表明,磷是三峡库区部分支流富营养化的限制因子(郭蔚华等,2006;
张晟等,2008;李哲等,2009;张晟等,2009)。磷是水体生态系统中一种重要的生源
要素,是浮游植物和沉水植物生长所必须吸收的营养元素(Chen et al.,2012)。但
如果自然或施肥过程的磷过剩,则可能导致部分磷素通过地表径流等方式由陆地
生态系统向水体生态系统迁移,从而引起水体富营养化等一系列的生态环境问题。
因此,为保障大宁河流域(巫溪段)及三峡水库的水质,本章将结合大宁河的水质模
拟结果,针对非点源污染 TP 编制 TMDL 报告。

5.2.4　流域分区

大宁河流域(巫溪段)总面积为 2422km²,根据研究区干支流特征可以划分为
22 个子流域(图 5.3)和 6 个分区(图 5.4)。以此得到相应的 6 个分区控制断面,
各分区的面积统计情况见表 5.3。以分区的出口断面达标为依据计算 TMDL 总
量并进行负荷分配,污染负荷现状值由 SWAT 模拟获得。

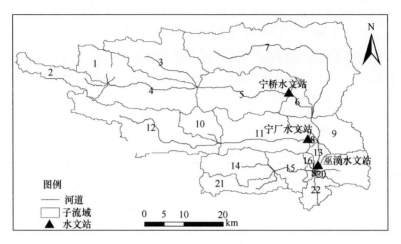

图 5.3　研究区子流域划分

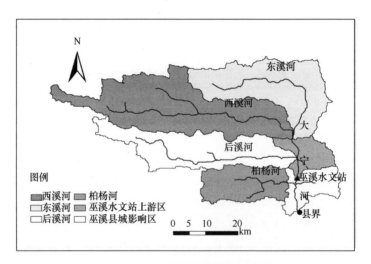

图 5.4　大宁河流域（巫溪段）分区图

表 5.3　研究区分区面积统计表

编号	分区范围	面积/km²	分区出口断面代号
1	西溪河	824.7	西溪河
2	东溪河	550.3	东溪河
3	后溪河	508.3	后溪河
4	巫溪水文站上游区	127.6	巫溪水文站
5	柏杨河	260.1	柏杨河
6	巫溪县城影响区	150.9	县界

5.2.5 流域水沙和总磷模拟

在研究中,选用 SWAT 模型对大宁河流域(巫溪段)进行流量、泥沙和 TP 负荷的模拟。在前期率定和验证基础上(详见第 3 章内容),模拟结果如表 5.4 和表 5.5 所示。

表 5.4 各分区产生的 TP 负荷 （单位:t）

时间/年	西溪河	东溪河	后溪河	巫溪水文站上游区	柏杨河	巫溪县城影响区
2000	115.8	24.0	81.8	17.5	94.7	30.0
2001	51.2	10.5	27.7	5.6	27.0	21.7
2002	82.9	67.1	38.1	9.4	47.2	23.5
2003	192.3	138.2	127.8	21.1	51.3	29.3
2004	74.2	26.4	38.7	10.2	26.1	15.0
2005	35.4	54.9	18.7	2.6	6.4	16.6
2006	43.1	51.8	29.8	11.9	18.7	13.3
2007	58.3	69.3	27.8	6.2	10.8	19.1
平均	81.7	55.3	48.8	10.6	35.3	21.1

表 5.5 各分区产生的 TP 负荷强度 （单位:t/km^2）

时间/年	西溪河	东溪河	后溪河	巫溪水文站上游区	柏杨河	巫溪县城影响区
2000	0.14	0.04	0.16	0.14	0.36	0.23
2001	0.06	0.02	0.05	0.04	0.10	0.16
2002	0.10	0.12	0.08	0.07	0.18	0.19
2003	0.23	0.25	0.25	0.17	0.20	0.23
2004	0.09	0.05	0.08	0.08	0.10	0.11
2005	0.04	0.10	0.04	0.02	0.02	0.11
2006	0.05	0.10	0.06	0.07	0.07	0.08
2007	0.07	0.13	0.05	0.05	0.04	0.13
平均	0.10	0.10	0.10	0.08	0.14	0.16

水土流失是造成非点源污染的一个重要途径,土壤中养分的流失在很大程度上取决于径流和土壤侵蚀量。以下将根据 SWAT 模拟结果探讨 TP 负荷与径流、

泥沙之间的关系,以期为提出 TP 负荷削减措施提供依据。

　　各子流域 TP 负荷强度与径流的相关系数统计见表 5.6,可见对于第 1~5 分区的大多数子流域而言,二者的相关性较好。巫溪县城影响区的第 19、20 和 22 子流域的相关性较差,原因是这三个子流域受县城下垫面及点源污染的影响。

表 5.6　TP 负荷强度与径流的相关系数统计

子流域	1	2	3	4	5	6	7	8	9	10	11
相关系数	0.95	0.98	0.75	0.90	0.69	0.70	0.73	0.67	0.95	0.84	0.65
子流域	12	13	14	15	16	17	18	19	20	21	22
相关系数	0.94	0.85	0.78	0.67	0.76	0.62	0.53	0.07	0.07	0.87	0.28

　　各子流域 TP 负荷强度与侵蚀模数的相关系数统计见表 5.7,可见对于第 1~5 分区大多数子流域而言,二者的相关性较好。巫溪县城影响区的第 19 和 20 子流域的相关性较差,原因在于这两个子流域受县城下垫面及点源污染的影响。总体而言,TP 负荷与侵蚀模数的相关性高于与径流的相关性。

表 5.7　TP 负荷强度与侵蚀模数的相关系数统计

子流域	1	2	3	4	5	6	7	8	9	10	11
相关系数	0.98	0.98	0.94	0.97	0.92	0.91	0.87	0.87	0.95	0.89	0.91
子流域	12	13	14	15	16	17	18	19	20	21	22
相关系数	0.97	0.84	0.85	0.75	0.83	0.73	0.75	0.05	0.43	0.93	0.53

　　通过上述分析可知,大宁河流域(巫溪段)在 2003 年产生的 TP 负荷最高,图 5.5~图 5.7 形象地展现了 2003 年各子流域产生的 TP 负荷强度与径流和侵蚀模数关系。可见西溪河分区的第 1、4 和 6 子流域单位面积上产生的 TP 负荷最高,后溪河分区上游的第 12 子流域单位面积上产生的 TP 负荷也较高。

5.2.6　污染源评价

1. 点污染源

　　研究区排放磷的点污染源主要有两个,即巫溪县污水处理厂和宏达化工厂,基本情况见表 5.8。

　　巫溪县污水处理厂建设规模 1 万 m^3/d,厂址位于大宁河与柏杨河的交汇处河岸上,设计标准为《城镇污水处理厂污染物排放标准(18918—1996)》一级 B 标准。其处理污水情况见表 5.9。

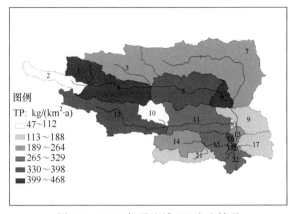

图 5.5 2003 年子流域 TP 产生情况

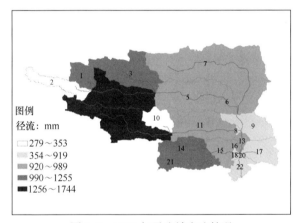

图 5.6 2003 年子流域产流情况

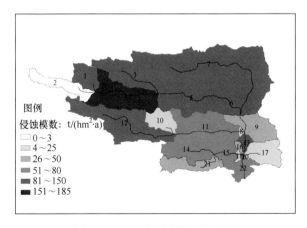

图 5.7 2003 年子流域侵蚀情况

表 5.8　研究区点源列表

点源	排污口位置	说明
巫溪县污水处理厂	N:31°23′18.2″,E:109°37′42.1″	
宏达化工厂	N:31°23′29.5″,E:109°38′14.8″	每年 1~5 月、9~12 月份生产磷肥

表 5.9　巫溪县污水处理厂 TP 排放统计表

年份	2004	2005	2006	2007	2008
处理污水量/万 t	180	190	180	290	300
出水 TP 负荷/t	1.2*	1.3*	1.2	1.8	1.8

＊根据 2006 年平均浓度推算。

　　宏达化工厂以生产磷肥为主,产量较小,并从 2000 年后开始减产。根据《磷肥工业水污染物排放标准》(GB 15580—2011)(环境保护部,国家质量监督检验检疫总局,2011),该厂执行小型三级标准,PO_4^{3-} 的排放上限为 50mg/L。由于未获取该厂详细的排污数据,本节按照其在 2006 年的工业废水排放量,根据其上限排放浓度计算其 TP 排放量,并假设各年的排放量相同。经计算,该厂每年出水中 TP 为 0.15t。

　　2. 非点源污染源

　　大宁河流域(巫溪段)的非点污染源负荷计算结果见 5.2.4 节。通过点源和非点源污染物排放量的对比,可知大宁河流域(巫溪段)的污染物以非点源形式为主,点源占流域污染物总负荷的比重较小。

5.2.7　负荷计算和分配方法

　　1. TMDL 的时间步长

　　TMDL 的概念中强调了时间步长为日,但以往的 TMDL 步长却多为年、季节或月。在 2006 年,"地球之友"组织针对此问题对 USEPA 提起诉讼并获胜,美国法院督促 USEPA 采用日步长(宫永伟,2010)。USEPA 于 2007 年提供了将非日步长的 TMDL 转换为日步长的方法。事实上,营养物、泥沙等污染物对水质的威胁主要体现在累积负荷方面,而且对这些污染物估算的精度会随着时间步长的增加而不断提高,鉴于此,对此类污染物进行长时间步长的负荷分配更为合理(USE-PA,2007),因此,本节仍然选用年步长进行 TMDL 的研究。

　　根据枯、平、丰水年的现状污染负荷,以年为尺度编制 TMDL 报告。该方法以年为单位对流域内的水环境和社会经济活动进行管理,有较强的可操作性。

图 5.8是对 1958~2007 年巫溪气象站的降雨量统计,由图可知,2001~2003 年在近年中有一定的代表性,故本节选取 2001 年、2002 年、2003 年作为枯、平、丰水年的代表年。

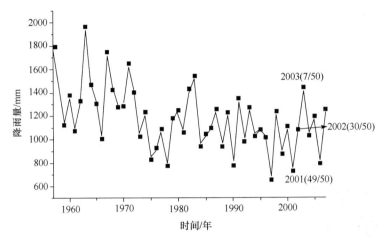

图 5.8　巫溪气象站年降雨量统计图

2. 总负荷计算和分配方法

首先根据所选的代表年份,对枯、平、丰水年的 TMDL 总量进行计算。对西溪河、东溪河、后溪河和柏杨河这四个分区,以其"出口断面的流量×许可浓度标准×转换系数"作为 TMDL 总量,代表整个分区产生的污染物量输移至该断面时的总量。对于巫溪水文站上游区和巫溪县城影响区,以其"出口断面的流量×许可浓度标准×转换系数−上游来水的许可负荷"作为 TMDL 总量,代表整个分区产生的污染物量输移至该断面时的总量。

TMDL 负荷分配的表示方式见式(5.1)。安全余量 MOS 的计算根据不确定性分析结果确定。对于点源污染负荷 WLA 的计算,由于研究区排放磷的点污染源较少,并且点源相对非点源污染负荷较小,故在研究中按照许可排放浓度分配其负荷。非点源污染负荷 LA 则表示为总量与 WLA、MOS 的差值。

5.3　污染模拟不确定性分析

在 SWAT 模拟的过程中,不可避免地存在着模型参数、输入数据和模型结构这三方面的误差。由于这些误差的存在,模型计算的结果直接用于 TMDL 时会有一定的风险。因此需对模拟过程中的误差进行分析,量化模拟不确定性的程度,从而更有效地指导 TMDL 的编制。在不确定性分析中,采用 GLUE 分析方法。

5.3.1　模型参数的不确定性分析

1. 参数范围的影响

参数取值范围的变化会影响分析结果:较小的参数范围能获取较窄的不确定性区间,从而提高模拟的置信水平,但却会降低参数变异的敏感性,并导致大部分观测数据落在不确定性区间之外;相反,较大的参数范围能够反映出参数对模拟结果的影响,但由此产生较宽的不确定性区间,降低模拟的置信水平,较大的参数范围会产生大量的似然值为负的模拟,从而降低了 GLUE 分析的效率。

在研究中,分析了参数范围调整对 GLUE 分析结果的影响。通过对相关的研究成果加以改进,得到减小参数范围的方法如下:

(1) 通过参数率定获得一套基准参数,这里采用第 3 章参数率定的结果。

(2) 将每个参数的范围分为 100 等份,每次在每个区间范围内随机抽取一个数值,固定其他参数,进行 100 次模拟(月尺度)并计算 E_{NS}。

(3) 舍弃 E_{NS} 为负的参数范围,将 E_{NS} 为正的范围作为调整后的取值范围。

2. 参数范围调整结果

根据前面介绍的方法进行参数范围调整的结果见表 5.10,可见大部分参数的范围无需调整,仅有 Sol_Orgp. chm、Sol_Solp. chm、Erorgp. hru 和 Psp. bsn 的范围需调整。

表 5.10　参数范围调整结果

参数	原始下限	原始上限	E_{NS}(TP)	调整后下限	调整后上限
Sol_Orgp. chm	0	400	246 以下为正,250 以上为负	0	248
Sol_Solp. chm	0	100	16.5 以下为正,17.5 以上为负	0	17
Erorgp. hru	0	5	0.125 以下为正,0.175 以上为负	0	0.150
Rsdco. bsn	0.02	0.10	均大于 0	0.02	0.10
Phoskd. bsn	100	200	均大于 0	100	200
Pperco. bsn	10	17.5	均大于 0	10	17.5
Psp. bsn	0.01	0.70	0.289 以下为负,0.296 以上为正	0.29	0.70
K_P. wwq	0.001	0.05	均大于 0	0.001	0.050
Ai2. wwq	0.01	0.02	均大于 0	0.01	0.02
Rs2. swq	0.001	0.100	均大于 0	0.001	0.100
Rs5. swq	0.001	0.100	均大于 0	0.001	0.100

本小节研究中采用 0 作为似然函数的阈值,调整参数范围前后的有效模拟次

数统计见表 5.11。采用参数原始范围时的有效模拟次数占总模拟次数的 2.5%～6.6%,参数范围调整后的有效模拟次数占总模拟次数的 11.1%～43.5%,可见调整后有效次数大幅增加。

表 5.11　参数范围调整前后的有效模拟次数

分区	调整前	调整后
西溪河	332	3574
东溪河	251	4353
后溪河	384	4207
柏杨河	660	1107
巫溪水文站	301	3544
县界	342	2418

3. 参数敏感性分析结果

根据参数范围调整前后各 10000 次模拟得到的参数相对敏感性排序见表 5.12 和表 5.13。参数范围调整后,大部分参数的相对敏感性顺序都发生了较大变化,可见通过该方法获取的参数敏感性会因随机采样值不同而变化,且相对敏感性的排序也与绝对敏感性排序差异较大,因此不宜作为不确定性分析的依据。由于本节内容旨在分析参数组合引起的模拟不确定性,故不讨论单个参数变化对不确定性分析结果的影响。

表 5.12　基于原始取值范围的参数相对敏感性排序

相对敏感性排序	参数	t 检验值
1	Psp. bsn	23.79
2	Sol_Solp. chm	−12.56
3	Erorgp. hru	−4.92
4	Rs5. swq	2.18
5	Pperco. bsn	1.10
6	Phoskd. bsn	−0.97
7	Ai2. wwq	0.61
8	Rs2. swq	0.53
9	Rsdco. bsn	0.21
10	K_P. wwq	−0.18
11	Sol_Orgp. chm	−0.17

表 5.13　基于调整的取值范围的参数相对敏感性排序

相对敏感性排序	参数	t 检验值
1	Sol_Orgp. chm	−12.82
2	Sol_Solp. chm	−8.25
3	Phoskd. bsn	3.16
4	Rs5. swq	2.71
5	K_P. wwq	−2.64
6	Psp. bsn	2.45
7	Rs2. swq	−1.16
8	Erorgp. hru	1.05
9	Rsdco. bsn	−0.84
10	Ai2. wwq	−0.57
11	Pperco. bsn	−0.14

4. GLUE 结果分析

1）参数范围和置信限的综合影响

以往的 GLUE 研究中常采用模拟结果的 5%～95% 作为不确定性区间。本节对于调整参数取值范围后的模拟,当采用该区间时有过多的"最佳模拟值"落在区间之外且大多高于置信上限。鉴于此,本节引入上、下限值较高的置信区间(9%～99%),以检验其是否能将更多的"最佳模拟值"纳入不确定性区间内。综合考虑两种参数取值范围和两种置信限可以得到四种组合,本节将从中选取最适合的组合来反映 GLUE 分析的结果。GLUE 分析结果的统计见图 5.9 和图 5.10。参数不确定性分析的统计情况见表 5.14。

采用参数原始范围时,大多数"最佳模拟值"落在不确定性区间内。在对各分区出口断面 TP 年负荷的 8 次模拟中,柏杨河的"最佳模拟值"有 4 次落在 5%～95% 区间内,其余断面则均超过 6 次;对于 9%～99% 区间,东溪河的"最佳模拟值"仅有 5 次落在不确定性区间内,其余断面的情况则与 5%～95% 区间相同。两种不同上、下限值之间的区别较小,二者的平均变化分别为 7.6% 和 7.2%,9%～99% 区间的宽度仅仅比 5%～95% 区间平均增多 7.0%(表 5.15)。

采用调整后的参数范围时,落在不确定性区间内的"最佳模拟值"总体上有所减少。在对各分区出口断面 TP 年负荷的 8 次模拟中,各断面的"最佳模拟值"仅有 2~4 次落在 5%~95% 内；使用 9%~99% 区间时，有 5 个断面的"最佳模拟值"落在区间内的次数分别比 5%~95% 区间增多 1 次，可见采用较高的置信上限值并未改善"最佳模拟值"落在不确定性区间外的情况。两种不同置信下限值之间的区别较小，但上限差别较大，平均变化达到 20.9%。由此导致区间宽度变异较大，平均变异为 46.6%（表 5.15）。另外，采用调整后的参数范围时的变异系数（CV）较原始的参数范围较小，这表示前者导致的变异较小。

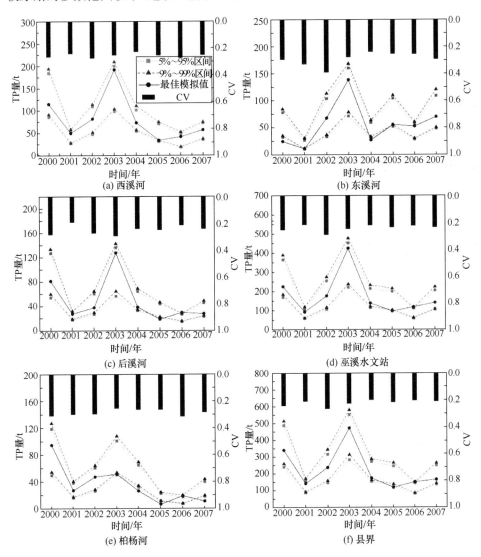

图 5.9　基于原始参数范围的 GLUE 分析结果

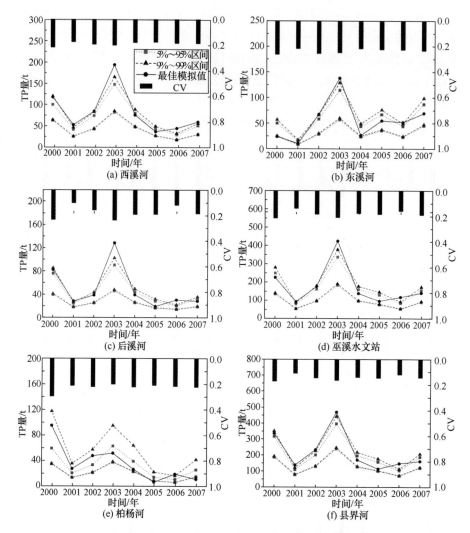

图 5.10　基于调整后参数范围的 GLUE 分析结果

表 5.14　基于 GLUE 的各分区出口 TP 量模拟结果统计

分区出口	统计变量	2000 年	2001 年	2002 年	2003 年	2004 年	2005 年	2006 年	2007 年
西溪河	标准差/t	37.8	10.5	22.5	39.2	18.5	13.3	10.8	14.3
	平均值/t	143.4	43.9	82.3	155.7	81.6	52.7	34.5	57.1
	CV	0.264	0.240	0.274	0.252	0.227	0.253	0.313	0.250
东溪河	标准差/t	17.1	6.1	26.3	33.3	10.8	21	11	22.8
	平均值/t	57.5	18.3	67.2	119.5	44.9	82	42.4	77.3
	CV	0.297	0.331	0.392	0.279	0.241	0.256	0.258	0.295

续表

分区出口	统计变量	2000 年	2001 年	2002 年	2003 年	2004 年	2005 年	2006 年	2007 年
后溪河	标准差/t	27.3	4.8	12.3	29.6	12.1	8.4	4.5	8.7
	平均值/t	96.9	25.3	45.2	101.1	50.4	33.9	21.2	36.1
	CV	0.282	0.191	0.272	0.293	0.240	0.248	0.214	0.242
水文站	标准差/t	73.9	18.7	54.1	88.6	37.5	36.6	19.7	37.3
	平均值/t	287.6	85.5	185.1	355.8	167.7	153.8	87.3	156.5
	CV	0.257	0.219	0.292	0.249	0.223	0.238	0.226	0.239
柏杨河	标准差/t	26.9	8.4	13.4	20	13.2	4.5	3.7	8.4
	平均值/t	87.4	28.1	45.3	78.8	50.2	17	11.9	29.8
	CV	0.308	0.299	0.296	0.254	0.263	0.263	0.315	0.283
县界	标准差/t	93.8	26	63.5	100.6	44.7	42.1	23.4	42.2
	平均值/t	379.2	120.5	235.5	435.7	217.5	189	112	194.8
	CV	0.247	0.216	0.270	0.231	0.205	0.223	0.209	0.217

表 5.15　基于不同置信上下限模拟的差异

	比较对象	西溪河	东溪河	后溪河	巫溪水文站	柏杨河	县界	平均
参数原始范围	(L9−L5)/L5	6.9%	7.9%	8.5%	6.6%	8.0%	7.8%	7.6%
	(L99−L95)/L95	6.2%	8.4%	5.8%	7.5%	8.7%	6.7%	7.2%
	区间宽度的相对变化	5.7%	8.6%	4.0%	8.6%	9.3%	5.8%	7.0%
调整后范围	(L9−L5)/L5	3.4%	4.8%	3.5%	3.6%	1.9%	2.7%	3.3%
	(L99−L95)/L95	12.8%	12.4%	11.0%	11.0%	67.1%	11.1%	20.9%
	区间宽度的相对变化	26.3%	18.9%	22.3%	21.7%	163.9%	26.5%	46.6%

注：L5、L9、L95 和 L99 分别代表 GLUE 模拟结果中 5%、9%、95% 和 99% 分位数对应的 TP 负荷。

综上可以得到两种较好的组合来反映 GLUE 分析的结果："原始参数范围＋(5%～95%区间)"和"调整后的参数范围＋(9%～99%区间)"。尽管后者的区间宽度和 CV 均较小，但该组合有过多的"最佳模拟值"落在不确定性区间外。而且对于该组合，除柏杨河外，2003 年的"最佳模拟值"总高于 99% 上限，这说明 SWAT 模型对在这种情况下很难准确地模拟峰值。因此，根据研究结果可以认为"原始参数范围＋(5%～95%区间)"的组合更适合反映 GLUE 分析的结果。

2) 似然函数阈值的影响

除上述两项影响不确定性分析结果的因素外，似然函数阈值的选取也至关重要，本节将探讨其对不确定性分析结果的影响。不同阈值对应的各分区出口断面 TP 模拟的有效次见图 5.11，可见随着阈值增加，有效次数迅速减少。当选用 $E_{NS} \geqslant 0.7$ 的阈值时，东溪河的有效模拟次数过少(≤40)，据其进行不确定性分析的结果将缺乏代表性。因此,本小节研究中选用 $E_{NS}=0.6$ 作为阈值的上限。

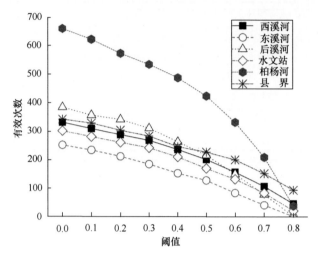

图 5.11　不同阈值对应的有效模拟次数

以 $E_{NS}=0.6$ 为阈值,将 E_{NS} 低于该值的模拟结果舍弃,对保留模拟结果的 CV 进行统计,如表 5.16 所示。可见各年份的 CV 平均值介于 0.141 和 0.177 之间,与表 5.14 相比,所有的 CV 值均有一定程度的降低。

表 5.16　参数不确定性分析的 CV 统计

时间/年	西溪河	东溪河	后溪河	水文站	柏杨河	县界	平均值
2000	0.179	0.186	0.136	0.160	0.173	0.170	0.167
2001	0.154	0.174	0.087	0.131	0.176	0.150	0.145
2002	0.165	0.228	0.124	0.180	0.170	0.197	0.177
2003	0.149	0.145	0.125	0.138	0.140	0.153	0.141
2004	0.153	0.157	0.130	0.150	0.147	0.143	0.147
2005	0.183	0.136	0.128	0.153	0.151	0.156	0.151
2006	0.202	0.139	0.093	0.128	0.221	0.143	0.154
2007	0.157	0.202	0.129	0.168	0.169	0.159	0.164

阈值的选取应基于可承受的模拟耗时、数据可得性和研究目的。选用较高的阈值会耗费较多的模拟时间,将研究目的分为筛选分析和深入研究,其中前者允许较大的不确定性,因此可采用较低的阈值,而后者则需采用较高的阈值以减小不确定性。当数据量较少且可承受的耗时较多时,也推荐采用高的阈值。由于可用的监测数据较少,而不确定性分析的结论将作为 TMDL 分配的依据,因此选用高的

阈值($E_{NS}=0.6$)进行分析。以 $E_{NS}=0.6$ 为阈值，将 E_{NS} 低于该值的模拟结果舍弃，对保留的模拟结果的标准差进行统计的结果见表 5.17，可见大部分模拟的标准差仍然相对较大。

表 5.17　参数不确定性分析的标准差统计　　　　　（单位：t）

时间/年	西溪河	东溪河	后溪河	水文站	柏杨河	县界
2000	23.3	9.5	12.1	41.8	14.0	61.3
2001	6.3	2.8	2.1	10.5	4.6	17.5
2002	13.1	13.8	5.5	32.0	7.2	44.8
2003	21.9	16.3	12.1	46.6	10.5	64.6
2004	11.6	6.5	6.1	23.3	7.0	30.1
2005	9.3	10.2	4.2	22.5	2.4	28.7
2006	6.7	5.6	1.9	10.6	2.5	15.5
2007	8.3	14.8	4.4	24.4	4.7	29.8

5.3.2　模型输入的不确定性分析

SWAT 的输入数据主要包括空间数据（如 DEM、土地利用图、土壤类型图等）和属性数据（如气象数据、土壤理化属性、作物管理信息等），在众多的输入数据中，发现降雨数据、DEM、土地利用图和作物管理措施等的误差是模拟不确定性的重要来源。因此将针对这四类输入数据的不确定性分别进行研究。

1. 数据情况

1）降雨数据

保持 SWAT 模型的其他输入数据不变，仅改变降雨数据的输入，分别使用单个雨量站的数据和多个雨量站的数据进行 TP 负荷的模拟，以分析降雨空间分布不均匀性对模拟结果的影响。在单雨量站模拟中，分别使用不同雨量站的数据作为 SWAT 输入，研究雨量站分布变化对模拟结果的影响。选取流域边界 10km 范围内的所有站点，作为备选站点，共计 12 个。在多雨量站模拟中，分别选取 2～12 个雨量站的数据作为 SWAT 输入，研究其对 TP 模拟结果的影响。站点的选择方法为：根据单雨量站模拟的结果，计算流域内各分区出口断面的 E_{NS}；将各分区出口的控制面积进行标准化，以其作为权重；将各出口断面的 E_{NS} 与对应的权重相乘，得到各雨量站的加权 E_{NS}。将各站的加权 E_{NS} 大小排序，按其大小选取雨量站点。

2）DEM

在研究中,选用两种不同来源的 DEM,一是国家基础地理信息中心提供的 1 : 25万 DEM(NFGIS DEM),分辨率为 86m;二是日本经济产业省和美国国家航空航天局合作提供的 ASTER GDEM(advanced spaceborne thermal emission and reflection radiometer global DEM),分辨率为 30m。为研究 DEM 分辨率对模拟结果的影响,本节利用 ArcMap 的 ArcToolbox 中重采样工具(resample)将上述两种不同来源的 DEM 分别重采样生成不同分辨率的新 DEM,并分别利用其进行 SWAT 模拟。

3）土地利用

本节选用 4 种不同时期的土地利用图数据(20 世纪 80 年代、1995 年、2000 年和 2007 年),分别进行 TP 负荷的模拟,利用其之间的差异分析由土地利用数据引起的不确定性。不同年份的土地利用图统计情况见表 5.18。

表 5.18　不同年份的土地利用类型统计　　　　　　（单位:km²）

时间 类型	20 世纪 80 年代	1995 年	2000 年	2007 年
农田	622.5	588.3	613.3	811.1
林地	1496.8	1564.8	1498.1	1327.1
草地	294.5	261.5	302.0	267.2
水域	8.9	8.7	8.9	11.9
居住地	1.1	0.6	1.7	6.3

4）作物管理措施

本节所采用的作物管理措施是通过对巫溪县农业局和部分农户的入户调查获取,该信息有较好的代表性。但由于不同农户在具体的作物管理中存在差异,故用唯一的作物管理措施代表整个流域的情况可能会有一定的误差。一般认为施肥量对营养物模拟结果的影响较大,因此,本节选取不同的施肥情景作为代表,来分析由作物管理措施带来的不确定性。在现有施肥量基础上,对施肥量分别进行下述调整:±5％,±10％,±15％,分别利用其进行 SWAT 模拟。

2. 输入不确定性的综合分析

对上述各类输入信息模拟结果的 CV 平均值进行统计,结果见表 5.19。可见由降雨数据导致的不确定性最大,这与以往研究的结论较为一致;其次是 DEM;土地利用图和作物管理措施导致的不确定性则较小。其中,对于降雨数据的模拟不确定性而言,单站模拟的不确定性大于多站模拟;对于 DEM 的模拟不确定性而言,ASTER GDEM 模拟的不确定性大于 NFGIS DEM。

表 5.19　基于不同类型输入模拟的 CV 统计

输入数据	2000 年	2001 年	2002 年	2003 年	2004 年	2005 年	2006 年	2007 年	平均
单雨量站	0.418	0.407	0.306	0.532	0.309	0.420	0.312	0.417	0.390
多雨量站	0.369	0.360	0.297	0.301	0.156	0.272	0.172	0.263	0.274
NFGIS DEM	0.029	0.120	0.080	0.037	0.038	0.094	0.120	0.069	0.073
ASTER GDEM	0.125	0.182	0.237	0.082	0.137	0.188	0.279	0.255	0.186
土地利用图	0.044	0.052	0.038	0.021	0.031	0.037	0.020	0.024	0.033
作物管理措施	0.005	0.004	0.003	0.004	0.008	0.007	0.004	0.006	0.005

以 $E_{NS}=0.6$ 为阈值,将 E_{NS} 低于该值的模拟结果舍弃,对保留模拟结果的 CV 值和标准差进行统计,如表 5.20 和表 5.21 所示,可见各年份的 CV 均值介于 0.105 和 0.249 之间。除东溪河外,各断面 TP 负荷模拟的 CV 仍然较高。

表 5.20　输入不确定性分析的 CV 统计

时间/年	西溪河	东溪河	后溪河	水文站	柏杨河	县界	平均值
2000	0.127	0.053	0.172	0.151	0.103	0.115	0.120
2001	0.245	0.052	0.275	0.208	0.179	0.104	0.177
2002	0.174	0.059	0.171	0.116	0.106	0.082	0.118
2003	0.174	0.052	0.181	0.101	0.109	0.148	0.128
2004	0.142	0.076	0.109	0.112	0.127	0.066	0.105
2005	0.139	0.070	0.170	0.271	0.709	0.135	0.249
2006	0.134	0.096	0.295	0.141	0.192	0.117	0.163
2007	0.151	0.086	0.221	0.246	0.539	0.146	0.232

表 5.21　输入不确定性分析的标准差统计　　　　　（单位:t）

时间/年	西溪河	东溪河	后溪河	水文站	柏杨河	县界
2000	13.0	1.2	13.5	32.6	9.8	37.0
2001	12.5	0.6	8.5	19.4	5.5	14.5
2002	14.4	4.0	7.0	20.9	5.0	19.1
2003	29.1	6.9	21.2	40.8	5.5	65.6
2004	9.3	1.9	4.1	15.2	3.4	11.3
2005	4.5	3.7	3.6	29.3	7.4	16.5
2006	5.6	4.7	11.4	18.6	3.7	19.0
2007	8.0	5.7	6.9	38.5	7.9	25.0

以 $E_{NS}=0.6$ 为阈值对模拟结果进行筛选,所得输入不确定性综合分析的结果见图 5.12,图中的实线代表 TP 年负荷模拟的平均值,误差线代表模拟结果的标准

差,虚线为根据调参结果模拟所得的"最佳模拟值",柱状图代表模拟结果的变异系数CV。经过阈值的筛选,大部分模拟效果较差的模型输入被舍弃,但西溪河、巫溪水文站和柏杨河模拟的CV仍然较高,因此由模型输入引起的不确定性不可忽略。

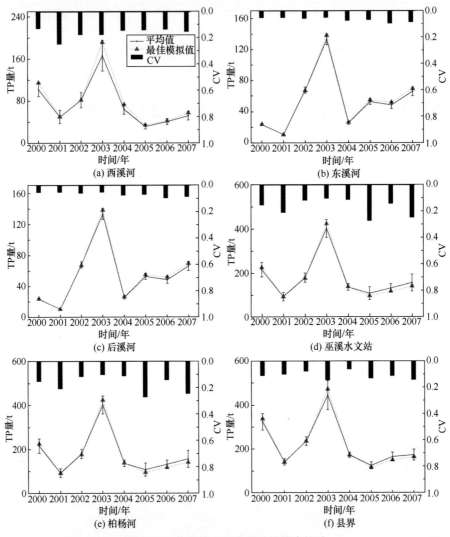

图 5.12　模型输入不确定性的综合统计

5.3.3　模型结构的不确定性分析

1. 分析方法

模型在对真实系统概化时,通常需要进行一定的假设和简化。在用经验公式或数学物理方程描述流域过程时,公式自身都有一定的应用背景和前提假设,

SWAT 模型亦不例外。SWAT 模型包含水文、泥沙和污染物等模块,代码体系庞大,本节对水文和泥沙的产输机制不做修改,仅对磷的迁移转化模块进行研究。根据对磷迁移转化过程的分析及文献中的最新发现,在研究中利用基于 Visual Studio 平台的 Intel Visual Fortran 编译器对 SWAT 模型中控制磷迁移转化的相关代码进行修改,重新编译了".exe"可执行文件。利用每个新生成的可执行文件对研究区的 TP 负荷进行模拟,并根据模拟结果探讨模型结构的不确定性。

2. 结构不确定性综合分析

在研究过程中发现,部分代码的修改对 SWAT 模拟结果影响较小,包括溶液磷初始化浓度的调整、无机磷内部比例的调整、稳态与活性无机磷之间的缓慢平衡常数的调整和新鲜有机磷的降解和矿化产物比例的调整等。部分代码的修改会引起个别年份的 TP 负荷模拟值变异较大,如碳氮比的调整、磷氮比的调整和施肥代码的修改。

以 $E_{NS}=0.6$ 为阈值,将 E_{NS} 低于该值的模拟结果舍弃,对保留模拟结果的 CV 值和标准差进行统计,如表 5.22 和表 5.23 所示,可见各年份的 CV 平均值介于 0.051 和 0.092。与模型参数和模型输入部分的分析结果相比,根据不同模型结构进行 TP 负荷模拟的 CV 相对较低。

表 5.22　结构不确定性分析的 CV 统计

时间/年	西溪河	东溪河	后溪河	水文站	柏杨河	县界	平均值
2000	0.076	0.142	0.092	0.092	0.077	0.070	0.092
2001	0.063	0.066	0.070	0.065	0.091	0.066	0.070
2002	0.072	0.101	0.089	0.088	0.100	0.094	0.091
2003	0.080	0.058	0.084	0.069	0.143	0.074	0.085
2004	0.093	0.082	0.073	0.073	0.061	0.064	0.074
2005	0.077	0.072	0.059	0.065	0.049	0.085	0.068
2006	0.075	0.062	0.036	0.049	0.042	0.042	0.051
2007	0.067	0.075	0.058	0.065	0.044	0.058	0.061

表 5.23　结构不确定性分析的标准差统计　　　　　　　　（单位:t）

时间/年	西溪河	东溪河	后溪河	水文站	柏杨河	县界
2000	7.1	3.0	6.5	17.4	6.3	20.0
2001	2.5	0.6	2.0	5.2	2.5	8.4
2002	4.8	6.1	3.4	13.8	4.4	20.2
2003	14.0	7.6	10.6	27.6	7.5	33.2
2004	4.8	1.6	2.2	7.5	1.3	8.4

续表

时间/年	西溪河	东溪河	后溪河	水文站	柏杨河	县界
2005	2.1	3.7	1.0	5.5	0.3	8.7
2006	2.8	2.8	1.0	5.1	0.7	5.6
2007	2.9	4.5	1.4	7.5	0.4	7.7

　　以 $E_{NS}=0.6$ 为阈值对模拟结果进行筛选,所得模型结构不确定性综合分析的结果见图 5.13,图中的实线代表 TP 年负荷模拟的平均值,误差线代表模拟结果的标准差,柱状图代表模拟结果的变异系数 CV。由图可见,由模型结构导致的不确定性与模型参数和输入相比较小。

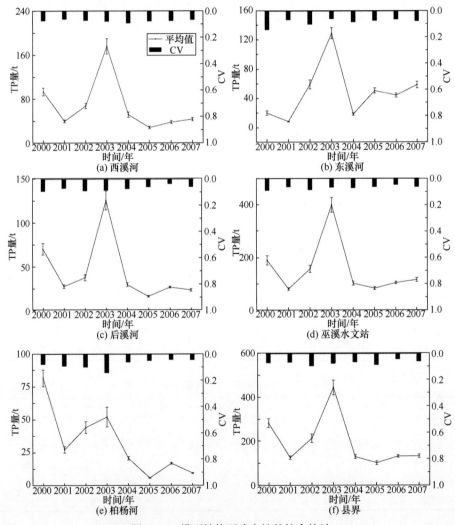

图 5.13　模型结构不确定性的综合统计

5.4　TMDL 负荷分配方案

5.4.1　三类不确定性的比较

以 $E_{NS}=0.6$ 为阈值,将 E_{NS} 低于该值的模拟结果舍弃,对保留模拟结果的 CV 值进行统计。模型参数、输入和结构三类不确定性分析的 CV 平均值分别为 0.156、0.161 和 0.074,即总体上三者的不确定性排序为:输入>参数>结构,但前两者较为接近。对于 2001 年、2005 年、2006 年和 2007 年,不确定性排序为:输入>参数>结构,而对于 2000 年、2002 年、2003 年和 2004 年,不确定性排序则为:参数>输入>结构。三类不确定性分析 CV 值的平均值统计情况见表 5.24,各年份的 CV 均值介于 0.109 和 0.156 之间,三类不确定性的 CV 平均值为 0.130,该值高于结构不确定性分析的 CV,而低于输入和参数不确定性分析的 CV。

表 5.24　三类不确定性综合分析的 CV 均值统计

时间/年	西溪河	东溪河	后溪河	水文站	柏杨河	县界	平均值
2000	0.127	0.127	0.134	0.134	0.118	0.118	0.126
2001	0.154	0.097	0.144	0.135	0.149	0.107	0.131
2002	0.137	0.130	0.128	0.128	0.125	0.124	0.129
2003	0.134	0.085	0.130	0.103	0.131	0.125	0.118
2004	0.129	0.105	0.104	0.111	0.112	0.091	0.109
2005	0.133	0.093	0.119	0.163	0.303	0.125	0.156
2006	0.137	0.099	0.141	0.106	0.152	0.101	0.123
2007	0.125	0.121	0.136	0.160	0.251	0.121	0.152

在研究过程中发现,模型输入不确定性最大,其中最主要的不确定性来源为降雨数据。其他学者也得到了相同的结论(Bormann,2005;Kavetski et al.,2006)。Kuczera 等(2006)利用降雨-径流概念模型中的两个参数分别代表模型结构和输入的不确定性,先后对两个参数单独和同时进行蒙特卡罗抽样模拟,根据模拟结果定性地比较了二者的不确定性大小,认为模型输入的不确定性主导了模拟的不确定性。Bormann(2005)通过情景模拟的方式比较各种不确定性来源的大小程度,该研究在分析集总式概念水文模型中输入、参数和结构对水文过程模拟不确定性的基础上,认为模型输入的不确定性最大。

各类不确定性的相对大小与选用的模型及模拟的对象有关。van Griensven 和 Meixner(2006)的研究认为,SWAT 在模拟流量时模型结构的不确定性高于模型参数和输入的不确定性,但在模拟泥沙负荷时模型结构的不确定性与模型输入的不确定性相近。Laloy 等(2010)分析了 CREDHYS 模型中径流模拟的不确定性,认为模型结构不确定性较大而参数的不确定性较小。Engeland 等(2005)分析了 WASMOD 模型对流量模拟的不确定性,结果表明模型结构的不确定性大于参数的不确定性。Lindenschmidt 等(2007)通过分析水质模型 WASP5 中的不确定性,发现当模拟 EUTRO 模块中的溶解氧、氨氮和叶绿素 a 时,参数和边界条件(输入)的误差是主要的不确定性来源;当模拟 TOXI 模块中的溶解态和颗粒态锌时,模型结构的误差是主要的不确定性来源;当模拟 TOXI 模块中的总锌时,模型参数的误差是主要的不确定性来源。由于研究对象为总磷,因此基于 SWAT 中特定的磷迁移转化模块及研究区特征得出的结论可能与以往研究中对水文、泥沙或其他污染物模拟的结论有所不同。

本节采用修改 SWAT 代码的方式分析模型结构的不确定性,其分析结果与常用的多模型模拟可能有一定的差别(Butts et al.,2004)。根据多模型模拟分析的不确定性通常较大,原因在于不同模型的复杂程度差异较大,各模型对流域水沙和污染物迁移转化过程的表述有一定的差别,所需数据的种类和精度也有差别。由于 SWAT 对研究区的模拟效果较好,且研究中对 SWAT 代码的修改较少(仅限于磷迁移转化模块),因此模型结构的不确定性总体上较小。

鉴于前面的研究结论,在大宁河流域和三峡库区其他流域的模拟中,应重点考虑模型输入和参数的影响。模型输入信息的选用不应简单地追求高精度数据,而应综合考虑数据的可得性和模拟目的,根据研究区模拟对象的特征确定所需数据精度,对数据进行合理筛选。模型参数的确定方面,对于机理参数,可在三峡库区范围内进行必要的实地测量以确保其合理性,并建立三峡库区机理参数值的数据库;对于概念参数,可采用高效的方式进行率定,同时考虑"异参同效"现象,在模拟时应分析参数的不确定性。

5.4.2　MOS 的确定

以 $E_{NS}=0.6$ 为阈值,将 E_{NS} 低于该值的模拟结果舍弃,对保留模拟结果的标准差进行统计。综合的平均标准差统计见表 5.25。

表 5.25　三类不确定性综合分析的标准差均值统计　　　　　(单位:t)

时间/年	西溪河	东溪河	后溪河	水文站	柏杨河	县界
2000	14.5	4.6	10.7	30.6	10.0	39.4
2001	7.1	1.3	4.2	11.7	4.2	13.5
2002	10.8	8.0	5.3	22.2	5.5	28.0
2003	21.7	10.2	14.6	38.3	7.8	54.4
2004	8.5	3.3	4.2	15.3	3.9	16.6
2005	5.3	5.9	2.9	19.1	3.4	18.0
2006	5.0	4.4	4.8	11.5	2.3	13.4
2007	6.4	8.3	4.2	23.5	4.4	20.8

本节选用 2001 年、2002 年和 2003 年作为枯水年、平水年、丰水年的代表年，三类不确定性综合分析结果的平均标准差将作为对应年份的 MOS 值。对于西溪河、东溪河、后溪河和柏杨河分区，可直接将平均标准差作为 MOS 值；对于水文站上游区和县城影响区，则需扣除上游和支流来水的影响。各分区 MOS 值计算结果见表 5.26，该结果将被应用于各分区 TMDL 总量的分配。

表 5.26　各分区 MOS 计算结果　　　　　　　　　（单位：t）

分区	西溪河	东溪河	后溪河	水文站	柏杨河	县界
枯水年	7.1	1.3	4.2	0.7	4.2	2.3
平水年	10.8	8.0	5.3	1.2	5.5	3.5
丰水年	21.7	10.2	14.6	1.9	7.8	4.1

5.4.3　负荷分配

1. 分配策略

根据定义，TMDL 是在满足水质标准的前提下水体所能容纳某种污染物的总量，它由点源污染负荷 WLA、非点源污染负荷 LA 和安全余量 MOS 组成。TMDL 的负荷分配表达式见式(5.1)。

选取 2001 年、2002 年、2003 年作为枯水年、平水年、丰水年的代表年，分别计算大宁河流域(巫溪段)的六个分区枯、平、丰水年的 TMDL 总量，并进行负荷分配。分配策略为：

(1) 总量 TMDL：对西溪河、东溪河、后溪河和柏杨河这四个支流分区，以其"出口断面的流量×许可浓度标准×转换系数"作为 TMDL 总量，代表整个分区产生的污染物量输移至该断面时的总量。对于巫溪水文站上游区和巫溪县城影响区，以其"出口断面的流量×许可浓度标准×转换系数－上游支流来水的许可负荷"作为 TMDL 总量，代表整个分区产生的污染物量输移至该断面时的总量。

(2) 安全余量 MOS：根据不确定性分析的结果，采用枯、平、丰水年相应分区 TP 负荷模拟标准差的平均值作为 MOS，见表 5.26。

(3) 点源污染负荷 WLA：流域内只有第六分区——巫溪县城影响区内有两个点污染源，且其排放的总磷负荷相对于非点源污染负荷极小，在研究中按相关规定中的浓度排放标准分配其负荷，其余分区的 WLA 为 0。

(4) 非点源污染负荷 LA 表示为 TMDL-MOS-WLA。

2. 各区域具体分配

1) 西溪河

西溪河分区面积最大，相应的现状 TP 负荷和 TMDL 许可负荷亦最大。各年

的 TP 负荷现状值均超过水质标准,因此都需削减,枯水年所需削减比例较低
(5.6%),丰水年则较高(60.5%)。由于该分区没有点污染源,故 WLA 为 0。
MOS 占 TMDL 的比例按大小排序为:丰水年＞平水年＞枯水年。西溪河分区的
TMDL 分配情况见表 5.27。

表 5.27　西溪河分区 TMDL 分配

丰枯等级	TMDL/t	LA/t	WLA/t	MOS/t	现状值	削减值	削减比例	MOS/TMDL
枯水年	55.4	48.3	0.0	7.1	51.2	2.9	5.6%	12.8%
平水年	60.0	49.2	0.0	10.8	82.9	33.7	40.7%	18.0%
丰水年	97.7	76.0	0.0	21.7	192.3	116.2	60.5%	22.2%

　　2)东溪河

　　东溪河分区枯水年的 TP 负荷现状值满足水质标准要求,无需削减;平、丰水
年分别需要削减 65.6% 和 68.3%。由于该分区没有点污染源,故 WLA 为 0。
MOS 占 TMDL 的比例按大小排序为:平水年＞丰水年＞枯水年。东溪河分区的
TMDL 分配情况见表 5.28。

表 5.28　东溪河分区 TMDL 分配

丰枯等级	TMDL/t	LA/t	WLA/t	MOS/t	现状值	削减值	削减比例	MOS/TMDL
枯水年	21.2	19.9	0.0	1.3	10.5	0.0	0.0%	6.3%
平水年	31.1	23.1	0.0	8.0	67.1	44.0	65.6%	25.6%
丰水年	54.0	43.8	0.0	10.2	138.2	94.4	68.3%	18.9%

　　3)后溪河

　　由于后溪河分区执行地表水 I 类标准,TMDL 许可负荷较低,致使 TP 负荷
现状值明显高于水质标准。各年所需削减比例均超过 93.1%;特别是对于丰水
年,需全部削减。由于该分区没有点污染源,故 WLA 为 0。MOS 占 TMDL 的比
例按大小排序为:平水年＞枯水年;由于丰水年的不确定性太大,MOS 值甚至超过
TMDL 许可值。后溪河分区的 TMDL 分配情况见表 5.29。

表 5.29　后溪河分区 TMDL 分配

丰枯等级	TMDL/t	LA/t	WLA/t	MOS/t	现状值	削减值	削减比例	MOS/TMDL
枯水年	6.1	1.9	0.0	4.2	27.7	25.8	93.1%	68.7%
平水年	6.9	1.6	0.0	5.3	38.1	36.5	95.8%	76.7%
丰水年	12.3	0.0	0.0	14.6	127.8	127.8	100.0%	＞100.0%

4）巫溪水文站上游区

巫溪水文站上游区各年的 TP 负荷现状值均满足水质标准要求,因此都无需削减,且有一定的剩余容量。由于该分区没有点污染源,故 WLA 为 0。MOS 占TMDL 的比例按大小排序为:平水年＞丰水年＞枯水年,但都较小且差异也较小。巫溪水文站上游区的 TMDL 分配情况见表 5.30。

表 5.30　巫溪水文站上游区 TMDL 分配

丰枯等级	TMDL/t	LA/t	WLA/t	MOS/t	现状值	削减值	削减比例	MOS/TMDL
枯水年	31.9	31.2	0.0	0.7	5.6	0.0	0.0%	2.3%
平水年	46.5	45.3	0.0	1.2	9.4	0.0	0.0%	2.6%
丰水年	83.5	81.6	0.0	1.9	21.1	0.0	0.0%	2.3%

5）柏杨河

柏杨河分区各年的 TP 负荷现状值均超过水质标准,因此都需削减,削减比例在 60.9%～76.3%。由于该分区没有点污染源,故 WLA 为 0。MOS 占 TMDL的比例按大小排序为:枯水年＞平水年＞丰水年。柏杨河分区的 TMDL 分配情况见表 5.31。

表 5.31　柏杨河分区 TMDL 分配

丰枯等级	TMDL/t	LA/t	WLA/t	MOS/t	现状值	削减值	削减比例	MOS/TMDL
枯水年	12.3	8.1	0.0	4.2	27.0	18.9	69.9%	34.0%
平水年	16.7	11.2	0.0	5.5	47.2	36.0	76.3%	33.1%
丰水年	27.9	20.1	0.0	7.8	51.3	31.2	60.9%	28.1%

6）巫溪县城影响区

巫溪县城影响区各年的 TP 负荷现状值均超过水质标准,因此都需削减,枯水年所需削减比例较高(72.0%)。巫溪县城有 2 个点污染源:巫溪县污水处理厂和宏达化工厂,其排放的 TP 负荷相对于非点源污染负荷极小,本节令其按相关规定中的浓度排放标准分配负荷。MOS 占 TMDL 的比例按大小排序为:枯水年＞平水年＞丰水年。巫溪县城影响区的 TMDL 分配情况见表 5.32。

表 5.32　巫溪县城影响区 TMDL 分配

丰枯等级	TMDL/t	LA/t	WLA/t	MOS/t	现状值	削减值	削减比例	MOS/TMDL
枯水年	8.9	5.4	1.2	2.3	23.6	17.0	72.0%	25.8%
平水年	20.5	15.8	1.1	3.5	29.4	12.4	42.3%	17.2%
丰水年	34.8	29.7	1.1	4.1	35.0	4.2	12.0%	11.6%

3. 分配特色

上述 TP 负荷分配方案充分体现了 TMDL 的特色：

1）基于水质标准

以往的目标总量控制基于管理要求而设定统一的削减指标，TMDL 方法则基于水质标准对不同水环境功能区划的水体设定不同的标准，因而不同区域的削减指标有所差异。在研究区，东溪河分区的枯水年和巫溪水文站上游区各年均无需进行 TP 负荷的削减，其他分区则多需进行较大比例的削减，且枯、平、丰水年的削减比例各不相同。在目标总量控制模式下则无法体现该差异，统一的削减指标将使巫溪水文站上游区等区域进行不必要的削减，并使得后溪河等分区无法达到水环境功能的要求。

2）综合考虑点源和非点源污染防治

在研究中，对于各个需要进行 TP 负荷削减的分区，所需削减的全部和大部分负荷来自非点源污染源。我国以往的总量控制实践中忽视了非点源污染的控制，这可能导致污染控制措施方向的失误。通过 SWAT 模型建立的点源和非点源污染源与水体水质的输入——响应关系，有利于正确地开展污染源评价工作，并为污染负荷削减方案的制订提供合理的依据。

3）考虑不确定性

我国以往的总量控制实践大多忽略了对管理目标和治理措施不确定性的分析。在研究中，通过综合分析模型参数、输入和结构不确定性的方式来计算 TMDL 的安全余量项，为流域水污染防治规划编制者提供了合理的决策依据。不同分区 MOS/TMDL 的比值差异较大，其中巫溪水文站上游区最小，在 2.3% ～ 2.6%；后溪河分区最大，均大于 68.7%，因此不宜选用单一的安全系数来表征大宁河流域（巫溪段）总磷 TMDL 的不确定性。

TMDL 应是一个不断更新的规划，当流域内的环境状况有新变化时，应及时对 TMDL 总量及各分配量作出调整。当前，大宁河流域内的巫溪县凤凰镇正在进行工业园的建设，其建成后排放的污水可能对柏杨河分区及巫溪县城影响区造成影响。因此后续的环境管理中应了解该工业园的进展，适时对 TMDL 进行修正。

5.5　不同分区治理措施建议

三峡库区人多地少，山高坡陡，长期的人类经济开发活动造成当地生态环境严重退化，水土流失严重；同时库区农村地区生活垃圾和水处理设施建设滞后，农药化肥过量施用，农业废弃物（农作物秸秆、人畜粪尿、废弃农膜）未能进行无害化处理和资源化利用，农业生产清洁化、无害化程度低。

针对三峡地区先天不足的脆弱生境、后天失衡的土地管理,除保育等预防性措施外,须同时实施人工水土流失治理、污染物缓冲拦截等防护性工程。由于大于25°的坡耕地是造成水土流失的主要来源地,因此应对其实行退耕还林还草,以种植经果林、用材林、薪炭林为主,对条件差的陡坡耕地栽植速生、耐干旱的灌、草作先锋植被,逐步提高经果、林草地的比重。对 25°以下坡耕地实行坡改梯、陡改缓,加强坡面蓄水、拦沙、排洪、引水等坡面水系工程治理,辅以防护林的栽种。在三峡库区的缓坡地上应禁止顺坡耕作种植,大力推广横坡水平、石坎或生物埂耕作种植,以减轻水土流失。在没有横坡水平种植条件的坡耕地上,改顺坡耕种为横坡鱼鳞坑式耕种,减少水土流失量。通过等高耕作减少水土流失量来达到防治非点源污染的目的。以往三峡库区进行的保护性耕作研究表明(陈洪波 2006),保护性耕作比起传统耕作能减少泥沙和养分流失,因此应在三峡库区推广保护性耕作技术,减少农业非点源污染的产生。

三峡库区目前广泛采用石坎梯田为主的工程措施,为了提高梯田的稳定性,可以利用有经济效益的优势植物护坎,如龙须草、矮化桑、茶、紫穗槐、黄花菜等。坡地改梯田的周围采取乔、灌、草结合的立体绿化措施,在坡脚要形成绿化和水土保持防护林带,中层种上荆条等适生灌木,下层让草被丛生,使水土流失的危害降至最低程度。坡地的排水沟或自然冲沟应保持通畅,沟边绿化采用相同的方式,特别是沟边的草被植物应加以保护,这样可以大大减少洪水对土地的冲刷。

大宁河流域内以非点源污染为主,因此负荷削减主要通过非点源污染治理来实现。本节针对各分区的 TP 负荷削减目标,提出以下防治措施。

1) 西溪河

除第 2 子流域外,西溪河分区属于中、强度水土流失区域,由表 5.5 和表 5.6可知,西溪河分区 TP 产量与径流、泥沙产量的相关性很强,土壤中磷的流失在很大程度上取决于径流量和侵蚀量。广泛使用减少径流产生的措施,可以减少流入水体的养分,具体方法包括改进耕作方式、降低开发力度等。大宁河坡陡山多,坡耕地较多,据此可采取横坡耕作的措施,改变耕种方向可对地面作物、地面粗糙度、土壤通透性以及降雨入渗等起作用,减少坡面水土流失。研究表明,梯田和植物篱等措施对三峡库区水土流失的防治有较好的效果(Shen et al.,2010),在西溪河分区的坡耕地可采取相关的水保措施。

2) 东溪河

东溪河分区属于中、强度水土流失区域,应做好该分区的水土保持工作,以有效地减少 TP 入河量。东溪河上游河流附近的坡度较小,耕地面积相对较大,因此可建设植被过滤带和缓冲带,包括缓冲林带、缓冲草地带和水体岸边缓冲带,以避免污染源和河流贯通,减少侵蚀迁移的土壤进入水体,截持侵蚀土壤中的养分污染物,改善水质。植被缓冲带在保护水质方面有较高的效率,合理设计的植被缓冲带将有利于对非点源污染的控制。

3) 后溪河

由于该分区的水环境功能要求最高,而且 MOS 占 TMDL 的比例最高,因此 TP 削减任务极重。后溪河分区属于中、轻度水土流失区域,但该分区上游的第 12 子流域产生的径流、泥沙和 TP 负荷均较高,在该子流域应采取合理的水土保持措施以削减 TP 入河量,必要时应采取工程措施。

4) 柏杨河

柏杨河分区是强度、极强度水土流失区域,应做好该分区的水土保持工作,以有效地减少 TP 入河量。由于柏杨河流域的坡度相对较小,因此可通过建设植被过滤带和缓冲带的方式防止水土流失。柏杨河分区是巫溪主要产粮区,因此进行科学合理施肥是减少该分区 TP 入河量的重要措施。应控制化肥的使用量,提高其利用率以减少养分流失,提倡使用有机肥料,这样既能减少非点源污染物又能减少化肥的使用量。

5) 巫溪县城影响区

巫溪县城影响区包含老城区、赵家坝和马镇坝三部分城区,其中马镇坝城区正在建设中。与各支流分区相比,该分区 TP 负荷削减目标较为特别,即枯水年需削减的 TP 负荷量最高,主要原因是该分区的河流水质受城镇居民生活影响较大,因此应加强县城污水处理厂对城市暴雨径流和生活污水的收集及处理能力,妥善处理马镇坝城区新增的生活污水。可充分利用马镇坝城区南侧柏杨河沿岸的天然湿地,这些湿地不断地与河流进行水和养分的交换,可使流速降低,悬浮物得到沉降,从而达到自然净化、去除污染物的效果。由于该分区内的柏杨河和鱼洞溪沿岸有较多的农田,因此需对农业活动进行科学管理和引导,控制化肥的使用量,以减少养分流失。

除上述措施外,对于全流域还应配合使用农业与农村经济政策的手段,并加强对环境污染的监督和管理。在大宁河流域通过开展无公害农业、有机农业等生态农业的发展,利用农业政策导向和经济杠杆的调节,来控制化肥、农药等易造成非点源污染物质的使用。在不同性质和不同层次部门,建立相应的污染监测与管理机构,实时监测非点源污染的动态变化,掌握其发生规律并力争在污染形成之前消除污染物,从源头上对非点源污染加以控制。同时,要大力提高公众的环保意识,加大生态环境保护的监督力度,对大宁河流域的土地开发进行严格的环境影响评价,逐步完善生态环境保护的法制化管理。由于治理生态环境的效益表现为间接效益,具有外部性,因此政府要加以引导,同时在政策上要加以倾斜,调动群众积极参与生态环境保护,鼓励民间组织在生态保护方面的投入,从而遏制生态破坏逐步扩大的现象。只有政府组织,群众参与,才能切实做好大宁河流域的环境保护工作。

5.6　小　结

本章根据 SWAT 模型参数、输入和结构不确定性分析的结果,比较了三者的不确定性相对大小。将三类不确定性综合分析结果的平均标准差作为 MOS 值,在此基础上进行了各分区 TMDL 负荷的分配,并提出了相应的污染治理措施。主要结论如下:

SWAT 模型参数、输入和结构三类不确定性分析的 CV 平均值分别为 0.156、0.161 和 0.074,即总体上三者的不确定性排序为:输入>参数>结构。对于 2001 年、2005 年、2006 年和 2007 年,不确定性排序为:输入>参数>结构,而对于 2000 年、2002 年、2003 年和 2004 年,不确定性排序则为:参数>输入>结构。

不同分区 MOS/TMDL 的比值差异较大,其中巫溪水文站上游区最小,为 2.3%~2.6%;后溪河分区最大,均大于 68.7%。

除了东溪河分区的枯水年和巫溪水文站上游区各年无需进行 TP 负荷的削减以外,其余分区均需一定量的削减,且所需削减的比例也较高。

参 考 文 献

陈洪波. 2006. 三峡库区水环境农业非点源污染综合评价与控制对策研究(硕士学位论文). 北京:中国环境科学研究院.

重庆市环境保护局. 1999. 重庆市地面水域适用功能类别划分规定. 重庆市环境保护局.

宫永伟. 2010. 三峡库区大宁河流域(巫溪段)TMDL 的不确定性研究(博士学位论文). 北京:北京师范大学.

国家环境保护部. 2012. 重点流域水污染防治规划(2011—2015 年). 来自:http://www.mep. gov. cn/gkml/hbb/bwj/201206/W020120601534091604205. pdf[2015-4-30].

国家环境保护部,国家质量监督检验检疫总局. 2011. 磷肥工业水污染物排放标准(GB15580—2011). 来自:http://kjs. mep. gov. cn/hjbhbz/bzwb/shjbh/swrwpfbz/201104/W020130206489143072013. pdf.

国家环境保护总局. 2002. 环保"九五"计划完成情况和当前环境形势. http://www. zhb. gov. cn/plan/hjgh/swgh/200211/t20021113_83081. htm.

国家环境保护总局. 2006. 环保总局通报"十五"环境质量状况和环保计划完成情况. 来自:http://www. zhb. gov. cn/xcjy/zwhb/200604/t20060412_75714. htm.

国家环境保护总局,国家质量监督检验检疫总局. 2002. 地表水环境质量标准(GB3838—2002). 来自:http://kjs. mep. gov. cn/hjbhbz/bzwb/shjbh/shjlbz/200206/W020061027509896672057. pdf

郭蔚华,罗荣祥,张智. 2006. 长江和嘉陵江交汇段营养限制因子的试验. 重庆大学学报(自然科学版),29(1):98-101.

环境保护部环境规划院. 2008a. 三峡库区及其上游水污染防治规划(修订本). 北京:环境保护部环境规划院.

环境保护部环境规划院. 2008b. 海河流域水污染防治规划(2006—2010 年). 北京:环境保护部环境规划院.

环境保护部环境规划院. 2008c. 淮河流域水污染防治规划(2006—2010 年). 北京:环境保护部环境规划院.

环境保护部环境规划院. 2009. 长江中下游流域水污染防治规划(2009—2015 年). 北京:环境保护部环境规划院.

李家科,周君君,李怀恩,等. 2012. 考虑非点源污染影响的河流污染物总量控制研究. 西安理工大学学报,28(3):269-277.

李锦秀,马巍,史晓新,等. 2005. 污染物排放总量控制定额确定方法. 水利学报,36(7):812-817.

李哲,方芳,郭劲松,等. 2009. 三峡小江回水区段 2007 年春季水华与营养盐特征. 湖泊科学,21(1):36-44.

孟伟. 2008. 流域水污染物总量控制技术与规范. 北京:中国环境科学出版社.

孟伟,张远,郑丙辉. 2006. 水环境质量基准、标准与流域水污染物总量控制策略. 环境科学研究,19(3):1-6.

陶亚,赵喜亮,栗苏文,等. 2013. 基于 TMDL 的深圳湾流域污染负荷分配. 安全与环境学报,13(2):46-51.

王彩艳,彭虹,张万顺,等. 2009. TMDL 技术在东湖水污染控制中的应用. 武汉大学学报(工学版),42(5):665-668.

王少平,俞立中,许世远,等. 2002. 基于 GIS 的苏州河非点源污染的总量控制. 中国环境科学,22(6):520-524.

王晓燕. 2011. 非点源污染过程机理与控制管理. 北京:科学出版社.

夏青. 1996. 流域水污染物总量控制. 北京:中国环境科学出版社.

徐进. 2004. 大沽河干流青岛段水污染物总量控制研究(硕士学位论文). 青岛:中国海洋大学.

张楠. 2009. 基于不确定性的流域 TMDL 及其安全余量研究(博士学位论文). 北京:北京师范大学.

张晟,李崇明,付永川,等. 2008. 三峡水库成库后支流库湾营养状态及营养盐输出. 环境科学,29(1):7-12.

张晟,郑坚,刘婷婷,等. 2009. 三峡水库入库支流水体中营养盐季节变化及输出. 环境科学,30(1):58-63.

周雯. 2007. TMDL 中 MOS 的确定方法及其在感潮河流中的应用(硕士学位论文). 广州:中山大学.

朱继业,窦贻俭. 1999. 城市水环境非点源污染总量控制研究与应用. 环境科学学报,19(4):415-420.

Aaronhipp J. 2006. Optimization of stormwater filtration at the urban/watershed interface. Environmental Science & Technology,40:4794-4801.

Alameddine I,Qian S S,Reckhow K H. 2011. A Bayesian changepoint-threshold model to examine the effect of TMDL implementation on the flow-nitrogen concentration relationship in the

Neuse River basin. Water Research,45:51-62.

Bormann H. 2005. Regional hydrological modelling in Benin (West Africa): Uncertainty issues versus scenarios of expected future environmental change. Physics and Chemistry of the Earth, 30(8-10):472-484.

Boyacioglu H,Alpaslan M N. 2008. Total maximum daily load (TMDL) based sustainable basin growth and management strategy. Environmental Monitoring and Assessment, 146 (1): 411-421.

Butler G B,Srivastava P. 2007. An alabama BMP database for evaluating water quality impacts of alternative management practices. Applied Engineering in Agriculture,23(6):727-736.

Butts M B,Payne J T,Kristensen M,et al. 2004. An evaluation of the impact of model structure on hydrological modelling uncertainty for streamflow simulation. Journal of Hydrology,298(1-4):242-266.

Chen C F,Ma H W,Reckhow K H,et al. 2007. Assessment of water quality management with a systematic qualitative uncertainty analysis. Science of the Total Environment,374(1):13-25.

Chen Y X,Liu R M,Sun C C,et al. 2012. Spatial and temporal variations in nitrogen and phosphorous nutrients in the Yangtze river estuary. Marine Pollution Bulletin,64(10):2083-2089.

DePinto J V,Freedman P L,Dilks D M,et al. 2004. Models quantify the total maximum daily load process. Journal of Environmental Engineering-ASCE,130(6):703-713.

Engeland K,Xu C Y,Gottschalk L. 2005. Assessing uncertainties in a conceptual water balance model using Bayesian methodology. Hydrological Sciences Journal,50(1):45-63.

Fakhraei H,Driscoll C T,Selvendiran P,et al. 2014. Development of a total maximum daily load (TMDL) for acid-impaired lakes in the Adirondack region of New York. Atmospheric Environment,95:277-287.

Jung Y J,Stenstrom M K,Jung D I,et al. 2008. National pilot projects for management of diffuse pollution in Korea. Desalination,226(1-3):97-105.

Kavetski D,Kuczera G,Franks S W,et al. 2006. Calibration of conceptual hydrological models revisited: 1. Overcoming numerical artefacts. Journal of Hydrology,320(1-2):173-186.

Keller A A,Cavallaro L. 2008. Assessing the US Clean Water Act 303 (d) listing process for determining impairment of a waterbody. Journal of Environmental Management,86(4):699-711.

Kim J,Engel B A,Park Y S,et al. 2012. Development of web-based load duration curve for analysis of TMDL and water quality characteristics. Journal of Environmental Management, 97:46-55.

Kim J W,Ki S J,Moon J,et al. 2008. Mass load-based pollution management of the Han river and its tributaries, Korea. Environmental Management,41(1):12-19.

Kuczera G,Kavetski D,Franks S,et al. 2006. Towards a Bayesian total error analysis of conceptual rainfall-runoff models: Characterising model error using storm-dependent parameters. Journal of Hydrology,331(1-2):161-177.

Laloy E,Fasbender D,Bielders C L,et al. 2010. Parameter optimization and uncertainty analysis for plot-scale continuous modeling of runoff using a formal Bayesian approach. Journal of Hydrology,380(1-2):82-93.

Lindenschmidt K E,Fleischbein K,Baborowski M. 2007. Structural uncertainty in a river water quality modelling system. Ecological Modelling,204(3-4):289-300.

Liu R M,Zhang P P,Wang X J, et al. 2013. Assessment of effects of best management practices on agricultural non-point source pollution in Xiangxi River Watershed. Agricultural Water Management,117:9-18.

Munoz-Carpena R,Vellidis G,Shirmohammadi A, et al. 2006. Evaluation of modeling tools for TMDL development and implementation. Transactions of the ASAE,49(4):961-965.

Munster C L,Hanzlik J E,Vietor D M,et al. 2004. Assessment of manure phosphorus export through turfgrass sod production in Earth County, Texas. Journal of Environmental Management,73(2):111-116.

Ongley E D,Zhang X L, Yu T. 2010. Current status of agricultural and rural non-point source pollution assessment in China. Environment Pollution,158:1159-1168.

Richards C E,Munster C L,Vietor D M,et al. 2008. Assessment of a turfgrass sod best management practice on water quality in a suburban watershed. Journal of Environmental Management,86(1):229-245.

Shen Z Y,Gong Y W,Li Y H,et al. 2010. Analysis and modeling of soil conservation measures in the Three Gorges reservoir area in China. Catena,81:104-112.

Silva G S,Jardim W F. 2007. Application of ammonia total maximum daily load (TMDL) to Atibaia River, Campinas/Paulinia region-SoPaulo state. Engenharia Sanitaria e Ambiental,12:160-168.

Smith C S,Lejano R P,Ogunseitan O A,et al. 2007. Cost effectiveness of regulation-compliant filtration to control sediment and metal pollution in urban runoff. Environmental Science & Technology,41(21):7451-7458.

Strecker E,Quigley M M,Urbonas B R. 2001. Determining urban stormwater BMP effectiveness. Journal of Water Resources Planning and Management-ASCE,127(3):144-149.

USEPA. 1991. Guidance for water quality-based decisions: The TMDL process. Washington, DC: United States Environmental Protection Agency, Office of Water.

USEPA. 2001. 2002 integrated water quality monitoring and assessment report guidance. Washington, DC: United States Environmental Protection Agency, Office of Wetlands, Oceans & Watersheds.

USEPA. 2003. Withdrawal of revisions to the water quality planning and management regulation and revisions to the national pollutant discharge elimination system program in support of revisions to the water quality planning and management regulation. Federal Register,68(51):13607-13614.

USEPA. 2007. Options for Expressing Daily Loads in TMDLs. Washington DC:United States Environmental Protection Agency, Office of Wetlands, Oceans & Watersheds.

van Griensven A,Meixner T. 2006. Methods to quantify and identify the sources of uncertainty for river basin water quality models. Water Science and Technology,53(1):51-59.

Wagner R C,Dillaha T A,Yagow G,et al. 2007. An assessment of the reference watershed approach for TMDLs with biological impairments. Water, Air and Soil Pollution, 181 (1): 341-354.

Wright-Water-Engineers-Inc,GeoSyntec-Consultants. 2007. User's Guide- International Stormwater Best Management Practices Database Release Version 2. 0.

第6章　点源/非点源排污权交易及不确定性

选择三峡库区大宁河流域东溪河支流为研究区,本章主要探讨 TMDL 实施过程中的点源与非点源的排污交易情况。非点源的本质特征在于不确定性,其产生、迁移和消减都存在较高的不确定性。因此,在点源与非点源的模拟研究中,在环境容量的计算、模型模拟过程、相关的制度设计以及污染的消减等过程中均考虑了不确定性的影响,并适当地讨论了不确定性对总污染消减成本、非工程性减排措施和工程性减排措施的影响等。

6.1　排污权交易的时空效应

6.1.1　排污权交易的时间效应

排污权交易的首要步骤是计算目标区域的水环境容量(陈丁江等,2007;李学兵等,2009)。河流的流量随时间的变化会产生差异,存在丰水期、平水期、枯水期三个时期,从而影响水环境的纳污能力,反映在水环境容量的变化上(仇蕾,陈曦,2014)。水环境容量随月份、季节以及年份的变化反映出排污权交易中的时间效应。国家环境保护部编写的《总量控制技术手册》中规定对多水年、中水年、少水年和特枯水年应设定不同的保证率,保证率的大小从环境容量变化的角度反映出排污权交易的时间效应。然而,对于同一年内,河流丰水期、枯水期和平水期环境容量变化的时间效应还鲜有报道(Han et al.,2011)。

1. 排污权交易时间效应的表现形式

河流水环境容量在一年内随丰水期、平水期和枯水期而发生的变化使得总量控制指标发生变化(Farrow et al.,2005;陈丁江等,2010)。因此,总量控制指标的变化会导致排污许可证总量发生变化。若在初始产权分配比例不变的前提下,厂商所获取的初始产权分配也应该进行相应的调整,从而直接影响到厂商的收益和支出,反映在其微观经济行为方面为污染消减量的变化。另外,在平水期和丰水期,非点源污染明显加重,在流域总污染负荷中的比重显著提高,赋予非点源初步具备进行排污交易的条件,从而使得在平水期、丰水期进行排污交易与其在枯水期另具特点。因此,排污权交易时间效应表现在两个方面:一方面为环境容量所导致的微观经济行为发生变化;另一方面为排污权交易主体的增加,即非点源污染源的纳入(盛虎等,2010)。

丰水期时,河流流量较大,环境容量最高,纳污能力最强。在保证率不变的情形下,根据环境容量分配到各个厂商的排污权初始分配也较多,排污权交易对于厂商的正常生产计划影响较小。如果进行合理规划和计算,厂商甚至可以停止水处理设施的运行,以减少污染治理成本而增加利润。另外,在丰水期,非点源污染较为严重,但减排成本低廉,厂商更可通过购买非点源排污权或帮助其消减污染来获得排污权,从而保证在污染治理成本最低的情况下保证正常生产。平水期时,环境容量较丰水期降低,环境管理对厂商生产运行的限制作用逐渐显现出来。在此时期,厂商由于初始产权分配所得变少,在维持生产不变的情况下,必须采取自行污染治理的措施,保证污染物排放量与排污权相符合。枯水期时环境容量最低,环境约束对于厂商生产运行的限制最高。在此时期,厂商的初始产权分配最少,在进行必要的自行污染治理之外,很有可能需要进行排污权交易,因此从理论上分析排污权交易应该在此期间最为活跃(韩兆兴,2011)。

2. **排污权交易时间效应的计算方法**

利用水质模型计算不同时间范围内环境容量的变化,识别其变化趋势,从而明确排污交易的时间效应,并划分排污交易的实施时间,选取三峡库区大宁河作为排污交易时间效应作为示范算例。大宁河是三峡库区的重要河流,而东溪河是大宁河的主要支流。在研究中,利用水文数据计算东溪河环境容量在年、月、日的变化,根据计算结果合理划定其丰平枯的时期,为总量控制和排污权交易政策的实施提供参考依据。在环境容量计算方面,根据水文数据计算东溪河的每日、旬、月和年的环境容量变化,计算方法采用一维水质模型。东溪河多年流量值采用 SWAT 模型进行模拟。如果仅考虑自净部分的容量,控制河段的下断面水质达标,容量计算模型如下所示:

$$W = 31.54 C_s \left[\exp\left(\frac{kl}{86.4u}\right) - 1 \right] (Q + q) \tag{6.1}$$

式中,31.54 为量纲转换系数;W 为水环境容量等同于允许排污量;C_s 为水质目标值,mg/L;Q 为设计流量,m^3/s;q 为排入河段的河流流量,m^3/s;k 为降解系数,;l 为河段的距离,km;u 为该河段内的河水流速,m/s。

大宁河流域不同区域的水环境功能区划分及水质标准见表 6.1。从表中可以看出,对于东溪河来说,水质要求达到二级。东溪河不同时期的水环境容量变化如图 6.1~图 6.4 所示。从图中可以看出,在东溪河,每日、每旬的水环境容量变化波动较大,若以这个时间段为环境容量变化基础构建排污交易体系,交易过程中的交易成本会显著提高,实际操作中也会产生较大问题。因此,根据每日和每旬的环境容量执行排污权交易政策不合时宜。另外,根据年环境容量的变化尽管可以考虑到丰水年、平水年和枯水年等不同时期的变化,但是在一定程度上缺乏灵活性,

表 6.1　大宁河流域水环境功能区划分

支流	位置	地区	水质标准
西溪河	大宁河—长江	巫溪	Ⅱ
东溪河	大宁河—长江	巫溪	Ⅱ
后溪河	大宁河—长江	巫溪	Ⅰ
柏杨河	大溪河—长江	巫溪	Ⅱ
巴岩子河	大宁河—长江	巫溪、巫山	Ⅱ

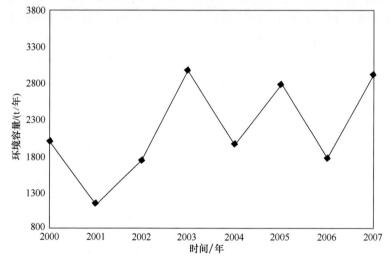

图 6.1　2000～2007 年东溪河环境容量变化图

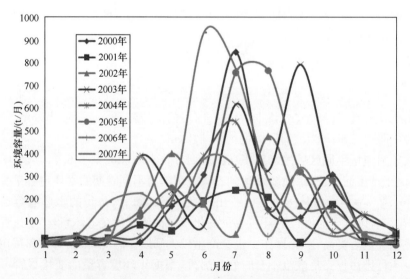

图 6.2　2000～2007 年月均东溪河环境容量变化

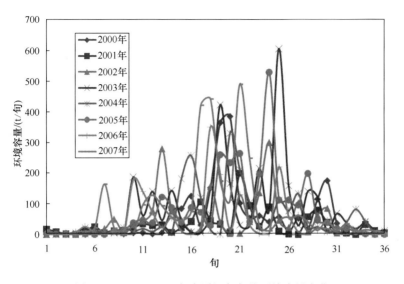

图 6.3　2000～2007 年东溪河每旬均环境容量变化

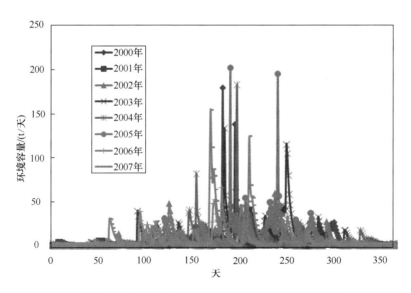

图 6.4　2000～2007 年东溪河日均环境容量变化图

无法反映出一年之内环境容量的剧烈变化、水体纳污能力的较大波动及其对排污厂商的不同要求。因此,以月为单位,将一年 12 个月根据环境容量的变化分为丰水期、平水期和枯水期,一方面在各个时期内环境容量变化不大,作为排污权交易展开的基础较为合适,另一方面在各个时期间环境容量迥异,重新进行初始产权分配构建排污权交易体系,可确保政策更具灵活性和有效性。

图 6.5 为后溪河多年月均环境容量变化图(2000～2007 年),根据图中所示后溪河的丰水期包括 6 月、7 月和 8 月,平水期为 4 月、5 月、9 月和 10 月,枯水期为 11 月、12 月、1 月、2 月和 3 月。按此分类,枯水期所占月份较多,能够有效地促进排污权交易的实施和排污许可证的交易,突显出排污权交易的优越性。

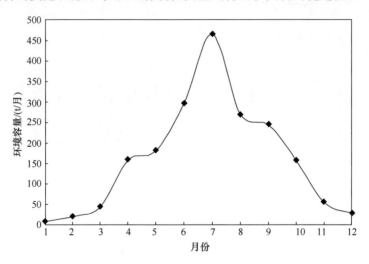

图 6.5　后溪河多年月均环境容量变化图(2000～2007 年)

6.1.2　排污权交易的空间效应

在排污交易的实施范围内,由于厂商所处位置不同,污染排放口的位置不同,导致所排污染物产生的环境影响也是不同的(Malik et al. ,1993)。若厂商恰好处于城市取水口上游附近,那么厂商所进行的常规污染物排放就需要受到限制,所进行的排污权交易也应该受到相应限制。另外,若厂商位于水环境功能区划下游边界处,那么所排污染物会直接影响到下游的用水,如果通过排污权交易该厂商获得了较多的排污许可证从而排放大量污水,有可能会导致进入到下一个水环境功能区划的水质无法达到区划标准,严重影响到下游的用水,产生用水安全和风险。

1. 排污权交易空间效应的表现形式

对于排污权交易的空间效应,主要反映在水环境功能区划的质量控制方面。根据水环境功能区划要求,每个区划内的水质均需要达到相应标准。水环境功能区划的制定综合考虑了水资源的自然属性和社会属性,对于区划内水资源的使用具有重要指导性意义。另外,上一个水环境功能区划的水质超标会明显影响到下游的用水安全。传统的排污权交易往往没有水质方面的约束,排污许可证的买卖完全按照市场方式进行,有时候会导致部分区域形成"热点"(hotspot),对局部地区造成较为严重的环境污染,使得该地区水质明显恶化。针对该问题,本节提出水环境功能区划约束,在交易比例的基础之上综合考虑每个厂商的具体空间位置,确保区划内各种污染源所排出的污染物经过水体自净后到达区划下游边界处时污染物的总量小于水环境功能区划的相应指标。同时,还可以根据区划要求计算出厂商的最大排污量,作为指导厂商进行排污权交易的原则(Hung,Shaw,2005)。

2. 点源的空间效应计算方法

如果区划内仅有点源出现,如图 6.6 所示,可根据水文模型进行计算。假设点源 1 排放单位污染物 C_0,到达点源 2 时还剩余污染物 C,则引入常数 R_{d1} 且 $R_{d1}=C/C_0$。C 可通过水质模型计算得到,因此可根据多年平均水文数据计算 R_{d1} 和 R_{d2} 等值。以两个点源为例,考虑水环境功能区划对于排污权交易的约束条件下,排污权交易的空间效应可表示如下:

$$(e_1-y_1)\times R_{d1}\times R_{d2}+(e_2-y_2)\times R_{d2}\leqslant A \tag{6.2}$$

式中,e 为点源的污染物产生量;y 为点源自行污染物消减量;$e-y$ 为点源的排污量;R_d 为点源的交易比例;A 为水环境功能区划对目标污染物的标准。

点源 1 的最大排污量为

$$(e_1-y_1)_{\max}=A/(R_{d1}\times R_{d2})$$

点源 2 的最大排污量为

$$(e_2-y_2)_{\max}=A/R_{d2}$$

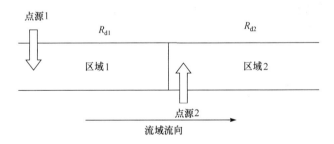

图 6.6　基于水文变化的交易比例计算示意图

如前所述,R_d 可通过水文动力学模型进行计算。假设污染物的迁移转化只与厂商的空间位置相关,即污染物在水体中迁移距离越长,被自净的污染物的量越多。因此,对于污染物迁移转化交易比例,在河流的流量和其他水温条件不变的稳态条件下,可以采用一维模型进行污染物浓度预测。根据物质平衡原理,一维模型可写作 $E_x\dfrac{\partial^2\rho}{\partial x^2}-u_x\dfrac{\partial\rho}{\partial x}-K\rho=0$。对于非持久性或可降解污染物,若给定 $x=0$ 时,

$\rho = \rho_0$,则上述可得到解为

$$\rho = \rho_0 \exp\left[\frac{u_x x}{2E_x}\left(1 - \sqrt{1 + \frac{4KE_x}{u_x^2}}\right)\right] \tag{6.3}$$

式中,u_x 为河流的平均流速,m/d 或 m/s;E_x 为废水与河水的纵向混合系数,m²/d 或 m²/s;K 为污染物的衰减系数,1/d 或 1/s;x 为河水(从排放口)向下游河流的距离,m。

因此,污染物迁移转化比例为

$$R_d = \frac{\rho}{\rho_0} = \exp\left[\frac{u_x x}{2E_x}\left(1 - \sqrt{1 + \frac{4KE_x}{u_x^2}}\right)\right]$$

3. 非点源的空间效应计算方法

除对需考虑点源外,非点源污染也是水体污染的另一重要污染源。水环境功能区划的约束也应该将非点源污染纳入其中。根据非点源的特点,可将非点源污染概化为线源,即通过降雨等降水过程产生径流后,非点源污染会沿着河道边界以等负荷的情况流入到河流当中(图 6.7)。

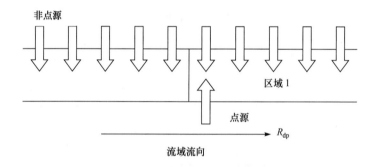

图 6.7　非点源水环境功能区划约束示意图

若水功能区划内非点源的总负荷为 e_n,河流的长度为 L,则单位河岸长度的非点源负荷为 e_n/L。同时,假设污染物进入到河道中的消减过程只与其迁移转化的距离有关,则消减函数可写为 $u(x)$。因此,污染物到达某处的负荷为 $\rho = \rho_0 u(x)$。因此,非点源污染到达水功能区划断面的浓度就等于 $e_n u(x)/L$ 函数在定义域为 $(0,L)$ 上的面积(图 6.8)。因此,通过积分可将其表述为 $\int_0^L \rho_0 u(x)\mathrm{d}x$,采用一维水动力模型可写成 $\frac{e_n}{L}\int_0^L \exp\left(-\frac{kx}{u}\right)\mathrm{d}x$ 的形式。

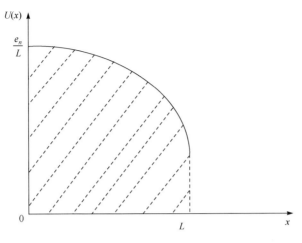

图 6.8　非点源污染在河道中的消减函数

6.2　点源/非点源排污权交易模型

6.2.1　必要性分析

2002 年,我国颁布了水环境功能区划标准,确定了水污染物排放总量控制的基本单元,明确了水功能区内的水质要求。水环境功能区划是根据水资源的自然属性(资源条件、环境状况和地理位置)及社会属性(水资源开发利用现状和社会发展对水质及水量的需求等),按一定的指标和标准,对流域水系水体的使用功能进行划分,并合理确定其水质保护目标,以保证水资源开发利用发挥最佳经济、社会、环境效益。水环境功能区划是保证地表水标准、污水综合排放标准、区域环境综合治理、总量控制及环境目标责任制正确实施的基础,是水环境保护的一项基本工作。在此背景下,流域水环境管理不仅需要进行总量控制,还需要保证水环境功能区下游边界的水质达到功能区要求,使得控制污染的同时确保下游用水安全。

1. 水环境功能区划对排污权交易范围的影响

在同一区划内,政府的管理范围相对缩小,点源和非点源的盘查成本较低,交易主体集中,其对水质的要求也较为类似。因此,在同一水环境功能区划内开展排污权交易的管理成本和交易成本较低,容易构建排污交易体系搭建排污交易市场,也便于企业之间进行排污权交易。而在不同区划内,政府的管理范围扩大,交易主体较为分散,其对水质的要求参差不齐,总量控制指标不易确定。因此,在不同水环境功能区划内开展排污权交易,其管理成本和交易成本较高,在排污交易体系方面具有较大难度。

2. 水环境功能区划对排污权交易水质的影响

总量控制是排污权交易的基础,但通过排污交易之后可能会造成局部地区水质严重恶化,影响其下游甚至是下一个水环境功能区划中的用水安全。将水环境功能区划与排污权交易相结合,是在总量控制的基础之上进行质量控制。在满足水环境容量的同时,考虑污染物迁移转化后所产生的环境影响。理想状况下,根据各个用水单位的位置,应该在每一个取水口之前设置断面,确保取水口前水质达到区划标准。然而此种情况对于厂商排水过于苛刻,会对社会经济产生严重影响,因此在后续讨论中假设水环境功能区划上游边界水质达标,仅考虑区划内所有污染源(包括点源和非点源)所排污染物到达下游边界处水质达标。

6.2.2　模型假设

假设 1　假设水功能区中有 n 个点源和非点源,其排放的污染物是均匀混合污染物,政府根据环境容量对总的排污量的要求为 Q。厂商的排污水平为 e,污染治理水平为 y,收入水平为 $B(e)$,生产成本为 $M(e)$,污染物治理成本为 $C(y)$。

假设 2　假设交易成本为 0。假设污染源所获得的排污权初始分配量为 x^0。在完全竞争市场中,均衡交易价格为 P。

假设 3　假设厂商获得排污权后先自身进行排污治理然后进行排污交易,则边际治理成本小的厂商会产生排污权,边际治理成本高的厂商需要购买排污权。

假设 4　假设 2 个污染源进行交易的过程中仅考虑 2 种交易比例,分别为污染物迁移转化比例 R_d(delivery ratio)和不确定性交易比例 R_u(uncertainty ratio)。可将水功能区分为 2 个区域,厂商 1 位于区域 1 中,厂商 2 位于区域 2 中,则从区域 1 到区域 2 的污染物迁移转化比例为 R_{d1},则总的交易比例为 $R=(R_d \times R_u)$,反映出厂商空间位置对排污权交易所产生的影响。对于点源,不确定性交易比例为为 1。

假设 5　假设在该水功能区中,功能区边界满足水功能区划标准即可认为功能区达标。在功能区边界处,目标污染物的浓度限制量为 A。

假设 6　假设在同一时期内厂商把自己拥有的所有排污权全部售出。

假设 7　假设水功能区划内的厂商可通过排污权交易或主动消减对所排污染物进行处理,满足水功能区划和总量控制的要求,不存在违规排放情况以及相应的法律法规惩罚。

6.2.3　基于水环境功能区划的模拟模型

方程(6.4)是目标函数,确保污染治理的社会总成本最小化,其中包括各个点源的污染物消减成本。在初次分配(初始产权分配)保证公平的基础上,通过市场交易将污染消减量重新在各个污染源之间进行分配,以达到污染消减总成本最小化的目标,提高污染治理效率。约束条件则包括 3 个部分,分别为消减量约束式(6.5)和式(6.8)、水功能区划约束式(6.6)和总量控制式(6.7)。消减量约束是需要保证厂商的消减量必须为正,且不超过污染物产生量。水功能区划约束是确保区划下游边界水质达标。模型采用 GAMS 语言编写(Conejo et al.,2006)。

$$\min \sum_i^n C(y_i) \tag{6.4}$$

s. t

$$y_i \geq 0 \tag{6.5}$$

$$L = \sum \mathrm{WLA}_i + \sum \mathrm{LA}_i \leq A \times q \tag{6.6}$$

$$\sum_i^n (e_i - y_i) \leq Q \tag{6.7}$$

$$e_i \geq y_i \tag{6.8}$$

式中,e_i 为污染源的污染产生量;y_i 为污染源的污染消减量;$c(y_i)$ 为污染源的消减成本;A 为水环境功能区划水质标准;q 为流量;Q 为污染物消减量。

6.2.4 模型计算流程

本节首先计算不同水文时期的环境容量,从而确定总量控制目标;其次根据污染源的排放情况进行初始产权的分配;再次根据水环境功能区划规定确定区划下游边界处的水质目标;最后以总污染成本最小化为目标函数,以总量控制目标和水质目标为约束项进行模型模拟,得到各个污染源的最优消减量。模型构建的流程图如图 6.9 所示。

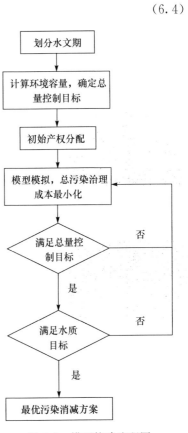

图 6.9 模型构建流程图

6.3 典型流域排污权交易模型

6.3.1 环境容量时间划分

根据东溪河各段水环境功能区划,要求达到《地表水环境质量标准》(GB 3838—2002)中的 II 用水标准。目标污染物为总磷(TP),其水质目标值 $C_s = 0.1\mathrm{mg/L}$。本节利用 SWAT 模型,模拟了 2000~2007 年东溪河的月均流量。根据在巫溪水文站的调查成果,将流速与流量进行函数拟合。2000～2007 年月均 COD 环境容量情况见图 6.10,东溪河的丰水期包括 6 月、7 月和 8 月,平水期包括 4 月、5 月、9 月和 10 月,枯水期包括 1 月、2 月、3 月、11 月和 12 月。

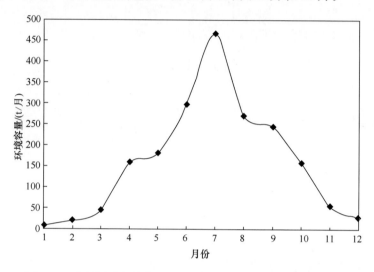

图 6.10　东溪河多年月均 COD 环境容量变化图(2000～2007 年)

6.3.2　环境容量计算结果

目前,环境容量的计算方法多针对于点源的特点而设置,通常在计算水环境容量过程中,首先设定目标水质和一定保证率下的最枯月流量,再用一维或二维模型计算水环境容量(龚若愚,周源岗,2001;Melching,Bauwens,2001)。然而,针对非点源污染突出的河流,河流流量、流速、污染消减系数等信息都存在一定的不确定性,并且在不同水文期变化较大,从而对水体环境容量的计算产生不确定性(陈丁江等,2010;胡珺等,2013)。目前,不确定性的研究方法主要包括一阶误差分析(韩兆兴,2011)、蒙特卡罗方法(Shen et al.,2013)、GLUE(余红和沈珍瑶,2008)等方法。本节采用蒙特卡罗法分析东溪河河流水环境容量各输入参数的灵敏度以及水环境容量值的概率分布,计算不同水文期在不同可信度下的河流水环境容量,为实现非点源污染的总量控制及排污权交易提供可靠基础。

1. 蒙特卡罗方法

蒙特卡罗法是进行模型不确定性分析最常用的方法(Nandakumar,Mein,1997;Shen et al.,2008;Randhir,Tsvetkova,2011;Zhang et al.,2014)。其主要原理是从输入参数的概率密度函数中随机取样,多次运行模型得到模型输出的概

率统计分布(张巍等,2008)。其不确定性研究包括四个步骤:

(1) 确定水环境容量模型参数不同时期的分布形态,并在其参数原始范围内获取符合其参数分布的样本;

(2) 将所有参数样本值进行组合并输入水环境容量计算模型当中;

(3) 对模型的输出计算结果进行统计分析;

(4) 选取不同水文时期不同可信度下的水环境容量作为东溪河的总量控制标准。

2. 随机抽样方法

蒙特卡罗方法是一种统计方法,它的结果不是一个特定的值,其根本原因在于在研究中取用的样本只是总体中有限的一部分。然而,虽然蒙特卡罗方法得到的结果不是确定的,但如果能减小误差范围,那么结果的可靠性便增加了。一般而言,误差的减小和所取样本总数增加的平方根成反比,要误差减小到 1/10,必须增加所取样本总数的 100 倍。

为获得较高的精度,在蒙特卡罗模拟过程中必须进行大规模的抽样,合理的抽样方法可以大大降低计算量,提高抽样效率。研究表明,在应用蒙特卡罗方法时,拉丁超立方抽样(Latin Hypercube sampling)比简单随机抽样的模拟次数减少很多,且计算效率提高 10 倍(Aalderink et al.,1996)。因此,在蒙特卡罗方法模拟中采用拉丁超立方抽样方法对水环境容量计算模型参数进行抽样。

3. 模型参数的先验分布

流量数据呈现出正态分布情况(陈丁江等,2007),而污染物消解系数则呈现均匀分布情况(严齐斌,2006)。由于在研究过程中流速数值采用流量与流速的经验公式,故流速的先验分布不予讨论。在研究中,采用 SPSS13.0 软件中非参数检验的单样本 K-S 法对不同水文期宁桥站实测值和 SWAT 模型模拟的东溪河流量数据进行概率分布的统计分析。验证结果显示(表 6.2 和表 6.3),宁桥站实测值和东溪河模拟值均符合正态分布假设,说明大宁河宁桥站地区的流量观测值确实呈现出正态分布特征,同时 SWAT 对于东溪河的流量模拟也很好地保留了该种特征。另外,平水期和丰水期月均流量的方差与枯水期相比明显增加,说明这两个时期内降雨的不确定性导致流量的不确定性明显增加,采用常规方法计算该时期内的环境容量很可能低估其不确定性。综合降解系数的估值方法主要有分析借用法、实测法和经验公式法等(金树权,2008)。在研究过程中,通过文献调研方式选取总磷的综合污染降解系数为 $0.019 \sim 0.062 \mathrm{d}^{-1}$。

表6.2　不同水文期宁桥站月均流量概率分布验证结果

水文期	检验统计量 z 值	双尾检验系数 p 值	平均值 μ	方差 σ^2
枯水期	0.67	0.76	8.51	19.03
平水期	1.00	0.27	31.65	660.79
丰水期	0.60	0.87	49.60	894.71

注：$z>0.5$ 且 $p>0.05$ 说明数据符合正态分布。

表6.3　不同水文期东溪河模拟月均流量概率分布检验结果

水文期	检验统计量 z 值	双尾检验系数 p 值	平均值 μ	方差 σ^2
枯水期	1.25	0.09	2.52	7.53
平水期	0.58	0.88	13.93	109.36
丰水期	0.86	0.46	26.20	327.24

注：$z>0.5$ 且 $p>0.05$ 说明数据符合正态分布。

4. 基于蒙特卡罗的环境容量模拟

采用蒙特卡罗方法对东溪河的环境容量模拟 10000 次，不同水文时期的模拟结果如图 6.11、图 6.12 和图 6.13 所示。通过累计频率计算，可得到不同置信水平下东溪河环境容量的大小，从而为总量控制和环境管理提供更多决策信息。表 6.4 为置信度为 0.7、0.73 和 0.75 情况下，丰水期、平水期和枯水期的水环境容量。

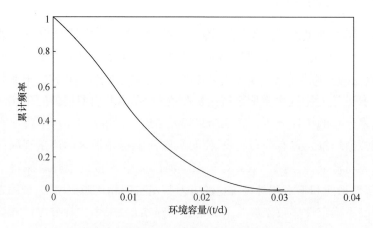

图 6.11　东溪河枯水期 TP 环境容量的概率分布

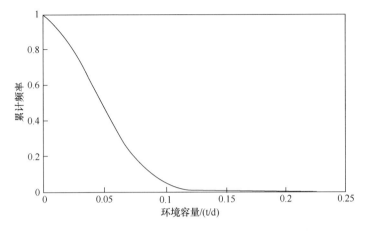

图 6.12　东溪河平水期 TP 环境容量的概率分布

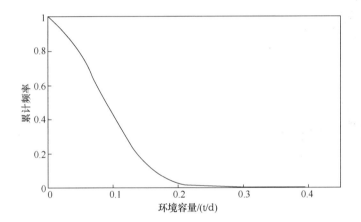

图 6.13　东溪河丰水期 TP 环境容量的概率分布

表 6.4　不同置信度下丰水期、平水期和枯水期的环境容量

置信度	水文期	环境容量/kg
0.7	丰水期	15640
	平水期	11346
	枯水期	2718
0.73	丰水期	14720
	平水期	10492
	枯水期	2416

续表

置信度	水文期	环境容量/kg
	丰水期	13800
0.75	平水期	10004
	枯水期	2265
	丰水期	11960
0.8	平水期	8540
	枯水期	1963

6.3.3　收益成本函数

根据巫溪县污水处理厂调研结果,污水处理厂总成本包括两部分:污水处理设备运行成本以及办公、人员工资等非运行成本。徐家镇污水处理厂分摊到总磷的年运行费用为 110 万元。巫溪县污水处理厂的年非运行成本为 27 万,建设规模为 10000m³/d。徐家镇污水处理厂建设规模为 3000m³/d,按照等比例类推则其年非运行成本为 8.1 万元。徐家镇污水处理厂的成本函数 $C(y_1)_1 = 0.14y_1^{1.93}$,其中 $C(y_1)_1$ 表示徐家镇污水处理厂运行成本,单位为元,y_1 表示 TP,单位为 kg。同理,白鹿镇污水处理厂的成本函数 $C(y_2)_2 = 0.2y_2^{2.08}$,其中 $C(y_2)_2$ 表示白鹿镇污水处理厂运行成本,单位为元,y_2 表示 TP,单位为 kg。

农业非点源的减排措施仅考虑土地控制和减少化肥使用等两种非工程性的最佳管理措施。其减排成本可包括两个方面:一方面,由于化肥使用量减少而导致农业产量减少而产生的成本;另一方面,由于化肥使用量减少而节省的化肥使用开支。在大宁河东溪河地区,农业种植广泛,总耕地面积高达 632.7km²,农业种植类型包括粮食作物、经济作物和其他农作物等。由于各种农作物的施肥量、施肥时间、种植面积和市场价格不同(以 2005 价格为标准),不同时期非点源的产生量不同,因此可根据上述因素计算得到各个时期的非点源 TP 的消减成本函数。根据农田化肥使用量、化肥施用时间、农作物的耕种面积、市场价格以及非点源的产生量,可计算得到丰水期农业非点源 TP 的消减成本函数为 $C(y_3)_3 = 22.05y_3$,其中 $C(y_3)_3$ 的单位为元,y_2 表示 TP,单位为 kg;平水期农业非点源 TP 的消减成本函数为 $C(y_3)_3 = 23.91y_3$;枯水期农业非点源 TP 的消减成本函数为 $C(y_3)_3 = 39.35y_3$。

6.3.4　污染物排放情况及空间效应

徐家镇和白鹿镇为大宁河支流东溪河沿岸城镇,城镇污水直接排放到大宁河中。根据人口趋势预测与计算,徐家镇和白鹿镇年平均污水产生量为 1456m³/d

和 489m³/d,TP 的产生量为 5.5t/a 和 1.3t/a。根据管网建设情况,徐家镇和白鹿镇的污水处理率为 98%,其污水处理厂采用奥贝尔氧化沟工艺进行污水处理,TP 的去除率为 70%。因此,徐家镇和白鹿镇的可处理的 TP 为 3.85t/a 和 0.91t/a。利用 SWAT 模型进行模拟计算,东溪河流域农业非点源污染的多年平均负荷为 122.89t。根据模型模拟结果可知,非点源污染于平水期最为严重,其次是丰水期,最后是枯水期。而将点源与非点源进行对比可知,东溪河点源污染与非点源污染的差距较大,对于排污交易的模拟和示范效果都会产生负面影响。因此,本节选取丰水年(2003)、平水年(2002)和枯水年(2001)三年的非点源污染模拟负荷和流量模拟值进行模型模拟。东溪河流域丰水期、平水期和枯水期非点源污染量、单位河道长度的非点源污染量以及点源污染排放量如表 6.5、表 6.6 和表 6.7 所示。

表 6.5　枯水年(2001 年)东溪河流域丰、平和枯水期点源及非点源污染负荷情况

污染负荷		丰水期	平水期	枯水期
非点源负荷/kg		8917.20	14572.92	3244.13
单位河道长度的非点源负荷/(kg/km)		172.48	281.87	62.75
点源负荷/kg	徐家镇	1375	1833.33	2291.67
	白鹿镇	325	433.33	541.67

表 6.6　平水年(2002 年)东溪河流域丰、平和枯水期点源及非点源污染负荷情况

污染负荷		丰水期	平水期	枯水期
非点源负荷/kg		14969.82	137948.30	14320.63
单位河道长度的非点源负荷/(kg/km)		289.55	2668.25	276.99
点源负荷/kg	徐家镇	1375	1833.33	2291.67
	白鹿镇	325	433.33	541.67

表 6.7　丰水年(2003 年)东溪河流域丰、平和枯水期点源及非点源污染负荷情况

污染负荷		丰水期	平水期	枯水期
非点源负荷/kg		27201.90	136884.00	34035.94
单位河道长度的非点源负荷/(kg/km)		526.15	2647.66	658.33
点源负荷/kg	徐家镇	1375	1833.33	2291.67
	白鹿镇	325	433.33	541.67

根据丰水年、平水年和枯水年河流水文情况,分别在丰水期、平水期和枯水期选取 0.062、0.041 和 0.019 为总磷污染物综合降解系数,可计算出徐家镇和白鹿镇的总磷的 R_{d1} 和 R_{d2} 值(表 6.8)。因此,在研究中计算出进行点源和非点源排污权交易之前水环境功能区划下游边界处的水质情况,在枯水年丰水期时区划下游边界处水质均不超标,而其他情况下水质均处于超标状态(表 6.9)。

表 6.8　徐家镇和白鹿镇在丰、平和枯水年总磷的 R_{d1} 和 R_{d2}

	水文年	丰水期	平水期	枯水期
枯水年	徐家镇(R_{d1})	0.9820	0.9786	0.9825
	白鹿镇(R_{d2})	0.9822	0.9789	0.9828
平水年	徐家镇(R_{d1})	0.9824	0.9877	0.9815
	白鹿镇(R_{d2})	0.9827	0.9879	0.9818
丰水年	徐家镇(R_{d1})	0.9857	0.9916	0.9888
	白鹿镇(R_{d2})	0.9860	0.9917	0.9890

表 6.9　排污权交易前水环境功能区划下游边界处的水质情况

水文年		水环境功能区划下游边界水质情况/(mg/L)	是否超标
枯水年	丰水期	0.086	否
	平水期	0.27	是
	枯水期	0.21	是
平水年	丰水期	0.13	是
	平水期	0.90	是
	枯水期	0.63	是
丰水年	丰水期	0.16	是
	平水期	0.47	是
	枯水期	0.59	是

6.3.5　基于概率约束的排污交易模型

非点源的产生、迁移、消减和计算均存在不确定性,受到降雨、温度、土地利用类型、社会经济情况等多方面的影响。由于存在随机因素,非点源污染的消减只能通过数学模型计算理论值,而实际消减值则只能够在一定的置信水平下讨论(Milon,1987)。另外,不同地区由于污染治理能力等污染控制能力不同,对于污染物的允许程度也不同,因此需要在不同的置信区间水平下去研究和模拟(张巍,王学军,2002)。针对这一问题,很多学者将概率论方法与排污交易模型模拟相结合,以此来讨论非点源的不确定性对排污交易所产生的影响(Cole,2004;Zhang et al. ,2013)。本节则采用概率约束规划模型对点源和非点源的排污权交易进行模拟。

1. 概率约束方法

概率约束方法是把问题的随机性质转化为一个等价的确定形式的有效方法。它允许参数的随机变化,将随机事件的发生用概率来描述,在一定的置信水平下对随机问题求解。概率约束问题可以如方程(6.9)所示:

$$\text{prob}(e < e^*) \geqslant \alpha \tag{6.9}$$

式中,e 为非点源的排放量;e^* 为总量控制标准。

对式(6.9)进行求解,可得到表达式(6.10):

$$E(e) + \phi_\alpha V(e)^{1/2} \leqslant e^* \tag{6.10}$$

式中,$E(e)$ 为非点源排放量的期望值;$V(e)$ 为非点源排放量的方差;ϕ_α 为 α 置信水平下的标准正态值。

假设 $V(e)$ 服从正态分布,因此 ϕ_α 值可通过标准正态分布表查询。若污染排放不存在不确定性,则 $\phi_\alpha = 0(\alpha = 0.5)$。若排放量确实存在不确定性,则 $\alpha > 0.5$,使得 $\phi_\alpha > 0$,从而将排放量的变化情况纳入到总量约束中。综上所述,概率约束方法能够有效地将不确定性问题转化为置信水平下的确定问题,同时考虑到非点源污染消减的理论产生量和实际产生量,非常适合于点源和非点源的排污交易模拟。

2. 基于概率约束的排污交易模型

基于水环境功能区划的排污权交易最优化模型以最小化点源和非点源的污染治理成本为目标函数,以消减量约束、水环境功能区划约束和总量控制约束为约束项构建模型。表达如下:

$$\min C = \sum c(y_i) \tag{6.11}$$

s. t.

$$0 \leqslant y_i \leqslant e_i \tag{6.12}$$

$$\frac{e_n}{L} \int_0^L \exp\left(-\frac{kx}{u}\right) \mathrm{d}x + Rd \sum \text{LA}_i \leqslant A \times q \tag{6.13}$$

$$\sum \left[E(e) + \phi_\alpha V(e_i)^{1/2} \right] \leqslant Q \tag{6.14}$$

式中,e_i 为污染源的污染产生量,$i = 1,2,3$ 分别表示徐家镇、白鹿镇以及东溪河的农业非点源;y_i 为污染源的污染消减量;$c(y_i)$ 为污染源的消减成本;A 为水环境功能区划水质标准;q 为流量;Q 为污染物消减量。

方程(6.11)是目标函数,确保污染治理的社会总成本最小化,其中包括点源污染消减成本和非点源污染消减成本。在初次分配(初始产权分配)保证公平的基础上，通过市场交易将污染消减量重新在各个污染源之间进行分配，已达到污染消减总成本最小化的目标，提高污染治理效率。约束条件则包括三个部分，分别为消减量约束（式（6.12））、水功能区划约束（式（6.13））和总量控制（式（6.14））。消减量约束是需要保证厂商的消减量必须为正，且不超过污染物产生量。水功能区划约束如前所述。总量控制是排污权交易的基础，保证在一定置信水平下污染源的污染消减总量大于或等于设定目标值，点源污染排放的方差为 0，非点源污染排放量的方差可通过 SWAT 模型模拟结果进行计算（表 6.10）。模型采用 GAMS 语言编写（Conejo et al.，2006）。

表 6.10　枯水年、平水年和丰水年非点源污染在丰、平和枯水期的期望和方差值

水文年		期望值	方差值	标准差
枯水年	丰水期	2972.40	1857003.1	1362.72
	平水期	3643.23	12464875	3530.56
	枯水期	648.83	128502.37	358.47
平水年	丰水期	4989.94	35830746	5985.88
	平水期	34487.08	1.673E+09	40903.14
	枯水期	2864.13	33185133	5760.65
丰水年	丰水期	9067.30	86703203.37	9311.46
	平水期	34221.00	1386718022	37238.66
	枯水期	6807.188	175433935.5	13245.15

6.4　模型模拟结果分析

表 6.11、表 6.12 和表 6.13 分别为枯水年、平水年和丰水年不同水文期点源与非点源的排污交易结果，环境容量的选取是在置信水平为 0.7 的情况下计算得到的。模型模拟过程中的置信水平选取 0.5。在枯水年的丰水期和平水期，由于环境容量的约束强于水质控制约束，因此点源与非点源的排污交易按照边际成本相等的原则进行。而在枯水期，由于流量变小，水质控制约束变强，相比非点源，点源的消减对于水环境功能区划下游边界处的水质影响更为明显，因此出现点源与非点源边际成本不等的情形。但在点源之间，由于两个点源对于边界水质的影响基本相同，因此点源的边际成本依然呈现相等的情形。

表 6.11 枯水年不同水文期点源与非点源排污交易结果

水文年		消减量/kg	消减成本/万元	边际消减成本/元
丰水期	徐家镇	340.98	1.08	22.05
	白鹿镇	118.5	0.41	22.05
	农业非点源	1472.46	3.25	22.05
	总计	1931.94	4.74	—
平水期	徐家镇	501.36	2.28	24.15
	白鹿镇	171.88	0.89	24.15
	农业非点源	14572.96	32.13	23.91
	总计	15246.2	35.30	—
枯水期	徐家镇	1503.7	18.97	54.5
	白鹿镇	456.5	6.8	54.5
	农业非点源	3244.15	7.15	39.35
	总计	5204.35	32.93	—

表 6.12 平水年不同水文期点源与非点源排污交易结果

水文年		消减量/kg	消减成本/万元	边际消减成本/元
丰水期	徐家镇	340.98	1.08	22.05
	白鹿镇	118.5	0.41	22.05
	农业非点源	13247.76	29.21	22.05
	总计	13707.24	30.7	—
平水期	徐家镇	489.8	2.18	23.63
	白鹿镇	171.32	0.89	24.06
	农业非点源	1223911.52	273.22	23.91
	总计	124572.6	276.29	—
枯水期	徐家镇	1134.5	11.01	41.94
	白鹿镇	364.25	4.25	42.71
	农业非点源	12853.7	28.34	39.35
	总计	14352.45	43.61	—

表 6.13 丰水年不同水文期点源与非点源排污交易结果

水文年		消减量/kg	消减成本/万元	边际消减成本/元
丰水期	徐家镇	946.23	7.76	56.97
	白鹿镇	285.36	2.56	56.97
	农业非点源	27201.9	59.98	22.05
	总计	28433.49	70.30	—

水文年		消减量/kg	消减成本/万元	边际消减成本/元
平水期	徐家镇	485.76	2.14	23.45
	白鹿镇	170.12	0.87	23.88
	农业非点源	108863.52	240.04	23.91
	总计	109519.4	243.06	—
枯水期	徐家镇	1149.8	11.3	42.46
	白鹿镇	362.3	4.21	42.46
	农业非点源	34035.95	75.05	39.35
	总计	35548.05	90.56	—

平水年丰水期的情况与枯水年丰水期的情况相同。平水期和枯水期由于非点源污染变化情况大于流量的变化,导致水质控制约束加强。点源与非点源的污染消减比率按照其对下游边界造成的污染贡献进行分配,同时点源之间也按照各自的污染贡献进行分配。

在丰水年,由于非点源的方差有所增加,导致总量控制的约束相对增加,点源和非点源的消减量也有所增加,从而消减成本明显增加。同时,由于考虑到非点源的不确定性问题,在枯水期非点源全部消减后仍无法满足水环境容量要求,因此使得点源进一步消减,造成边际成本出现较大差异。因此,可考虑探讨在不同置信水平的环境容量约束下的点源与非点源交易问题以及采用工程性 BMPs 消减非点源污染。

6.4.1　总消减成本

在不同的置信度下,可以计算得到不同的环境容量,将其作为总量控制目标。随着置信度的增加,环境容量不断减小,总量控制的约束不断变强,从而使得总消减成本也不断提高(图 6.14)。当置信度为 0.7 时,基于水环境功能区划的排污交易与传统排污交易相比消减成本的节约有所减少,说明排污交易通过减少经济方面的有效性而提高水质安全。当置信度为 0.73 时,基于水环境功能区划的排污交易的总消减成本为 205.04 万元,而传统排污交易的总消减成本为 204.52 万元。当置信度为 0.75 时,两种排污交易的总消减成本相同,均为 208.31 万元。因此,随着环境容量目标的降低,污染源通过大幅污染消减而减少了水质超标的风险,使得水质控制的约束不断降低,从而使得两种排污交易的总消减成本在置信度为 0.75 时达成一致。同时,也说明基于水环境功能区划的排污交易模式实质上是一个从水质控制向容量控制过渡的排污交易模式。

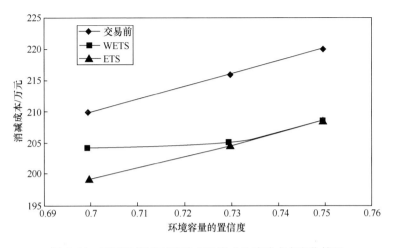

图 6.14　不同置信度下两种交易模式的消减成本变化情况

6.4.2　水环境功能约束

在未考虑水环境功能区划约束的情况下,环境容量置信度的不同会导致区划下游边界处的水质情况不同,从而可能产生水质超标的问题。当置信度为 0.75 时,若采取传统的排污交易,则丰、平枯水期中区划下游边界处的水质均小于 0.1mg/L,水质情况并无超标问题。然而,当置信度为 0.73 时,若采取传统的排污交易,则只有丰水期时水质可以达标,而平水期和枯水期时的水质均处于超标情况。当置信度为 0.7 时,传统的排污交易会导致丰、平和枯各个时期均出现超标情况。

上述模型以成本最小化为目标函数,以总量控制和水环境功能控制为约束项,对污染源之间的交易进行模拟。然而,水质达标在很多情况中是首先应该满足的要求。因此,可将模型进行修改,删除总量控制部分,并将水环境功能约束项改为等于相关水质标准。其模拟结果见表 6.14。

将上述模拟结果与表 6.11、表 6.12 和表 6.13 进行比较,发现在仅考虑水环境功能约束的情况下,污染源的消减量均小于或等于同时考虑总量控制与水环境功能约束情况下的消减量。结果表明,多约束情况下的模拟结果表现为约束项之间的博弈。总量控制是基于环境容量的计算得到的,而水环境功能控制是按照水质标准设定的。两者是在水质目标的选取上均采用水环境功能区划的相关标准,因此在一定程度上有相互重合的含义。然而仅仅考虑具体某一个断面的水质达标,可能会使得污染总量超过环境容量的阈值,特别是在非点源污染较为严重的河流中,无法体现出非点源不确定性的影响。因此,也从侧面说明排污交易中需要同时考虑总量控制和水质控制等两个方面。

表 6.14　保证水质情况下的消减成果

水文年/水文期		点源消减量/kg	非点源消减量/kg
	丰水期	457.8	15580.8
丰水年	平水期	655.92	117745
	枯水期	1383.25	3833.65
	丰水期	460.86	7154.25
平水年	平水期	661.12	123911.5
	枯水期	2277.3	14320.65
	丰水期	461.49	1472.26
枯水年	平水期	674.32	11838.44
	枯水期	1401.55	2601.4

6.4.3　概率约束分析

上述研究为多年平均情况下点源和非点源的排污交易模拟,在概率约束模型中选取的置信水平为 0.5。在这一部分,考察在不同置信水平下,针对枯水年、平水年和丰水年等具体年份,点源和非点源排污交易的模拟情形。根据上述多年平均情况的研究,水环境容量的置信度选为 0.7。

表 6.15、表 6.16 和表 6.17 为不同置信水平下枯水年、平水年和丰水年的模拟结果。总体看来,随着置信水平的增加,点源和非点源的总消减量不断增加,污染消减总成本不断增长。无论在何种置信水平下,若水环境功能区划约束强于总量控制约束,则点源和非点源按照边际成本以及对于区划下游边界处的污染贡献分配总污染消减量。如枯水年的丰水期,水环境功能区划约束较强,导致总量控制约束失去作用,而概率约束模型是通过改变总量控制约束减少非点源污染的不确定性,因此在不同的置信水平下,点源和非点源的消减量均出现相同情形。若总量控制约束强于水环境功能区划约束,则点源和非点源仅按照各自的边际成本分配总污染消减量。如平水年的丰水期,由于总量控制约束较强,点源与非点源按照边际成本进行消减量分配,随着置信水平的增加,点源和非点源的消减量均不断增加。同时,由于消减量分配原则不同,通常情况下考虑水质控制下的消减量要高于仅考虑总量控制的消减量,这也同样体现出,解决水环境敏感区的水质问题需要牺牲排污交易的经济效益。

表 6.15 枯水年不同置信水平下模拟结果

置信水平	水文期	点源消减量/kg	非点源消减量/kg	点源消减成本/万元	非点源消减成本/万元	水质情况/(mg/L)
0.6	丰水期	461.49	1472.46	1.51	3.25	0.1
	平水期	674.32	11838.44	3.18	28.31	0.1
	枯水期	1401.55	2601.4	13.39	10.24	0.1
0.65	丰水期	461.49	1472.46	1.51	3.25	0.1
	平水期	674.32	11838.44	3.18	28.31	0.1
	枯水期	1397.05	2643.55	13.28	10.4	0.099
0.7	丰水期	461.49	1472.46	1.51	3.25	0.1
	平水期	670.28	12170.84	3.14	29.1	0.095
	枯水期	1397.05	2894.45	13.28	11.39	0.9
0.75	丰水期	461.49	1472.46	1.51	3.25	0.1
	平水期	666.32	14289.16	3.11	34.17	0.061
	枯水期	1397.05	3163.3	13.28	12.45	0.081

表 6.16 平水年不同置信水平下模拟结果

置信水平	水文期	点源消减量/kg	非点源消减量/kg	点源消减成本/万元	非点源消减成本/万元	水质情况/(mg/L)
0.6	丰水期	459.48	5059.74	1.49	11.17	0.086
	平水期	661.12	123911.52	3.06	296.27	0.1
	枯水期	1498.75	13721.55	15.27	53.99	0.1
0.65	丰水期	459.48	7394.22	1.49	16.30	0.068
	平水期	661.12	123911.52	3.06	296.27	0.1
	枯水期	1498.75	13721.55	15.27	53.99	0.1
0.7	丰水期	459.48	9908.31	1.49	21.85	0.079
	平水期	661.12	123911.52	3.06	296.27	0.1
	枯水期	1498.75	13721.55	15.27	53.99	0.1
0.75	丰水期	459.48	12601.95	1.49	27.79	0.058
	平水期	661.12	123911.52	3.06	296.27	0.1
	枯水期	1498.75	13721.55	15.27	53.99	0.1

表 6.17　丰水年不同置信水平下模拟结果

置信水平	水文期	点源消减量/kg	非点源消减量/kg	点源消减成本/万元	非点源消减成本/万元	水质情况/(mg/L)
	丰水期	459.48	19786.02	1.49	43.63	0.077
0.6	平水期	655.92	117745.04	3.02	281.53	0.1
	枯水期	1397.05	6777.05	13.28	26.67	0.053
	丰水期	459.48	23417.46	1.49	51.64	0.057
0.65	平水期	655.92	117745.04	3.02	281.53	0.1
	枯水期	1397.05	7427.9	13.28	29.23	0.043
	丰水期	585.9	27201.9	2.41	59.98	0.036
0.7	平水期	655.92	117745.04	3.02	281.53	0.1
	枯水期	1397.05	8128.75	13.28	31.99	0.032
	丰水期	1699.98	27201.9	13.92	59.98	0.03
0.75	平水期	655.92	117745.04	3.02	281.53	0.1
	枯水期	1397.05	8879.7	13.28	34.94	0.02

6.4.4　与 MOS 的关系分析

TMDL 作为一种水污染防治方法,在制定和实施过程中无法避免不确定性的存在,该不确定性的大小通常用 MOS 表征。当前的 TMDL 编制人员多采用隐式或显式的方法处理 MOS 项。隐式的方法即在 TMDL 总量计算和负荷分配时使用较为保守的假设,如采用较为严格的水质标准等,此时的 MOS 值为 0;显式的方法则是将一部分污染物负荷量不予分配,一般根据 TMDL 编制人员的经验或不确定性的研究分析来获得。在总消减成本的分析中,提高水环境容量的置信区间会增加总消减成本,同时也会提高水质达标的可能性,因此可以看成是一种隐式方法。在显式方法中,由于仅靠编制人员的经验而设定 MOS 值具有明显的不科学性,因此目前的研究多关注于采用不确定性分析研究来计算河流的 MOS 值。宫永伟(2010)利用 SWAT 模型,通过输入信息、模型参数和模型结构的不确定性分析,研究了三峡库区大宁河流域各条河流不同水文年的 MOS 值(表 6.18)。

表 6.18　各分区 MOS 计算结果　　　　　　　　(单位:t)

水文年	西溪河	东溪河	后溪河	水文站	柏杨河	县界
枯水年	7.1	1.3	4.2	0.7	4.2	2.3
平水年	10.8	8.0	5.3	1.2	5.5	3.5
丰水年	21.7	10.2	14.6	1.9	7.8	4.1

概率约束方法的本质与显式的 MOS 值设定方法是相同的。概率约束方法是在一定置信区间的设定下,通过增加总污染物的减排量来降低非点源污染的不确定性,从而提高减排的有效性。而置信区间的设置以及污染源排放的标准差直接决定了额外减排量的大小,也反映出与 MOS 值相同的意义。本节将概率约束方法与 MOS 值的研究结果进行比较,研究 MOS 值在点源与非点源排污交易的应用价值(表 6.19)。

表 6.19 概率约束方法与 MOS 值的比较 (单位:t)

水文年	概率约束计算方法的选取的置信水平				MOS 计算结果
	0.6	0.65	0.7	0.75	
枯水年	1.3	2	2.7	3.1	1.3
平水年	13.2	20	27.4	35.3	8.0
丰水年	14.9	22.7	31.1	40.1	10.3

MOS 值计算是在分配水环境容量过程中考虑非点源污染的不确定性问题,而概率约束方法是通过增加污染源的减排量来解决非点源的不确定性问题。MOS 值是从非点源污染不确定性来源的角度计算得来,而概率约束方法则是完全基于数学概率的置信区间取值计算得来。将两者对比研究发现,整体看来概率约束方法得出的结果比 MOS 计算值较高,尤其在平水年,两者至少相差 5t。因此,概率约束方法的计算结果在一定程度上高估了非点源的不确定性,造成一定的水环境容量浪费或污染物消减的不经济性。然而,在 MOS 计算难度较大、数据统计确实或粗略计算时,可采用概率约束的计算方法作为 MOS 的参考计算值。

6.4.5 工程性减排措施

上述非点源的消减采用改善耕种方式、减少化肥施用等非工程性减排措施,而本节模拟工程性农业非点源减排措施对点源与非点源排污交易的影响。工程性减排措施通常在治理区域内实施一种或几种工程措施,通过控制非点源污染物的迁移途径,拦截并减少进入水体的非点源污染物来达到控制和削减非点源污染的目的。工程措施主要包括梯田与山边沟、草沟与植被过滤带、人工湿地、节水灌溉系统等(仓恒瑾等,2005)。

1. 工程性减排措施遴选

从工程性减排措施的普及程度和数据的可获得性等两方面考虑,常用的工程性减排措施包括人工湿地、滞留池、植被过滤带、生态沟渠等四种。人工湿地是由人工建造和控制运行的与沼泽地类似的地面,将污水、污泥有控制地投配到经人工建造的湿地上,污水与污泥在沿一定方向流动的过程中,主要利用土壤、人工介质、植物、微生物的物理、化学、生物三重协同作用,对污水、污泥进行处理的一种技术。其作用机理包括吸附、滞留、过滤、氧化还原、沉淀、微生物分解、转化、植物遮蔽、残留物积累、蒸腾水分和养分吸收及各类动物的作用。滞留池是由人工构建的池塘或储水池。滞留池利用设计的储水空间,将控制流域内因降雨而产生的洪峰保留在滞留池内,并通过重力沉降、植物养分吸收等物理及生化作用,将因雨水冲刷而进入水体的泥沙及部分污染物截留在滞留池内。滞留池一般选址在控制流域的下游或出口,可以削减控制流域的洪峰,增加水力停留时间,阻止部分污染物进入到下游水体。植被过滤带通常是人工设计修建的一块植被密集分层分布的土地,通过植被和土壤的过滤、蒸散发、下渗及营养物吸收等机理,达到控制洪峰水量、保持水土和防止污染物通过坡面径流进入到水体的作用。植被过滤带的覆盖植物通常选用草和灌木,一般选址于河流湖库岸边,或道路、农田的周边,作为坡面径流的进入水体前的一个缓冲。生态沟渠也可称为"草皮水沟",是指底部为土壤、底部覆有草类植被的沟渠或其他水利通道。生态沟渠可以让因降雨而产生的径流充分下渗,降低径流流速,从而减缓降雨径流对于土壤的冲刷作用。同时生态沟渠也可通过过滤、吸附、植被吸收等机理削减部分污染物。

根据国内外相关的研究数据,本节统计了四种 BMPs 对于主要非点源污染物的近似去除率,结果见表 6.20。从总磷的去除率角度出发,滞留池的污染物去除效率较好,去除效果也较为稳定。因此,本节采用滞留池为模拟对象研究,对滞留池在东溪河非点源消减的应用开展应用研究。

表 6.20　工程性减排措施的污染物去除率统计

BMPs 种类	污染物去除率统计结果/%		
	TSS	TP	TN
人工湿地	71±25	56±35	19±29
滞留池	68±10	55±7	32±11
生态沟渠	38±31	14±23	14±41
植被过滤带	54～84	−25～40	20

注:数据格式为:"平均值±95%置信区间"。生态沟渠一栏的数据格式为:"75ft 过滤带−150ft 过滤带"。统计样本为 275 个 BMPs 的监测结果(李跃勋等,2009)。

2. 滞留池可操作性评价

可操作性评价指标选择地形起伏度、坡度和土地利用类型三个指标。其中,地形起伏度、坡度和土地利用类型利用 GIS 技术通过卫星空间图像获得。在 DEM 数字高程图的基础上,通过空间分析模块的运算,可以获得坡度级别和地形起伏度分布。通过土地利用类型图,进行研究区土地利用类型的分类和重新赋值。进行可操作性评价的基础是对地形起伏度、土地利用类型和坡度进行分级量化赋值。

参考以往研究结果,将起伏度指数、土地利用类型指数和坡度指数按照对 BMPs 实施的可操作性影响,从 1~10 进行整数赋值,数值越大表明可操作性越差。

地形起伏度指数是衡量研究区地貌条件对 BMPs 实施的影响。地形起伏度的计算也就是评价单元内高程的方差,评价单元为 300m×300m 的地形单元(刘新华等,2001)。子流域地形起伏度指数的计算取子流域范围内所有计算单元地形起伏度的平均值(图 6.15)。土地利用类型指数是评价不同土地利用类型,对 BMPs 实施的可操作性程度。其中,未利用土地利用类型的指数最低,可操作性最高,最适宜修建 BMPs;居民用地的土地利用类型指数最高,可操作性最差,最不适宜修建 BMPs(图 6.16)。不同种类 BMPs 对于坡度有不同的要求,根据已有的

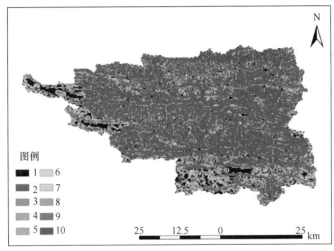

图 6.15　地形起伏度评价结果

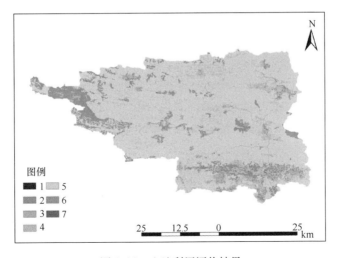

图 6.16　土地利用评价结果

BMPs工程描述,确定滞留池选址的最佳坡度为15°(图6.17)。具体赋值评价指标见表6.21。图6.18为大宁河东溪河流域滞留池可操作性评价结果,总体上看来东溪河流域大部分地区修建成本过高不适合修建滞留池,只有少部分地区存在滞留池修建的可操作性。通过SWAT模型的子流域划分,可进一步明确滞留池的修建位置以及非点源的消减效果。

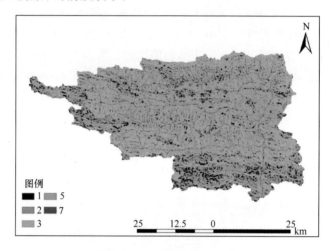

图6.17　地形坡度评价结果

表6.21　滞留池可操作性评价赋值表

地形起伏度评价		土地利用类型评价		地形坡度评价	
地形起伏度范围/m	地形起伏度指数	土地利用类型	土地利用类型指数	坡度阈值	滞留池
0~11	1	未利用土地	1	0°~3°	5
11~17	2	草地	2	3°~6°	3
17~23	3	水域	3	6°~9°	2
23~30	4	旱地	4	9°~12°	1
30~38	5	林地	5	12°~15°	1
38~47	6	水田	6	15°~20°	2
47~57	7	城镇、居民用地	7	20°~35°	3
57~70	8	—	—	35°~60°	5
70~92	9	—	—	>60°	7
>92	10	—	—	—	—

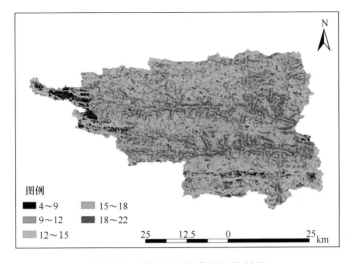

图 6.18 滞留池可操作性评价结果

3. 东溪河流域子流域的划分

在上述针对东溪河流域的 SWAT 模拟中,其目的主要是模拟东溪河丰水年、平水年和枯水年不同水文期的流量和非点源产生量。因此,在划分大宁河巫溪段子流域的过程中按照 10000km² 共划分出 14 个子流域(图 6.19)。然而,这种将东溪河划分为一个子流域的划分结果不适于针对滞留池的模拟,需要对该子流域进行进一步的划分,并与上述滞留池的可操作性评价相结合模拟滞留池消减非点源污染的消减成本。

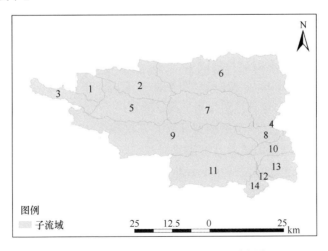

图 6.19 大宁河巫溪段 14 个子流域划分

　　在研究中,以 1000km² 为子流域划分标准,在大宁河巫溪段共划分出 136 个子流域(图 6.20)。其中按照其编号,子流域 1、2、3、4、5、6、7、8、9、10、11、12、13、14、15、16、17、18、19、21、22、23、24、25、26、28、33、34、39、40、52、56、79、80、82、83 和 85 等 37 个子流域在东溪河流域之中。在每一个子流域里,利用 SWAT 模型模拟了其流量及非点源污染量。将这些子流域划分与可操作性评价相结合就可识别出在下属子流域中适合修建滞留池进行污染消减,其编号为 5、6、7、10、11、12、14、15、22、24、25、26、33、40、52 和 85。

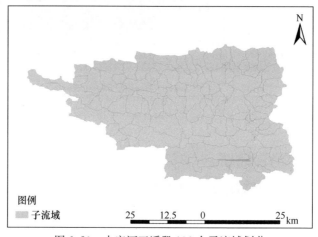

图 6.20　大宁河巫溪段 136 个子流域划分

4. 滞留池的成本函数

　　滞留池的成本计算涉及流量、地形、人力资本等多种因素。滞留池非点源的治理成本按照以下步骤进行计算。①确定滞留池成本与流量的数量关系。根据国内外研究(刘礼祥等,2004),确定滞留池成本与流量的计算关系表示为 $c = 307.8V^{0.71}$,其中,c 为滞留池修建成本,元;V 为设计容量,m³;在研究中,滞留池的设计容量为保证 1 天水力停留时间,即所在子流域河道年日均总流量。②模拟子流域流量,各子流域多年日均流量可通过 SWAT 模型模拟计算获得。③计算子流域非点源污染量。通过 SWAT 模型计算子流域多年平均非点源污染量,并根据去除率得到非点源的理论消减量。④构建滞留池成本与非点源消减量的数量关系。通过函数模拟方式构建滞留池成本与非点源污染消减量的多元线性函数。

　　根据上述计算步骤,可得到非点源消减量与滞留池成本的函数关系式(图 6.21)。假设滞留池的使用年限为 10 年,贴现率选取 1.8%[①]。利用现金流量

分析方法,按照贴现的方式计算当年通过滞留池消减非点源的成本。假设 m 为滞留池修建成本,r 为体现率,x 为当年非点源的消减成本,$x=\dfrac{rm}{(1+r)^{10}-1}$。

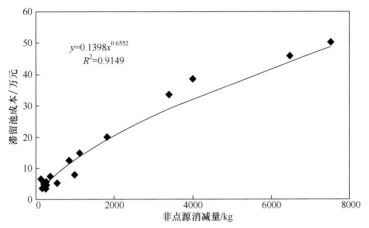

图 6.21　非点源消减量与滞留池成本的函数关系式模拟结果

5. 点源与非点源的模拟结果

根据滞留池的成本就可以模拟不同水文年内不同水文期的点源非点源排污交易情形(表 6.22)。由于滞留池的修建与非点源消减量关系密切,因此滞留池的成本计算按照某一年内丰水期、平水期和枯水期非点源的最大消减量进行计算。因此,丰水年、平水年和枯水年非点源消减成本分别为 123.55 万元/10 年、124.49 万元/10 年和 24.50 万元/10 年。按照折现率进行折现,当年非点源的消减成本分别为 11.39 万元、11.47 万元和 2.26 万元。

表 6.22　不同水文年、不同水文期下的模拟结果

水文年	水文期	点源消减量/kg	非点源消减量/kg	点源消减成本/万元	水质情况/(mg/L)
枯水年	丰水期	849.99	230.16	19.32	0.1
	平水期	1755.52	10744.88	20.74	0.1
	枯水期	2833.33	1167.2	52.49	0.1
平水年	丰水期	1428.6	6184.05	13.79	0.1
	平水期	707.2	128554.28	3.50	0.1
	枯水期	2362.05	12797.95	37.14	0.1

水文年	水文期	点源消减量/kg	非点源消减量/kg	点源消减成本/万元	水质情况/(mg/L)
	丰水期	1037.1	15003.66	7.38	0.1
丰水年	平水期	715.72	127088.88	3.57	0.1
	枯水期	1578.45	32572.8	16.87	0.73

　　从最优消减量角度分析,工程性消减非点源与非工程性消减非点源的分配方式相同。当水环境功能区划约束强于环境容量约束时(反映在交易完成后水质情况为 0.1mg/L),点源和非点源按照污染源对设定断面增加单位污染物所产生的边际消减成本进行消减量分配。若水环境功能区划约束弱于环境容量约束时,点源和非点源在边际消减成本相等时达到最优。然而,与非工程性消减不同的是,当非点源量较低时,工程性消减措施会产生点源消减弥补非点源消减的情况。在枯水年的丰水期和枯水期,非点源的污染量仅为 8917.20kg 和 3244.13kg,与其他水文年相同时期的非点源模拟量相比明显减少。因此,在进行模拟时非点源污染的消减成本无法反映出在经济方面的优势,其结果为通过点源消减相比弥补非点源消减量。同时,这也说明由于工程性 BMP 需要达到一定的规模才能体现出非点源消减的成本优越性,因此当非点源污染量较低时,应多采用非工程性 BMP 方式,慎重选择工程性 BMP。当然,由于工程性 BMP 可以使用较多年限,因此该种消减方式应该从中长期进行选择。在一年内,BMP 的选择按照月均最大消减量进行选择;而从中长期角度,BMP 的选择可选择平水年或丰水年的月均最大消减量进行设计。因此,在东溪河地区,通过滞留池消减非点源的成本应该在 11.39 万～11.47 万元/年。

6.4.6　非点源污染消减的不确定性

　　不确定性是非点源的本质特征。在非点源的计算、模拟、预测和消减过程中,都应该解决好不确定性问题。对于非点源污染来说,其不确定性可以分为非点源污染物产生(包括进入水域)的不确定性和人为描述(模型)的不确定性。①从产生和形成过程看,非点源污染与区域的降水、土壤结构、农作物类型、气候、地质地貌等密切相关,这些影响因子的不确定性决定了非点源污染的产生具有较大的不确定性。②在非点源研究中,经常应用数学模型来估计流域的非点源负荷,模拟污染物在河流中的迁移转化过程。计算模拟过程中,考虑的因素过于简单,忽略了时空变异性的影响,而实际上引起非点源污染的因素是复杂多样的、不确定的,必然会引起较大的误差(余红,沈珍瑶,2008)。

　　在排污交易中,非点源的不确定性一方面反映在非点源污染负荷计算导致初始产权分配问题,另一方面反映在污染消减的有效性问题。污染消减的不确定性直接产生非点源消减量的核定问题,从而对非点源与点源的排污权交易过程产生影响。因此,在研究过程中,主要针对非点源污染消减的不确定性问题进行探讨,研究该问题对排污交易以及交易成本的影响。

在上述模拟研究过程中,非点源的排放量 $e_{排}$ 等于非点源产生量 e 减去非点源消减量 y。其计算公式为 $e_{排}=e-ay$,其中 a 为不确定性因子,且 $a=1$。由于非点源的消减存在一定的不确定性,因此本节在 $a=0.7$、0.8、0.9、1.1 等情况下模拟排污交易情况。

随着非点源不确定性的增加,污染源的消减总量也不断增加,点源和非点源的消减量均呈现出增加的态势。对于不同水文年和水文期就呈现出该种情况,因此仅把丰水年丰水期的情况列出,见图 6.22。非点源的不确定性增加导致在同一环境约束下达到相同总量控制标准和水质控制标准需要进一步提高污染的消减总量,因此使得点源和非点源的消减量均出现提高。特别的是,当不确定性因子为 1.1 时(说明每消减 1 单位非点源可能导致 1.1 单位的非点源消减量),非点源的消减量具有一定的经济优势,导致总体的污染消减量有所降低。

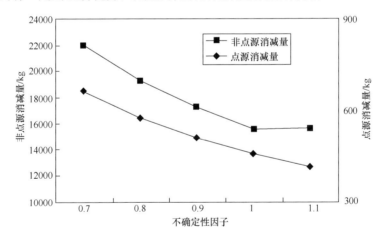

图 6.22 丰水年丰水期非点源不确定性分析

尽管随着不确定性因子的变化,点源与非点源消减量呈现出相同的变化趋势,但是考查其边际消减成本还是存在一定的变化(图 6.22)。非点源不确定性的增加导致点源与非点源的边际消减成本不断增加,通过进一步增加点源的消减量来减缓非点源带来的不确定性,同时也带来了一定的经济损失。当不确定性因子为 1 时,两个污染源的边际消减成本正好相等。而当不确定性因子为 1.1 时,非点源的边际消减成本高于点源的边际消减成本,说明从经济角度来看,非点源承担了更多的消减量。另外,其边际消减成本的比例也可以作为确定交易比例数值的一种方法(Zhang,Wang,2002)。因此,从不确定性角度计算,当非点源的不确定性因子为 0.7 时,点源与非点源的交易比例为 1.4(图 6.23)。通过实际对非点源污染监测可进一步确定非点源污染的不确定性指数以及非点源消减的不确定性指数，从而有助于确定点源与非点源的交易比例。

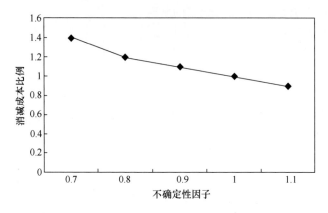

图 6.23　不同不确定性下点源与非点源的边际消减成本比例

6.4.7　制度设计

上述点源与非点源的排污交易是从总体上按照效率原则进行污染消减量分配，并不会涉及具体的污染源之间的交易行为。然而，在实际应用中，交易制度的设计是实施排污权交易措施的重要保障，更是国内外研究者讨论的重点。从上面结果讨论中看出，可以从两个方面进行制度设计，保证基于水环境功能区划排污交易的顺利进行。

一方面，提高环境容量选择的置信水平或非点源消减的置信水平。从本质上讲，两者都是通过提高环境容量标准，增加点源和非点源的污染消减量来达到满足水质标准的目的。从研究的结果来看，在环境容量的置信水平高于 0.73 时，点源与非点源的自由交易也同样可以保证水环境功能区划下游边界处水质达标，同时满足总量控制和水质控制两方面约束。另外，增加非点源消减的置信水平也可以起到同样的作用。但由于一年内丰水期、平水期和枯水期非点源变化较大，因此同一置信水平在不同的水文期对于非点源的约束不太相同，对于水质达标的影响也不相同，因此与提高环境容量的置信水平相比，增加非点源消减的置信水平在一定程度上缺乏可操作性。

表 6.23　徐家镇和白鹿镇在丰水年、平水年和枯水年的 *di* 值

水文年		丰水期	平水期	枯水期
枯水年	徐家镇	0.96	0.96	0.97
	白鹿镇	0.98	0.98	0.98
	非点源	0.96	0.80	0.97

水文年		丰水期	平水期	枯水期
	徐家镇	0.97	0.98	0.96
平水年	白鹿镇	0.98	0.99	0.98
	非点源	0.97	0.82	0.96
	徐家镇	0.97	0.98	0.98
丰水年	白鹿镇	0.99	0.99	0.99
	非点源	0.97	0.82	0.98
	徐家镇	0.97	0.97	0.97
多年平均	白鹿镇	0.99	0.99	0.98
	非点源	0.97	0.82	0.97

另一方面,可通过设定交易比例确保排污交易的运作。按照多点源排污交易中交易比例的设定,可以计算出点源和非点源在丰水期、平水期和枯水期的 di 值(表 6.23)。非点源的 di 值按照 1 单位非点源污染经过自净后到达区划下游断面的污染物量进行计算。由于丰水年的流速明显增加,达到枯水年平均流速的近两倍,因此在丰水年、平水年和枯水年中,枯水年的 di 值最低,丰水年的 di 值最高。在各水文年中丰水期 di 值最低,枯水期 di 值最高,这是由于枯水期流量变少致使污染源排放单位污染物对下游边界处的 TP 浓度的贡献率升高所导致。整体看来,点源与非点源之间的 di 值相差不多。首先,河流水体对于总磷污染物的消减量本身较为有限,因此不会像 COD 污染物产生较大的交易比例值。其次,两个点源的位置相对较近,本身的空间差异性并不大,因此点源之间的 di 值相差也不大。最后,非点源 di 值的计算中仅考虑非点源污染的潜在影响,并没有考虑非点源产生、迁移中的不确定性,因此非点源与点源之间的 di 值并没有较大差距。

6.5　小　　结

本章基于水环境功能区划构建了三峡库区大宁河流域东溪河点源与非点源排污权交易模型。根据 2000～2007 年月均环境容量情况,东溪河的丰水期包括 6 月、7 月和 8 月,平水期包括 4 月、5 月、9 月和 10 月,枯水期包括 1 月、2 月、3 月、11 月和 12 月。考虑到非点源的特点,利用蒙特卡罗方法计算了东溪河的水环境容量,当置信区间为 0.7、0.75 和 0.8 时,东溪河丰水期、平水期和枯水期水环境容量分别为 11960kg、8540kg 和 1963kg。同时,利用概率约束模型构建了东溪河点源与非点源排污交易模型。研究结果表明水质约束的引入很好地提高了环境质量,而在传统排污交易模拟中区划下游边界处均出现了水质超标现象。

在消减成本方面,随着水环境容量置信度的增加,环境容量不断减小,总量控制的约束不断变强,从而使得总消减成本也不断提高。当置信度为0.7时,基于水环境功能区划的排污交易与传统排污交易相比消减成本的节约有所减少,说明排污交易通过减少经济方面的有效性而提高水质安全。基于水环境功能区划的排污交易模式实质上是一个从水质控制向容量控制过渡的排污交易模式。

在概率约束分析中,随着置信水平的增加,点源和非点源的总消减量不断增加,污染消减总成本不断增长。若水环境功能区划约束强于总量控制约束,则点源和非点源按照边际成本以及对于区划下游边界处的污染贡献分配总污染消减量。若总量控制约束强于水环境功能区划约束,则点源和非点源仅按照各自的边际成本分配总污染消减量。

MOS值是从非点源污染不确定性来源的角度计算得来,而概率约束方法则是完全基于数学概率的置信区间取值计算得来。在MOS分析中,概率约束方法的计算结果在一定程度上高估了非点源的不确定性,造成一定的水环境容量浪费或污染物消减的不经济性。然而,在MOS计算难度较大、数据统计确实或粗略计算时,可采用概率约束的计算方法作为MOS的参考计算值。

从工程的可操作性、减排成本和减排效果等三个方面模拟了工程性BMP进行点源与非点源污染消减的过程。研究结果表明,由于工程性BMP需要达到一定的规模才能体现出非点源消减的成本优越性,因此当非点源污染量较低时,应多采用非工程性BMP方式,慎重选择工程性BMP。当然,由于工程性BMP可以使用较多年限,因此该种消减方式应该从中长期进行选择。在一年内,BMP的选择按照月均最大消减量进行选择;而从中长期角度,BMP的选择可选择平水年或丰水年的月均最大消减量进行设计。因此,在东溪河地区,通过滞留池消减非点源的成本应该在11.39万~11.47万元/年。

随着非点源不确定性的增加,污染源的消减总量也不断增加,点源和非点源的消减量均呈现出增加的态势。非点源不确定性的增加导致点源所承担的消减量不断增加,从而减缓非点源带来的不确定性,同时也带来了一定的经济损失。从不确定性角度计算,当非点源的不确定性因子为0.7时,则点源与非点源的交易比例为1.4。

在制度设计方面,可通过两种方法来进行点源与非点源的排污权交易,其一是提高环境容量选择的置信水平或非点源消减的置信水平,其二是可通过设定交易比例确保排污交易的运作。若仅考虑污染源对断面的水质影响,则点源与非点源的交易比例相差不大。

参 考 文 献

仓恒瑾,许炼峰,李志安,等. 2005. 农业非点源污染控制中的最佳管理措施及其发展趋势. 生态科学,24(2):173-177.

陈丁江,吕军,金培坚,等. 2010. 非点源污染河流水环境容量的不确定性分析. 环境科学,31(5):1216-1219.

陈丁江,吕军,金树权,等. 2007. 非点源污染河流的水环境容量估算和分配. 环境科学,28(7):1416-1424.

龚若愚,周源岗. 2001. 柳江柳州段水环境容量研究. 水资源保护,1:31,32.

宫永伟. 2010. 三峡库区大宁河流域(巫溪段)TMDL 的不确定性研究(博士学位论文). 北京:北京师范大学.

韩兆兴. 2011. 基于水环境功能区划的排污权交易研究(硕士学位论文). 北京:北京师范大学.

胡珺,李春晖,贾俊香,等. 2013. 水环境模型中不确定性方法研究进展. 人民珠江,2:8-12.

金树权. 2008. 水库水源地水质模拟预测与不确定性分析(博士学位论文). 杭州:浙江大学.

李学兵,郑裕生,张江山. 2009. 基于排污权交易制度的流域水质管理体系研究. 环境科学与管理,34(2):20-23.

李跃勋,徐晓梅,洪昌海,等. 2009. 表面流人工湿地在滇池湖滨区面源污染控制中的应用研究. 农业环境科学学报,28(10):2155-2160.

刘礼祥,刘真,章北平,等. 2004. 人工湿地在非点源污染控制中的应用. 华中科技大学学报(城市科学版),21(1):40-43.

刘新华,杨勤科,汤国安. 2001. 中国地形起伏度的提取及在水土流失定量评价中的应用. 水土保持通报,21(1):57-62.

仇蕾,陈曦. 2014. 淮河流域水污染物的初始排污权分配研究. 生态经济,30(5):169-172.

盛虎,李娜,郭怀成,等. 2010. 流域容量总量分配及排污交易潜力分析. 环境科学学报,30(3):655-663.

严齐斌. 2006. 河流水质参数估计的蒙特卡罗方法. 水利水电技术,37(10):14-16.

余红,沈珍瑶. 2008. 非点源污染不确定性研究进展. 水资源保护,24(1):1-5.

于鲁冀,侯保峰,章显. 2012. 水污染物初始排污权定价策略研究. 环境污染与防治,34(3):101-104.

张巍,郑一,王学军. 2008. 水环境非点源污染的不确定性及分析方法. 农业环境科学学报,27:1290-1296.

张巍,王学军. 2002. 应用概率约束模型分析不确定条件下非点源治理的最优策略. 农业环境保护,21(4):314-317.

Aalderink R,Zoeteman A,Jovin R. 1996. Effect of input uncertainties upon scenario predictions for the river Vecht. Water Science and Technology,33(2):107-118.

Cole M A. 2004. Trade,the pollution haven hypothesis and the environmental Kuznets curve:Examining the linkages. Ecological Economics,48:71-81.

Conejo A J,Castillo E,Minguez R,et al. 2006. Decomposition Techniques in Mathematical Programming:Engineering and Science Applications. New York:Springer Berlin Heidelberg.

Farrow R S,Schultz M T,Celikkol P,et al. 2005. Pollution trading in water quality limited areas:Use of benefits assessment and cost-effective trading ratios. Land Economics,81(2):

191-205.

Han Z X, Shen Z Y, Gong Y W, et al. 2011. Temporal dimension and water quality control in an emission trading scheme based on water environmental functional zone. Frontiers of Environmental Science & Engineering, 5(1):119-129.

Malik A S, Letson D, Crutchfield S R. 1993. Point/nonpoint source trading of pollution abatement: Choosing the right trading ratio. American Journal of Agricultural Economics, 75(4): 959-967.

Hung M F, Shaw D. 2005. A trading-ratio system for trading water pollution discharge permits. Journal of Environmental Economics and Management, 49:83-102.

Melching C S, Bauwens W. 2001. Uncertainty in coupled nonpoint source and stream water-quality models. Journal of Water Resources Planning and Management, 127(6):403-413.

Milon J W. 1987. Optimizing nonpoint source controls in water quality regulation. Water Resource Bulletin, 23(3):387-395.

Nandakumar N, Mein R G. 1997. Uncertainty in rainfall—runoff model simulations and the implications for predicting the hydrologic effects of land-use change. Journal of Hydrology, 192 (1-4):211-232.

Randhir T O, Tsvetkova O. 2011. Spatiotemporal dynamics of landscape pattern and hydrologic process in watershed systems. Journal of Hydrology, 404:1-12.

Shen Z Y, Hong Q, Liao Q, et al. 2013. Uncertainty in flow and water quality measurement data: A case study in the Daning River watershed in the Three Gorges reservoir region, China. Desalination and Water Treatment, 51(19-21):3995-4001.

Shen Z Y, Hong Q, Yu H, et al. 2008. Parameter uncertainty analysis of the non-point source pollution in the Daning river watershed of the Three Gorges reservoir region, China. Science of the Total Environment, 405:195-205.

Zhang P P, Liu R M, Bao Y M, et al. 2014. Uncertainty of SWAT model at different DEM resolutions in a large mountainous watershed. Water Research, 53:132-144.

Zhang W, Wang X J. 2002. Modeling for point-non-point source effluent trading: Perspective of non-point sources regulation in China. The Science of the Total Environment, 292:167-176.

Zhang Y L, Wu Y Y, Yu H, et al. 2013. Trade-offs in designing water pollution trading policy with multiple objectives: A case study in the Tai Lake Basin, China. Environmental Science & Policy, 33:295-307.

第7章　最佳管理措施模拟及优化设计研究

TMDL 技术为非点源污染的控制确定了目标并推荐了措施,但在控制措施具体的实施过程中,还需要根据各个区域的具体情况因地制宜地落实这些措施。因此,在前面 TMDL 设计的基础上,本章将流域层面和源区层面的管理措施模拟,考察重要非工程性措施对非点源污染的削减效果,然后进一步推进到亚流域层面,将工程性与非工程性相结合,采用遗传算法,进行 BMPs 多目标优化设计,以期为非点源污染控制提供技术支持。

7.1　最佳管理措施简介

最佳管理措施(best management practices,BMPs),是一种保护水环境免受污染的措施,通过采用清洁生产或提供水污染养分处理设施来达到水环境保护的目的(Mckissock et al. ,1999;耿润哲等,2013)。水土保持学会将 BMPs 定义为"由一个州或一个设定区域的计划机构制定的,将点源和非点源污染物控制在与环境质量目标相一致的水平上最有效、最切实可行的(包括技术的、经济的和制度的考虑)方法和手段"。Novotng 等(1994)给出另外一个定义:"BMPs 是为了防止或减少非点源污染,从而达到水质目标而采用的方法和措施或其结合"。USEPA 将 BMPs 定义为"任何能够减少或预防水资源污染的方法、措施或操作程序,包括工程、非工程措施的操作和维护程序"(Brown,1993)。综合以上三种定义,BMPs 可以看做是用来解决非点源污染负荷,使得水质符合水质目标的一个或者几个措施的组合。BMPs 通过技术、规章和立法等手段能有效地减少农业非点源污染,其着重于源的管理而不是污染物的处理(仓恒瑾等,2005;Liu et al. ,2013)。

英国、美国等国家是最早开展最佳管理措施的国家。20 世纪 70 年代开始,英国、美国等国家就开始实行 BMPs 管理方式,以有效控制非点源氮、磷素对水生环境的危害(王晓燕,2011)。1972 年美国联邦水污染控制法首次明确提出控制非点源污染,倡导以土地利用方式合理化为基础的"最佳管理措施"(Panagopoulos et al. ,2012)。1977 年的清洁水法进一步强调非点源污染控制的重要性。1987 年的水质法案则明确要求各州对非点源污染进行系统的识别和管理并给予资金支持(章明奎等,2005),BMPs 主要就是针对这些被识别出的区域的管理措施(蒋鸿昆等,2006)。

目前,国外已普遍应用的 BMPs 种类繁多,但因其非限制性的定义,只要符合一定的法规与技术标准,都可作为 BMPs 推广应用并在实践中完善。根据现有 BMPs 在实施过程中的差别,可将其分为工程性 BMPs 与非工程性 BMPs(王秀娟,2010)。

工程性 BMPs,指通常在治理区域内实施一种或几种工程措施,通过控制非点源污染物的迁移途径,拦截并减少进入水体的非点源污染物来达到控制和削减非点源污染的目的(付菊英等,2014)。工程措施在控制水和沉积物的运移方面非常有效,在世界各地有着广泛的应用。工程措施主要包括梯田与山边沟、草沟与植被过滤带、人工湿地、节水灌溉系统等(仓恒瑾等,2005)。张培培等(2014)研究表明一个正常的河边植被带对流经此带的水流及其携带的污染物具有一定的截留和过滤作用,这种功能可以用来对水体水质进行保护。Watanabe 等(2001)发现,在植被过滤带的覆盖度 0%、50% 和 100% 处理下,农药二嗪农流失量分别为 8.6%、5.8% 和 2.3%,具有明显的去除效果。在我国,尹澄清等(2002)研究表明,人工多水塘系统具有很强的截留来自农田的径流和非点源污染物的生态功能。他们在白洋淀进行的野外实验结果表明,有植被 290m 长的小沟对地表径流总氮和总磷的截留率分别为 42% 和 65%;4m 芦苇根区土壤对地下径流总氮和总磷的截留率分别为 64% 和 92%。工程措施的梯田、湿地、沼泽、人工防护林等均能减少降雨径流量,增加降雨入渗量,延缓径流洪峰峰现时间,降低非点源污染负荷,促进生产力,产生生态和经济的双重效益。其中,人工湿地对于总氮、总磷、COD、重金属等有较高的去除率,可以获得污水处理与资源化的最佳生态效益、经济效益和社会效益,是控制农业非点源污染的重要工程措施之一(彭超英等,2000)。一项调查研究表明,巴西 Piracicaba 市的 Engenho 湿地对磷、硝酸盐和氨的去除率分别达到了 93%、78% 和 50%(Farahbakhshazad,2000)。段志勇等(2002)用工业锅炉炉渣作为填料,对由芦苇、茭草、菖蒲等水生植物组成的人工湿地的废水处理进行研究,发现湿地对 COD 的平均去除率约为 79%,总氮平均去除率约为 68%,总磷去除率约为 60%,呈现出较好的去除效果。同时,对人工湿地各种影响因素的研究(湿地淹水状况、pH、水生植物类型、湿地土壤类型等)(Braskerud,2002)也促进了人工湿地在控制农业非点源污染方面的应用与发展。

非工程性 BMPs,指那些通过对污染源的控制,将非点源污染物的产生限制在最低限度的各种土地管理、行政法规、经济等非工程性手段,即"属于土地的物质应该流在土地上"(Novotny,1994;Rao et al.,2009)。国外根据这一思想,Mario 等(2004)比较研究了四种耕作方式下的径流和泥沙量:传统耕作(CT)、免耕无作物残茬覆盖(NT-0)、免耕和 33% 的作物残茬覆盖(NT-33)及免耕和 100% 的作物残茬覆盖(NT-100)。其结果证明,CT 和 NT-0 的径流和泥沙量高于另外两种耕作方式,免耕法是需要修复的农业用地很好的 BMPs。非工程措施还包括作物残茬覆盖,合理施用化肥、农药等。秸秆覆盖的突出特点是增强土壤蓄水能力,可以减少地表径流 60% 左右,减少侵蚀,从而减少除草剂等化学物质进入水体的量以及非点源污染负荷。Gustafson 等(2000)试验表明,冬季种植作物或覆盖作物可以使本年内硝态氮流失量下降 75%,在后续几年内硝态氮流失量也大约降低 50%。氮、磷等营养素随地表水流失的其中一个重要因素,是田地中肥料投入量的增加及施肥的不科学性。Prunty 和 Greenland(1997)对灌溉中的马铃薯田地中氮元素的迁移行为进行监测后指出,为了避免氮元素的渗漏,但同时为确保农产品的最大生产量,应尽量避免氮肥的重复多次施用,给土地进行施氮肥时,也应时常监测,做到既避免渗漏,又能及时地满足庄稼生长所需。Ressler 等(1997)指出,使用新型的肥料注施机,能使棉花田中所施肥料的流失量比使用传统施肥机时降低。

7.2　典型流域管理措施模拟

7.2.1　土地利用方式变化

　　根据前述的研究发现,研究区内土地利用类型对流域内非点源污染具有较大的影响,由于农业非点源污染是人为干扰和自然因素共同作用下形成的一种污染形式,它的影响因素主要包括土地利用方式、降水、地形地貌等(Shen et al.,2013b)。其中很多因素都是自然的,人类无法改变,因此要想达到控制农业非点源污染的目的,改变土地利用方式就成为最为关键的因素之一(王秀娟,2010;洪倩,2011)。从保护和改善生态环境出发,将易造成水土流失的坡耕地有计划、有步骤地停止耕种,按照适地适树的原则,因地制宜地植树造林,恢复森林植被。退耕还林工程建设包括两方面的内容:一方面为坡耕地退耕还林;另一方面为宜林荒山荒地造林。本节涉及的主要退耕还林措施为坡耕地退耕还林。

　　主要从以下情景进行模拟:①25°以上坡耕地退耕还林;②20°以上坡耕地退耕还林;③15°以上坡耕地退耕还林。

　　将变化后的土地利用图导入到 SWAT 模型数据库中,利用模型模拟大宁河流域非点源污染负荷产生情况,模拟期为 2001～2009 年,对三种土地利用方式下的年均污染负荷情况进行统计对比分析,其泥沙、总氮、总磷负荷削减情况如表 7.1所示。

表 7.1　不同土地利用变化方式下非点源污染削减量

变化方式	泥沙削减量/万 t	泥沙削减率/%	总氮削减量/t	总氮削减率/%	总磷削减量/t	总磷削减率/%
25°以上退耕还林	84.71	21.30	460.92	19.20	64.94	20.60
20°以上退耕还林	106.98	26.90	537.75	22.40	83.54	26.50
15°以上退耕还林	121.29	30.50	640.97	26.70	94.26	29.90

从模拟结果可以看出,退耕还林措施对于泥沙和营养物的输出都有较好的削减效果,随着退耕还林面积的增加,削减效果也显著提高。从 25°以上退耕还林到 15°以上退耕还林,泥沙削减率提高了近 10%,而总氮总磷的削减率分别提高了 7.4% 和 9.3%。在 SWAT 模型中,地表径流采用 SCS 方法进行计算,其径流量的大小会随着径流曲线数 CN 的减小而减小,由于林地的 CN 小于耕地,因此,退耕还林之后径流量会相应减少,流域内土壤水分持蓄能力的提高,可以有效地减少土壤侵蚀,从而降低泥沙的输出负荷;同时,随着耕地大面积的减少,流域内整体化肥使用量将会大幅度降低,氮磷营养物的输出也会得到大幅度地削减。

7.2.2 耕作管理措施

1. 主要耕作管理措施

耕作管理措施对非点源污染输出不确定性的重要来源,采用合理有序的耕作管理,将有效减少非点源污染(Shen et al.,2013b;Liu et al.,2014)。用于非点源污染控制的主要耕作管理措施包括:

(1)免耕法:是保护性耕作的主要形式,在国外得到了广泛的应用,在国内得到推广和完善。通过免(少)耕简化生产流程,降低劳动力成本,是一种低投入、高产出、高效益的新型农业技术。少耕也属于免耕措施范畴,尽量减少土壤耕作次数,减小土壤压实程度,保护和改善土壤结构,防止土壤侵蚀和水土、营养物流失。

(2)残茬覆盖:地表留下足够数量的残茬,用以土壤水分和养分,减少地面板结,在地上直接播种。更多的保留作物残茬,可以有效提高土壤的长期生产力,并且可以减少化合态碳和炭化气体的释放,以及减轻空气颗粒物的污染。

(3)带状耕作:播种行耕翻种植作物,土壤局部耕作。沿等高线实行带状种植,减少风力破坏。

(4)等高耕作:又称横坡种植,是指土地备耕、种植、耕作均在等高线上进行。等高耕作可防止片状和沟状侵蚀,最大限度地保护缓坡田地抵抗中度、低强度暴风雨的侵蚀。

(5)坡改梯:在坡地上分段沿等高线建造阶梯式农田,以减少片蚀和沟蚀作用,增加水保效果。

(6)植物篱:按一定的间距沿等高线种植连续的植物篱,可减缓径流,拦截泥沙,增加入渗,从而控制水土流失。

2. 耕作措施的 SWAT 实现

各类耕作管理措施模拟在 SWAT 中通过以下方式来实现:

(1)免耕法:将耕作模式调整为 no tillage。

（2）残茬覆盖：将耕作模式调整为 no tillage，同时还需调整径流曲线数 Cn2、植被覆盖因子 USLE_C、坡面曼宁系数 OV_N。

$$C_{USLE} = \exp\left[(\ln 0.8 - \ln C_{USLE,mm}) \cdot \exp(-0.00115 rsd_{surf}) + \ln C_{USLE,mm}\right]$$

(7.1)

式中，$C_{USLE,mm}$ 为最小植被覆盖和管理因子值，相当于植被覆盖度为 100% 时的 C_{USLE}；rsd_{surf} 为地表植物残留量或累积生物量，单位为 kg/hm^2，当作物收获后，可根据自定义的收获指数得出作物残余量。

根据相关的研究结果，无残余物时，坡面曼宁系数 OV_N 为 0.14，当释放残留物量为 $0.5\sim 1t/hm^2$ 时，OV_N 为 0.20；当释放残留物量为 $2\sim 9t/hm^2$ 时，OV_N 取值为 0.30。在模拟残茬覆盖耕作时，选择残茬量在 $3t/hm^2$ 的标准来进行模拟。

（3）带状耕作：调整径流曲线数 Cn2、水土保持措施因子 Usle_P、植被覆盖因子 USLE_C 以及坡面曼宁系数 OV_N。其中径流曲线数和水土保持措施因子的取值见表 7.2 和表 7.3；研究中带状耕作选取 1∶1 粮草间作模式，并假设草地为多年生常年覆盖，植被覆盖因子 USLE_C 和坡面曼宁系数 OV_N 的取值按照粮草面积的加权结果确定。

（4）等高耕作：调整径流曲线数 Cn2 以及水土保持措施因子 Usle_P。相关的具体取值见表 7.2 及表 7.3。

（5）坡改梯：调整径流曲线数 Cn2、水土保持措施因子 Usle_P 以及平均坡长 SLSUBBSN。其中径流曲线数和水土保持措施因子的取值分别见表 7.2 和表 7.3；平均坡长 SLSUBBSN 在梯田耕作方式下将用以表征设计梯田的水平宽度，不同坡度条件下的梯田宽度设计见表 7.4。

表 7.2　不同管理措施下的 Cn2 取值

作物类型	耕作方式	水文条件	土壤水文分组			
			A	B	C	D
行列状作物	残茬覆盖	差	76	85	90	93
		好	74	83	88	90
	带状耕作	差	72	81	88	91
		好	67	78	85	89
	等高耕作	差	70	79	84	88
		好	65	75	82	86
	梯田	差	66	74	80	82
		好	62	71	78	81

续表

作物类型	耕作方式	水文条件	土壤水分组			
			A	B	C	D
密集型作物/轮作	残茬覆盖	差	66	77	85	89
		好	58	72	81	85
	带状耕作	差	64	75	83	85
		好	55	69	78	83
	等高耕作	差	63	73	80	83
		好	51	67	76	80

表 7.3　不同管理措施下的 Usle_P 取值

坡度	水土保持措施因子 Usle_P		
	带状耕作	等高耕作	梯田
1~2	0.6	0.3	0.12
3~5	0.5	0.25	0.1
6~8	0.5	0.25	0.1
9~12	0.6	0.30	0.12
13~16	0.7	0.35	0.14
17~20	0.8	0.40	0.16
21~25	0.9	0.45	0.18

表 7.4　不同坡度条件下的梯田设计宽度

坡度	田面宽/m	田坎宽/m
0°~5°	10~25	0.3
5°~15°	5~10	0.3
15°~25°	3~6	0.3
> 25°	1.5~3	0.3

（6）植物篱：调整植被缓冲带宽度 FILTERW 及平均坡长 SLSUBBSN。

FILTERW 在 SWAT 模型中用来表征有植被种植的田埂宽度或植被缓冲带宽度，以削减泥沙及其他非点源污染物，该参数的大小与泥沙、营养物的去除率呈指数关系：

$$\text{trap}_{af} = 0.367\text{FILTERW}^{0.2967} \tag{7.2}$$

植物篱具有与植被缓冲带类似的功能，并通常为双排种植，在研究过程中植物篱宽度设为 1m。

　　植物篱能够改变侵蚀坡面有效长度,从而控制水土流失,植物篱的带间距对植物篱的削减效果有明显影响,根据已有的相关研究,植物篱带间宽度大多设为 4～6m,本节设置 SISSUBBSN 值为 5。

　　通过对各种耕作管理措施下的年均污染负荷情况进行统计,泥沙、总氮、总磷负荷削减情况如表 7.5 所示。

表 7.5　不同耕作管理方式下非点源污染削减量

管理方式	泥沙削减量 /万 t	泥沙削减率 /%	总氮削减量 /t	总氮削减率 /%	总磷削减量 /t	总磷削减率 /%
免耕	15.11	3.80	100.83	4.20	11.66	3.70
残茬覆盖	72.82	18.31	350.98	14.62	55.29	17.54
带状耕作	45.69	11.49	172.37	7.18	30.70	9.74
等高耕作	36.19	9.10	122.91	5.12	27.61	8.76
坡改梯	89.52	22.51	464.77	19.36	66.17	20.99
等高植物篱	54.32	13.66	233.58	9.73	35.34	11.21

　　通过分析表 7.5 可以看出,在大宁河流域,改进耕作管理方式都可以在一定程度上削减非点源污染,但不同耕作管理方式下对污染物的削减效果差异较大。其中,坡改梯和残茬覆盖耕作的削减效果较好。坡改梯可减少泥沙负荷 89.52 万 t,削减总氮、总磷分别为 464.77t、20.99t,对各类污染物的相应削减率均在 20% 左右。而残茬覆盖对三类污染的削减率也分别达到了 18.31%、14.62% 和 17.54%,整体削减效果较好。削减效果其次的为等高植物篱、带状耕作这两类措施,削减率均在 10% 左右。对于等高耕作,泥沙和总磷的削减率为 9% 左右,而总氮的削减率较低,为 5.12%。事实上,在研究中涉及的大部分的耕作管理措施中,对总磷的削减率都要高于总氮的削减率,而等高耕作模式下两者的差异更为明显。造成此差异的根本原因在于氮磷的迁移方式有所不同。等高耕作中的犁沟、耧沟、锄沟等可以阻滞径流,增大拦蓄和入渗的能力,径流泥沙被拦蓄之后,泥沙将迅速沉积其中,而含磷污染物多以吸附态存在,大部分含磷污染物将随着泥沙颗粒的沉积而降低迁移速率,从而减少输出,但含氮污染物多以溶解态存在,在蓄满产流的情况下仍然会有较多负荷输出,因此,造成了总氮负荷削减率较低的结果。对比而言,免耕法的削减效果不显著,各类污染物的削减率为 4% 左右。可见保护性耕作可以为非点源污染负荷削减带来一定的效果。

7.2.3　化肥施用管理

　　田地中施肥量的增加是非点源污染产生的主要来源之一,盲目过量的施肥不仅造成土壤板结,而且大量未被植物吸收的氮、磷等营养物质随地表径流进入水体,因此科学合理的施肥措施能够有效削减农田非点源污染(Zhang et al.,2009; Liu et al.,2013)。此外,研究表明,目前在我国,许多地区的农田营养物输入呈盈余状态,化肥使用量减少30%不会减少农作物的产量。本节根据实际调查和统计资料确定研究区的施肥量,以2007年施肥量为基础,分别按照2007年施肥量降低10%、20%、30%进行相应的模拟计算。

不同养分管理方式下的非点源污染削减量模拟结果如表7.6所示。

表7.6　不同化肥施用管理方式下非点源污染削减量

管理方式	泥沙削减量 /万t	泥沙削减率 /%	总氮削减量 /t	总氮削减率 /%	总磷削减量 /t	总磷削减率 /%
减少10%施肥量	8.07	2.03	210.30	8.76	29.79	9.45
减少20%施肥量	11.02	2.77	363.70	15.15	54.47	17.28
减少30%施肥量	11.17	2.81	547.35	22.80	79.63	25.26

由表7.6可以看出,在不同的养分管理方式下,对于非点源污染负荷而言,其削减率存在着显著的差别。同时,对不同的污染物削减效果也差异较大。施肥量减少对于泥沙负荷的削减不明显,但对营养物的削减有较好的效果,且随着施肥量的不断减少,营养物的削减率也明显增加。因此,控制化肥施用量,采用测土配方施肥,是提高作物的化肥利用效率、控制农业非点源污染的重要手段之一。

7.2.4　管理措施综合比较

从三大类非点源污染管理措施模拟的综合结果可以看出(图7.1~图7.3),对于泥沙而言,退耕还林可以获得很好的削减效果,其次为坡改梯、残茬覆盖;对于营养物而言,退耕还林和减少化肥施用都可以获得比较好的效果。而免耕措施对泥沙和营养物的削减均不显著。

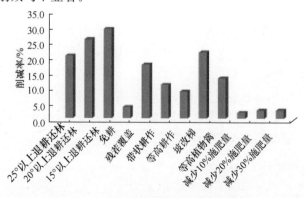

图7.1　不同管理措施下的泥沙削减率

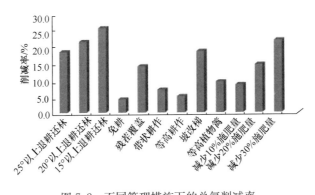

图 7.2　不同管理措施下的总氮削减率

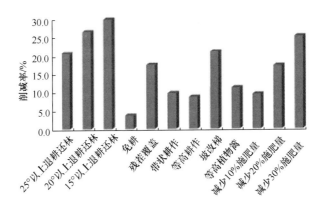

图 7.3　不同管理措施下的总磷削减率

7.3　亚流域 BMPs 优化设计

SWAT 可模拟的工程性措施较少,但是工程性措施是针对小流域进行非点源污染治理的重要手段。目前已有的 BMPs 优化设计研究一般不考虑各河道之间的拓扑关系,同时,也极少将工程性措施与非工程性措施综合考虑。将工程性与非工程性措施相结合并进行优化设计,将对非点源污染管理控制起到相应的指导作用。研究中选择污染较为严重的御临河口亚流域为研究区,将工程性与非工程性措施相结合,采用遗传算法,进行系统性的多目标 BMPs 优化设计。

7.3.1　BMPs 数据库构建

BMPs 的优化设计必须通过对可能方案进行比较来实现,即必须在优化计算解空间中寻找到符合设定条件的优化解。理论上来说,针对某一实际条件下的 BMPs 精确应用信息应通过基于 BMPs 运行机理而开发的模型模拟而得到,但由于实际情况的复杂性和相应研究的缺乏,大多数情况下采用经验值来构建 BMPs 数据库。在研究中,对于某些不适宜采用 SWAT 模型模拟的 BMPs,将通过文献调研的方式来获取其应用信息,其他则将采用 SWAT 模型进行确切模拟得到符合实际条件的 BMPs 应用信息,并量化建模。

BMPs 应用数据库存储着优化设计算法中所需的参数值和变量的输入值,将实际问题转化为相应的数学表达以被算法程序所识别。一般包括以下四个方面的数据信息:BMPs 的具体类型、BMPs 的运行效果、BMPs 的成本费用和 BMPs 的可操作性。

1. BMPs 具体类型

BMPs 具体类型即拟选用 BMPs 的具体类别及名称。BMPs 种类繁多,复杂多变,若涵盖所有类型的 BMPs 用于进行优化设计,一方面各种 BMPs 均有其适用条件,选用的 BMPs 未必与实际研究区相匹配,另一方面将大大增加优化时间,提高时间成本,因此,在进行 BMPs 初期筛选时,其一必须因地制宜,选取适用于研究区的 BMPs,其二必须考虑到拟选用 BMPs 相关信息的可获得性,尤其是工程性措施,需要通过收集大量数据样本来建立相应的模型,数据样本量是否充足是考量其应否作为拟选用 BMPs 的重要依据。此外,各种 BMPs 的应用普及程度也是一大参考因素。

基于以上筛选原则,结合研究区的实际情况,本节选取了人工湿地、滞留池、植被过滤带和生态沟渠共四类工程性 BMPs,以及退耕还林、测土配方施肥以及保护性耕作三类非工程性 BMPs(退耕还林也与工程性相关,但由于其与政策性关系紧密,故作为非工程性 BMPs 考虑)。后三类非工程性 BMPs 已在上文中有所介绍,此处仅简介所选工程性 BMPs 概况。

(1)人工湿地,是由人工建造和控制运行的与沼泽地类似的地面,将污水、污泥有控制的投配到经人工建造的湿地上,污水在沿一定方向流动的过程中,主要利用土壤、植物、微生物的物理、化学、生物三重协同作用,对污水、污泥进行处理的一种技术。其作用机理包括吸附、滞留、过滤、氧化还原、沉淀、分解、转化、植物遮蔽、残留物积累、蒸腾水分和养分吸收及各类动物的作用。

(2)滞留池,是由人工构建的池塘或储水池。滞留池利用设计的储水空间,将控制流域内因降雨产生的洪峰保留在滞留池内,并通过重力沉降、植物养分吸收等物理及生化作用,将因雨水冲刷进入水体的泥沙及部分污染物截留在滞留池内。滞留池一般选址在控制流域的下游或出口,可以削减控制流域洪峰,增加水力停留时间,阻止部分污染物进入到下游水体。

(3)植被过滤带,通常是人工设计修建的一块植被密集分层分布的土地,通过植被土壤的过滤、蒸散发、下渗及营养物吸收等机理,达到控制洪峰水量、保持水土和防止污染物通过坡面径流进入到水体的作用。植被过滤带的覆盖植物常选用草和灌木,一般选址于河流湖库岸边,或道路、农田的周边,作为坡面径流的进入水体前的一个缓冲。

(4) 生态沟渠,是指底部为土壤、底部覆有草类植被的沟渠或其他水利通道。生态沟渠可以让因降雨产生的径流充分下渗,降低径流流速,减缓降雨径流对于土壤的冲刷作用。同时生态沟渠也可通过过滤、吸附、植被吸收等机理削减部分污染物。

2. BMPs 运行效果评价模型

BMPs 运行效果评价即对在选址范围应用某 BMPs 后对水质改善的效果进行评价,是重点考虑因子,也是 BMPs 优化设计建模过程的关键。一般采用非点源污染负荷的去除率来表征 BMPs 的运行效果。在研究中,BMPs 运行效果评价通过计算对研究区流域使用 BMPs 后,即污染物得到削减后的输出负荷来实现。

本节采用污染物去除率这一指标对不同种类 BMPs 的运行效果进行表征。尽管在不同条件下 BMPs 的污染物去除率存在着一定的差异,但目前尚无更为精确且被广泛公认的方法来用于评价 BMPs 的运行效果。但为了尽量减少相应的误差,对于非工程性 BMPs,本节通过对研究区进行一系列的 SWAT 模型情景模拟来估算确定。而对于工程性 BMPs,研究中主要通过文献调研来统计确定。基于调研数据的可获得性和现场应用的需求,选择了泥沙、总氮和总磷这三类非点源污染物进行相关研究。研究中拟选用的各类型 BMPs 对泥沙、总氮和总磷的去除率见表 7.7。

表 7.7　各类 BMPs 污染物去除率统计

BMPs 种类	污染物去除率统计结果[1]/%		
	泥沙	总磷	总氮
人工湿地	71±25	56±35	19±29
滞留池	68±10	55±7	32±11
生态沟渠	38±31	14±23	14±41
植被过滤带	54~84	−25~40	20
退耕还林	27	25	24
测土配方施肥	0	17	11
保护性耕作	11	9	8

1) 数据格式:"平均值±95％置信区间"。"植被过滤带"一栏的数据格式:"75ft 过滤带−150ft 过滤带"。

BMPs 优化设计方案为多个 BMPs 在目标亚流域范围内建立的组合,对于目标亚流域范围内总的 BMPs 运行效果,研究中采用下述方法进行评价。

　　首先，目标亚流域进一步离散化。要精确整个目标亚流域的污染削减情况，必须考虑河道的拓扑关系对上下游污染物去除率的影响，而 SWAT 模型正是基于流域中河道的拓扑关系在子流域尺度上对径流泥沙及其他污染污的演进情况进行计算。因此研究中将目标亚流域进一步离散化，划分子流域，将其作为 BMPs 优化设计运算的基本单元，并通过划分子流域定点各 BMPs 的实施位置。同时按照各类 BMPs 的作用原理，将其划分为河道型及非河道型两种。本节拟选用的工程性 BMPs 中，人工湿地、滞留池和生态沟渠为河道型 BMPs，植被过滤带为非河道型BMPs；而非工程性 BMPs 则均按照非河道型处理。

　　其次，计算各子流域应用 BMPs 后的污染物输出负荷。结合 SWAT 模型输出结果，知在应用 BMPs 后，子流域中污染物输出负荷可由式(7.3)计算得出：

$$\text{DPout}_{i,j} = \left[\text{Pout}_{i,j} - \sum (\text{Pout}_{i,j'} - \text{DPout}_{i,j'}) - \text{Parea}_{i,j} \cdot d_{i,j} \right](1 - h_{i,j})$$

$$(7.3)$$

式中，$\text{DPout}_{i,j}$ 为应用 BMPs 后第 j 个子流域出口处第 i 种污染物的负荷；$\text{Pout}_{i,j}$ 为未应用 BMPs 时第 j 个子流域出口处第 i 种污染物负荷；$\text{DPout}_{i,j'}$ 为应用 BMPs 后第 j 个子流域的上游子流域出口处第 i 种污染物负荷；$\text{Pout}_{i,j'}$ 为未应用 BMPs 时第 j 个子流域的上游子流域出口处第 i 种污染物负荷；$\text{Parea}_{i,j}$ 为第 j 个子流域第 i 种污染物从面上产出进入河道负荷值（由 SWAT 模型计算获得）；$h_{i,j}$ 为河道型 BMPs 对第 i 种污染物去除率；d_i 为非河道型 BMPs 对第 i 种污染物去除率；j 为当前子流域编号；j' 为当前子流域的上游子流域编号；i 为污染物类型。

　　最后，根据 SWAT 模型中流域汇水形成的河网信息建立子流域间的拓扑关系，可获得目标亚流域范围内最终出口处的各类型污染物负荷值。

　　由于针对不同研究区、不同污染物的削减情况会产生不同需求，为符合各种削减设置的需要，同时也为了有利于对削减情况进行总体评价，研究中采用综合影响指数来确定不同污染的输出负荷。

$$\text{III} = \sum_{i=1}^{n} (P_i \cdot W_i)$$

$$(7.4)$$

式中，P_i 为第 i 种污染物负荷削减量；W_i 为第 i 种污染物负荷削减量的权重；n 为评价指标数。

　　污染物削减量权重指标 W_i 的具体赋值可根据具体优化设计的需求情景进行调整设置，如根据削减目标可设定各类污染物整体削减或者某类污染物优先削减，从而达到最符合实际需求的削减效果。

　　3. BMPs 费用成本评价模型

　　对于工程性 BMPs，其费用成本一般包括土地成本、建设费用以及后续运行阶段的维护费用。其中土地成本是指 BMPs 所占用土地进行购买或租赁产生的费用,但由于土地成本的特异性很强,随经济体制、调控政策等会产生较大差异性,因此在研究中不予考虑。BMPs 费用成本与 BMPs 设计参数具有较强的相关性,通常情况下,费用成本随设计尺寸的增加而提高。通过对已有 BMPs 成本费用的回归分析,可获得评估 BMPs 费用成本的回归方程。再经由进一步的单位及汇率转换,可建立适用于目标研究区的 BMPs 费用成本估算函数。根据设计手册和相关经验,本节人工湿地的设计容量为保证 3 天的水力停留时间,即所在子流域河道的年平均 3 日总流量;滞留池的设计容量为保证 1 天水力停留时间,即所在子流域河道的年日均总流量;植被过滤带按照通行的设计方案设置于河道的两侧,长度为所在子流域河道长度的 50%,根据研究区地形情况,河道植被过滤带宽度设置为推荐范围内的 18m;生态沟渠设置为所在子流域河道长度的 20%。利用已获得的费用成本估算函数,经过加和运算,即可得出目标研究区 BMPs 设计方案的总费用成本。

对于非工程性 BMPs,其费用成本主要由政府投入或由农民自愿给予,同时国家给予相应补贴。本节非工程性 BMPs 的费用成本主要根据国家补贴标准来确定。对于退耕还林,国家一般补贴标准为 230 元/亩,对于保护性耕作,国家一般补贴标准为 30 元/亩,对于测土配方施肥,根据测土施肥采测标准,确定为 800 元/50 亩。

各类 BMPs 的费用成本估算见表 7.8。

表 7.8　BMPs 费用成本估算

工程性 BMPs 种类	费用成本函数[1]	转换后函数[2]	非工程性 BMPs 种类	费用成本
人工湿地	$C=30.6V^{0.71}$ (Brown and Schueler1997)	$C=3176.4V^{0.71}$	退耕还林	230/亩
滞留池	$C=24.5V^{0.71}$ (USEPA,2003)	$C=2543.2V^{0.71}$	测土配方施肥	30 元/亩
生态沟渠	\$ 0.25 ~ \$ 0.50/ft² (Lampe et al. ,2004)	￥22.2 ~ ￥44.5/m²	保护性耕作	800 元/50 亩
植被过滤带	\$ 0.30 ~ \$ 0.70/ft² (Lampe et al. ,2004)	￥26.7 ~ ￥62.2/m²		

1) 费用成本函数中,V 为设计容量,单位为 ft³;C 为费用总成本(不考虑土地成本),单位为美元。

2) 转换后函数是指原函数通过货币转换和单位转换后得到的费用成本函数,V 为设计容量,单位为 m³。

4. BMPs 可操作性评价模型

BMPs 在实施过程中也会遇到操作性问题。对于工程性 BMPs 而言,研究区地形地貌特征复杂,BMPs 在各处实施的难度不一;对于非工程性 BMPs,则涉及政府决策、各方投入、意识建设等各方面(许亮,2010)。因此,为获得适用研究区的 BMPs 设计方案,在考虑 BMPs 优化设计时,也将 BMPs 可操作性纳入优化设计的目标当中,进行更为系统的优化设计。

针对工程性 BMPs,其可操作性主要与地形有关。因此本节选择地形起伏度、坡度和土地利用类型三个指标来对工程性 BMPs 进行可操作性评价。其中,土地利用类型利用 GIS 技术从卫星空间图像提取并进行重分类获得。在 DEM 图的基础上,通过空间分析模块的运算处理,可获得坡度分级和地形起伏度分布。由于可操作性是一个综合的概念,因此必须对各类指标(地形起伏度、土地利用类型和坡度)进行分级量化赋值,再建立综合评价函数。按照各类指标对 BMPs 实施的可操作性影响,将起伏度指数、土地利用类型指数和坡度指数进行整数赋值,数值越大则表示实施难度越高,可操作性越差。为使后续的适应度评价过程中适应度函数不受不同指标绝对值大小的影响,将三类指数的变化范围限定在 $[1,10]$ 的闭区间。

1) 地形起伏度指数

地形起伏度指数用以表征和衡量研究区地貌条件对 BMPs 实施的影响。地形起伏度的计算方法为评价单元内高程的方差,见式(7.5),评价单元为 300m × 300m 的单位面积。子流域地形起伏度的计算取子流域范围内所有计算单元地形起伏度值的平均值。

$$L_j = \left(\sum_i^n \mathrm{Var}(E_i) \right) / n \qquad (7.5)$$

式中,L_j 为第 j 个子流域中的地形起伏度;$\mathrm{Var}(E_i)$ 为第 i 个地形单元内的高程的方差;n 为第 j 个子流域中划分的地形单元总数。

地形起伏度指数的赋值表如表 7.9 所示,地形起伏度越低则相应指数赋值越低,表明 BMPs 实施的可操作性越强。其空间分布情况如图 7.4 所示。

表 7.9　研究区地形起伏度指数赋值表

地形起伏度范围/m	地形起伏度指数	地形起伏度范围/m	地形起伏度指数
0~11	1	38~47	6
11~17	2	47~57	7
17~23	3	57~70	8
23~30	4	70~92	9
30~38	5	>92	10

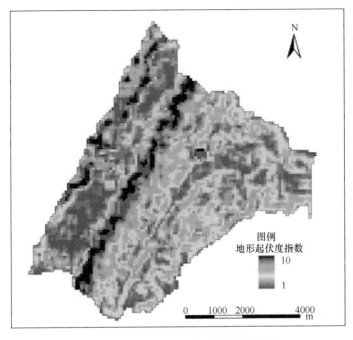

图 7.4　研究区地形起伏度指数评价图

2）土地利用类型指数

土地利用类型指数用于评价不同土地利用类型下，各种工程性 BMPs 实施的可操作性程度。在研究中，根据各类土地利用类型的特点，对其进行分类赋值，具体赋值见表 7.10，其中，未利用土地利用类型的指数最低，表明其可操作性最高，最适宜修建 BMPs；而居民用地的土地利用类型指数最高，表明其可操作性最差，最不适宜实施 BMPs。

表 7.10　研究区土地利用类型指数赋值表

土地利用类型	土地利用类型指数
未利用土地	1
草地	2
水域	3
旱地	4
林地	5
水田	6
城镇以及农村居民用地	7

3）坡度指数

与地形起伏度和土地利用类型指数不同，不同种类的 BMPs 对于坡度情况有不同的要求,因此,在研究中针对不同种类 BMPs 分别设定其相应的坡度指数。根据已有 BMPs 工程描述来确定四种拟选用的非工程性 BMPs 的坡度指数。其中,人工湿地选址的最佳坡度应小于 15°,植被过滤带选址的最佳坡度为 2°～6°,滞留池选址的最佳坡度为 15°。对于生态沟渠,其选址实施的最佳坡度并无明确报道,但总体而言,其选址坡度不宜过陡。各具体指标赋值情况见表 7.11,其空间分布情况见图 7.5。

表 7.11　研究区坡度指数赋值表

坡度阈值	人工湿地	滞留池	植被过滤带	生态沟渠
0～3°	5	5	2	2
3°～6°	3	3	1	1
6°～9°	2	2	2	1
9°～12°	1	1	3	2
12°～15°	1	1	5	3
15°～20°	3	2	7	5
20°～35°	5	3	9	7
35°～60°	7	5	9	9
>60°	9	7	10	10

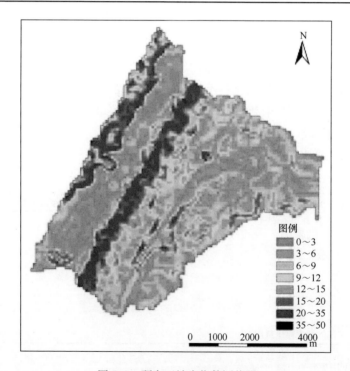

图 7.5　研究区坡度指数评价图

工程性 BMPs 整体可操作性可以通过采用综合影响指数法来进行评价,计算公式如式(7.6):

$$\text{III} = \sum_{i=1}^{n} (I_i \cdot W_i) \tag{7.6}$$

式中,I_i 为单项指数赋值;W_i 为评价指数 i 的权重;n 为评价指标数目,根据函数设定取 3。

权重指标 W_i 的赋值可根据具体优化情景设置而进行相应调整。本节考虑各种因素对于可操作性的影响基本相当,将三类影响指数设定相同权重值。

对于非工程性措施,退耕还林、测土施肥以及保护性耕作等主要涉及政策实施层面,根据其可行性难易程度将可操作性综合影响指数分别设置为 8、6、5。

在研究中,优化设计获得的 BMPs 设计方案总的可操作性评价指数为所有子流域 BMPs 可操作性评价指数的加和。因此,可操作性评价指数不仅与实际的施工难度成正比,同时也与目标研究区中修建 BMPs 的数量成正比。BMPs 设计方案的可操作性评价指数越大,表明其施工难度也越大。

7.3.2　优化程序设计

1. 编码方法

本节采用遗传算法中运用较广的二进制编码方法,将染色体设定为由 0 和 1 所组成的符号集。将染色体与各项 BMPs 建立映射,每一个染色体对应一组在研究区流域实施的 BMPs 组合形式。另外,建立染色体上基因位置与子流域位置的映射关系,每一基因片段对应着某一子流域;同时,将基因上的具体编码信息与该子流域上的 BMPs 类型建立映射关系。本节考虑的单类 BMPs 一共为 7 种,但有时在某一子流域实行单一的 BMPs 未必能使整体达到最佳的效果,因此,研究中亦考虑了各类 BMPs 的组合措施,包括工程性 BMPs 之间的组合,也包括工程性 BMPs 与非工程性 BMPs 之间的组合。具体设计代码说明见表 7.12,为简化程序编写,将基因代码简化为对应的方案编号 1~16,经过一系列迭代计算之后再进行最终解译。

2. 目标函数

优化目标为多目标优化,即筛选费用成本低、污染物负荷去除率高、可操作性强的 BMPs 实施方案。因此,本节将多目标 BMPs 优化设计问题转化为非线性离散系统的优化求解问题,具体为式(7.7):

$$\min C = \sum_{i=1}^{n} C_{\text{cost}}(b_i) \wedge \min G = \sum_{i=1}^{n} G_{\text{oper}}(b_i) \wedge \min D = D_{\text{load}}(b_i) \tag{7.7}$$

式中,i 为子流域编号;n 为子流域总数;b_i 为 BMPs 实施方案;C 为总费用成本;

C_{cost}为费用成本评价函数;G为总可操作性评价指数;G_{oper}为可操作性函数;D为削减后的流域污染总负荷;D_{load}为污染物负荷削减计算函数。

表 7.12　BMPs 基因代码列表

基因代码	方案编号	BMPs 实施内容	基因代码	方案编号	BMPs 实施内容
0000	1	无措施	1000	9	退耕还林
0001	2	人工湿地	1001	10	测土配方施肥
0010	3	滞留池	1010	11	测土配方施肥和植被过滤带
0011	4	植被过滤带	1011	12	测土配方施肥和滞留池
0100	5	生态沟渠	1100	13	保护性耕作
0101	6	植被过滤带和人工湿地	1101	14	保护性耕作和植被过滤带
0110	7	植被过滤带和滞留池	1110	15	保护性耕作和滞留池
0111	8	植被过滤带和生态沟渠	1111	16	保护性耕作和测土配方施肥

3. 适应度函数

在遗传算法中,一般通过计算个体的适应程度来判定种群内与优化目标相对接近的个体,将其作为选择策略的依据。在研究中,适应度值的大小与个体被选中进行繁殖的概率相关。适应度函数值越小,经过重新排序后赋值,对应个体被选择进入下一代的概率越高。与设定目标数一致,包括 BMPs 运行效果适应度值、费用成本适应度值以及可操作性适应度值三大类。在研究中,各类适应度值的计算为选择策略的前提条件。

1) BMPs 运行效果适应度值

$$D_{p,i} = \begin{cases} 2, & D_m \leqslant D_x \\ 2 - \dfrac{D_m - D_x}{D_m - D_s}, & D_s \leqslant D_x \leqslant D_m \\ 1, & D_x \leqslant D_s \end{cases} \tag{7.8}$$

$$D_p = \frac{\sum\limits_i \omega_i D_{p,i}}{\sum\limits_i \omega_i} \tag{7.9}$$

$$\sum_i \omega_i = 1 \tag{7.10}$$

式中,$D_{p,i}$为第 i 种污染物适应度值;D_x 为 BMPs 实施措施模拟削减后负荷;D_m 为满足水质功能要求的污染负荷限值;D_s 为亲代种群中削减后负荷最小值;D_p 为 BMPs 运行效果适应度值;ω_i 为污染物权重。

其中,满足水质功能要求的最大污染负荷限值的计算可通过将满足水质功能要求的最大污染物浓度换算为年平均污染物负荷获得。研究区水环境功能目标为Ⅲ类水。亲代种群为在每次遗传操作之前时的种群。BMPs 实施措施模拟削减率由 SWAT 模型模拟得到。BMPs 运行效果适应度值越大,个体获得的遗传概率越大。

2)费用成本适应度值

$$C_p = \begin{cases} 2, & C_m \leqslant C_x \\ 2 - \dfrac{C_m - C_x}{C_m - C_s}, & C_s \leqslant C_x \leqslant C_m \\ 1, & C_x \leqslant C_s \end{cases} \tag{7.11}$$

$$C_x = \sum_{i=1}^{n} C_{\text{cost},x}(b_i) \tag{7.12}$$

式中,C_p 为总费用成本适应度值;C_x 为 BMPs 实施措施成本;C_s 为亲代种群中费用成本最小值;C_m 为亲代种群中费用成本最大值。

BMPs 实施措施成本由费用成本函数计算得到,费用越小,距优化预算目标越近的个体适应度值越大。

3)可操作性适应度

$$G_p = \begin{cases} 2, & G_m \leqslant G_x \\ 2 - \dfrac{G_m - G_x}{G_m - G_s}, & G_s \leqslant G_x \leqslant G_m \\ 1, & G_x \leqslant G_s \end{cases} \tag{7.13}$$

式中,G_p 为总可操作性适应度值;G_s 为亲代种群中可操作性评价指数最小值;G_m 为亲代种群中可操作性评价指数最大值;G_x 为可操作性评价指数。

BMPs 可操作性评价结果通过综合指数评价法得到,取值越大表明可操作性越小。

4. 选择、交叉、变异算子

1)选择算子

选择算子是模拟自然界中"优胜劣汰"的自然法则,是遗传算法进行优化计算的主导算子(袁满,刘耀林,2014)。在选择操作进行过程中,将根据当前个体中适应度值的大小决定哪些个体可以被选择保留进入到下一代,这样就使得种群中个体的适应度值不断接近最优解。目前,选择算子主要有轮盘赌选择、最优保存策略选择、均匀排序选择和随机遍历采样,根据研究的性质,选用随机遍历采样算子。

随机遍历采样算子是在轮盘赌选择方法的基础上改进的。在轮盘赌选择方法中,每个个体进入下一代的概率等于它的适应度值占种群中所有个体适应度总和的比值(宋海生等,2009)。随机遍历采样算子首先对种群中的个体按照其适应度

值进行排序,然后按个体的排序进行自然数列编号赋值。最终,个体被选择的概率由下式给出:

$$P(x_i) = \frac{N(x_i)}{\sum_{i=1}^{n} N(x_i)} \tag{7.14}$$

式中,n 为种群个体总数;$P(x_i)$ 为个体被选择的概率;$N(x_i)$ 为个体的基于适应度值排序得到的编号值。

2) 交叉算子

在自然进化过程中两个染色体通过染色体交叉重组,形成新的染色体,从而产生出新的个体或物种。交叉算子是在模拟上述遗传原理的基础上,对种群中不同个体的部分结构进行替换重组而生成新个体的操作。交叉算子利用选择和复制产生的个体作为父代,产生其后代。交叉算子的作用是进一步扩大搜索空间。交叉算子是遗传算法区别于其他进化算法的重要特征,它在遗传算法中起着关键作用,是产生新个体的主要方法。

本节采用在遗传算法中应用较为成熟的单点交叉算子。单点交叉是指在个体编码字符串中随机产生一个交叉点,然后在此位置相互交换两个个体的部分字符串。单点交叉的具体操作过程如下:

首先对种群中个体进行两两随机配对,然后对每一对相互配对的染色体个体随机设置某一交叉点,最后对每一对相互配对的个体,依照设定的交叉概率在设定的交叉点之后交换部分染色体字符串,从而产生出两个新的个体。

3) 变异算子

在自然界生物的进化过程中,由于各种外界原因,导致生物的基因发生变异,从而产生出新的染色体,表现出新的生物性状。这种基因的突变是生物进化的重要驱动因素。在遗传算法中,模仿生物界的基因突变,引入了变异算子。变异算子就是以一定的概率,在染色体上对字符进行变换操作,比如在二进制编码中将"0"变为"1",将"1"变为"0"。变异算子与选择算子、交叉算子结合,能够避免由于选择和交叉算子误差而造成的信息丢失,保证了遗传算法的有效性。交叉算子是产生新个体的主要方法,它决定了遗传算法的全局搜索能力。

本节采用离散变异算子,既按照给定的变异概率在染色体个体上进行变异操作,变异的方法为对二进制字符进行取反运算。

7.3.3　设计方案及结果讨论

1. 算法参数确定

在利用遗传算法进行优化计算前,需要对一些参数进行设置,以确保算法的收敛性和提高遗传算法的搜索效率。

种群数目:种群数目为在进化过程中,每一个种群中所含的染色体数目。初始种群数目越大,遗传算法的搜索空间就越大,同时也会导致计算量的显著提升。根据相关研究经验,种群数目在 10~200 选择。根据数据实验,种群数目选择 40 时,就可以达到很好的优化效果,且随着种群数目的提高,收敛效率并没有得到实质的提高。因此,从综合计算效率和模拟效果两方面考虑,将种群数目设置为 40。

进化代数:进化代数即为遗传算法的迭代运算次数。进化代数控制遗传算法的搜索时间。进化代数太小则遗传算法没有足够的时间收敛,若进化代数太大,会浪费计算时间,影响算法效率。一般应根据具体计算问题而设定。经过数据实验,可以得出进化代数取值 1000,即能完成优化收敛。

交叉概率:交叉概率控制着交叉操作使用频度。较大的交叉概率可以使个体间充分交叉,但群体中的优良基因被破坏的可能性会增大,使搜索走向随机性。较小的交叉概率会使得更多的个体被保留,影响搜索效率,使得搜索停滞不前。一般交叉概率的取值范围为 0.4~0.99。本节交叉概率取值为 0.7。

变异概率:变异概率是对交叉过程中可能引起的基因丢失而进行修复和补充。变异概率较大时,虽然能够产生较多的个体,增加种群多样性,但也会破坏掉很多应被保存的优良基因。若变异概率太小,则会抑制新个体产生,引起算法早熟,降低了算法的搜索能力。本节采用动态变异率,即个体变异率与染色体长度相关,经过程序计算后,每个个体的变异率近似为 0.5。

2. 优化方案结果比选

在研究中,根据不同的优化目标进行相关的优化方案设定。一共包括四种方案,即泥沙、总氮、总磷整体削减和三种污染物分别优先削减,方案的设置通过改变BMPs 运行效果适应度函数中的权重 ω_i 来实现。各优化方案中相应的权重赋值情况如表 7.13 所示。

表 7.13　优化对比情景设置

方案编号	方案描述	参数权重设置		
		TSS	TN	TP
A	泥沙、总氮、总磷整体削减	0.34	0.33	0.33
B	泥沙优先削减	0.80	0.10	0.10
C	总氮优先削减	0.10	0.80	0.10
D	总磷优先削减	0.10	0.10	0.80

研究中将两种优化模式优化结果进行对比,第一种优化模式为仅考虑工程性BMPs(优化模式 I),第二种优化模式为将工程性与非工程性 BMPs 相结合来进行考虑(优化模式 II)。对每种优化方案下的两种优化模式获得的结果进行分析。

经过调整权重后,重新运行优化设计算法,得到不同情境下的对比方案的优化计算结果,各方案结果措施的指标分别如表7.14和表7.15所示。

表 7.14　仅考虑工程性 BMPs 优化模式下的优化结果

方案设置编号	BMPs 优化设计模拟结果					
	费用成本 /万元	可操作性 评价指数	TSS 负荷 /(t/a)	TP 负荷 /(t/a)	TN 负荷 /(t/a)	流域出口水 质类别
A	219.12	42.34	40.43	0.23	19.23	Ⅲ
B	254.46	40.89	31.00	0.18	21.86	Ⅲ
C	319.62	51.59	53.24	0.28	16.59	Ⅲ
D	295.24	44.76	29.43	0.18	21.34	Ⅲ

表 7.15　工程性与非工程性 BMPs 相结合优化模式下的优化结果

方案设置编号	BMPs 优化设计模拟结果					
	费用成本 /万元	可操作性 评价指数	TSS 负荷 /(t/a)	TP 负荷 /(t/a)	TN 负荷 /(t/a)	流域出口 水质类别
A	189.17	41.13	41.71	0.25	18.99	Ⅲ
B	249.77	40.86	30.54	0.18	20.04	Ⅲ
C	258.15	42.12	48.95	0.28	16.41	Ⅲ
D	240.97	37.07	30.11	0.18	22.04	Ⅲ

相应的工程分布的情况如图 7.6～图 7.13 所示。整体上可以看出,针对各设置方案获取的优化措施在两种优化模式下都存在着一定的差异,但不同设置方案下的差异也有所区别。

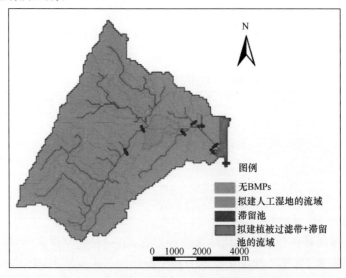

图 7.6　优化模式 I 下方案 A 的 BMPs 分布图

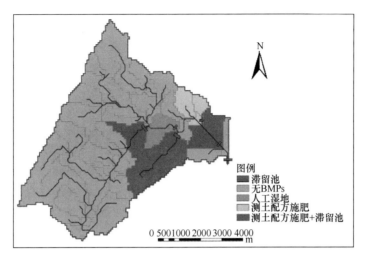

图 7.7　优化模式Ⅱ下方案 A 的 BMPs 分布图

由图 7.6 和图 7.7 可以看出,当设定三类污染物整体削减时,采用工程性与非工程性 BMPs 的优化方式下滞留池数量有所减少,同时引入了测土配方施肥这一非工程性措施。由图 7.8 和图 7.9 可以看出,当设定泥沙为优先削减对象时,优化模式Ⅱ中引入了测土配方施肥,但两种优化模式下获得的优化措施整体差异不大;由图 7.10 和图 7.11 可以看出,当设定总氮为优先削减对象时,优化模式Ⅱ下滞留

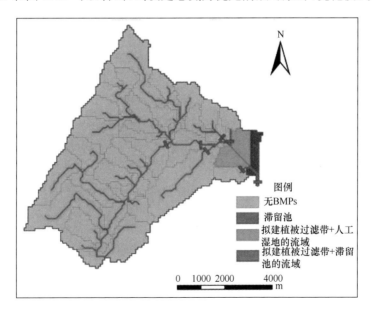

图 7.8　优化模式Ⅰ下方案 B 的 BMPs 分布图

池数量明显减少,引入了测土配方施肥这一非工程性措施;由图 7.12 和图 7.13 可以看出,当设定总磷为优先削减对象时,优化模式Ⅱ下人工湿地数目减少,加入了测土配方施肥这一非工程性措施。

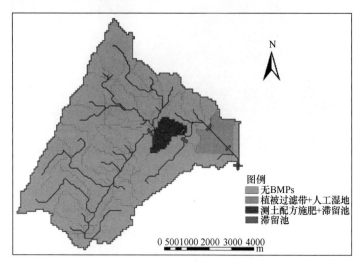

图 7.9　优化模式Ⅱ下方案 B 的 BMPs 分布图

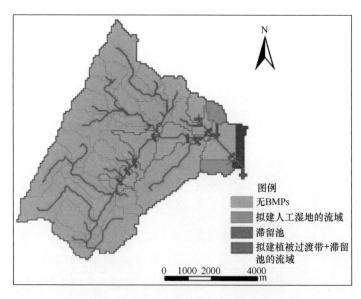

图 7.10　优化模式Ⅰ下方案 C 的 BMPs 分布图

图 7.14~图 7.16 分别显示了两种优化模式下,在各类削减方案中泥沙、总氮、总磷污染负荷的削减率。由图可知,两种优化模式下各类污染物削减率十分接

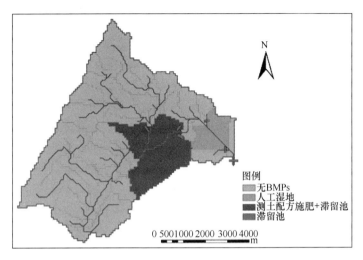

图 7.11　优化模式 Ⅱ 下方案 C 的 BMPs 分布图

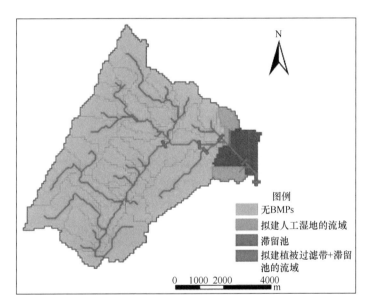

图 7.12　优化模式 Ⅰ 下方案 D 的 BMPs 分布图

近,未表现出较大差异,说明此两种优化模式均可获得较好的削减效果。

图 7.17、图 7.18 分别表示两种优化模式下,各类削减方案实施的费用成本和可操作性。可以看出,虽然两种优化模式下的削减率差异不大,但在费用成本和可操作性上有较大差异。

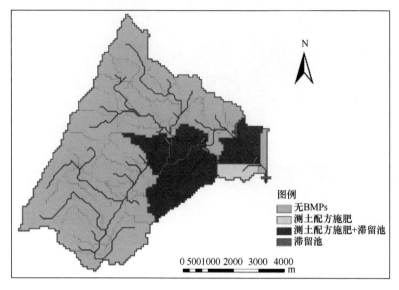

图 7.13　优化模式 II 下方案 D 的 BMPs 分布图

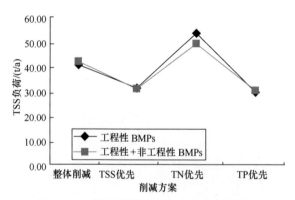

图 7.14　不同优化模式下泥沙负荷的削减率

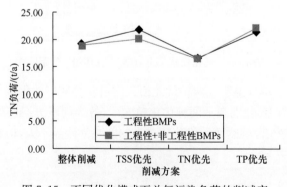

图 7.15　不同优化模式下总氮污染负荷的削减率

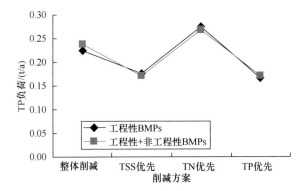

图 7.16 不同优化模式下总磷污染负荷的削减率

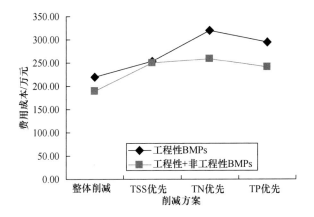

图 7.17 不同优化模式下费用成本

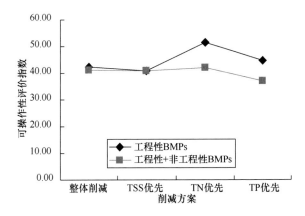

图 7.18 不同优化模式下可操作性评价指数

　　由图 7.17 可知,当设定削减方案为整体削减、总氮优先削减或总磷优先削减时,采用工程性与非工程性 BMPs 相结合的优化模式比仅考虑工程性 BMPs 的优化模式可分别降低费用成本 13.67%、19.23% 和 18.38%。但当设定削减方案为泥沙优先削减时,两种优化模式下的费用成本差距仅为 1.84%。由前一节的比选结果可以看出,当综合考虑工程性与非工程性 BMPs 进行优化设计时,测土配方施肥这一非工程性措施具有被筛选为优化措施的较大潜力,但无论是在流域层面还是在关键源区层面,测土配方施肥对泥沙负荷的削减效果并不显著,因此,当设定泥沙优先削减时,两种优化模式下获得的优化措施差异不大,从而使得费用成本差距也较小。但综合而言,在保证非点源污染负荷削减率的情况下,采用工程性与非工程性 BMPs 相结合进行优化设计的优化模式能够较好地降低费用成本。

　　图 7.18 显示了两种优化模式下可操作性的对比情况。在研究中,可操作性评价指数越低则表示可操作越强,相应的 BMPs 优化方案越易于实行。由图 7.18 可见,当设定削减方案为总氮或总磷优先削减污染时,采用工程性与非工程性 BMPs 相结合的优化模式比仅考虑工程性 BMPs 的优化模式下可操作性指数分别降低了 18.35% 和 17.18%。表明综合考虑工程性与非工程性措施进行优化设计时获得的 BMPs 优化方案可操作性明显提高,更易于实行。对于工程性措施而言,在坡度过高或过低、地形起伏度较大的情况下,其可操作性指数较高,即可操作性较低,由于研究中的 BMPs 优化设计为多目标优化设计,在综合考虑污染削减情况、费用成本和可操作性的优选过程中,为在三者之间达到一个平衡,会逐步趋向于在可操作性较高的子流域,尽可能用较少的 BMPs 措施达到削减目标。虽然在适宜于实施工程性的子流域中,实施非工程性 BMPs 的可操作性会相对较低,但对整个流域而言,随着工程性 BMPs 数量的增加,其整体可操作性指数也会不断增加,因此,非工程性 BMPs 在整体可操作性上会展现出一定的优势。但是,当设定削减方案为整体削减或者泥沙优先削减时,两种优化模式下的可操作性评价未表现出显著差异。整体削减包含了泥沙削减,如前所述,由于非工程性 BMPs 中测土配方施肥这一措施被筛选成为优化措施的潜力最大,虽然其对总氮和总磷负荷的削减效果明显,但对泥沙负荷并无显著削减效果,因此,为保证泥沙的削减率,即使综合考虑工程性与非工程 BMPs 相结合进行优化设计,其获得的优化方案中相应的工程性 BMPs 数量仍然保持在较高的水平,从而对整体 BMPs 优化方案的可操作性改变较少。但总体而言,将工程性与非工程性 BMPs 相结合进行系统性的优化设计在增加可操作性上仍然具有较为明显的优势。而且,值得一提的是,非工程性措施还能带来后续的经济效益,可进一步节省成本,是长期治理非点源污染的重要手段。

7.4　小　　结

在流域层面进行管理措施情景模拟,选择三大类管理措施,包括土地利用方式改变、耕作管理以及化肥施用管理,考察此三类管理措施对泥沙、总氮、总磷的削减效果。结果表明,退耕还林措施对于泥沙和营养物的输出都有较好的削减效果,随着退耕还林面积的增加,削减效果也显著提高。从 25°以上退耕还林到 15°以上退耕还林,泥沙削减率可提高近 10%,而总氮总磷的削减率分别提高了 7.4% 和9.3%。耕作管理方式中对削减效果较为占优的为坡改梯和残茬覆盖,对各类污染物的削减率可分别达到 20% 左右和 15% 左右;施肥量的减少对于泥沙负荷的削减不明显,但对营养物的削减有较好的效果,且随着施肥量的不断减少,营养物的削减率也明显增加。因此,控制化肥施用量,采用测土配方施肥,是提高作物的化肥利用效率、控制农业非点源污染的重要手段之一。

将工程性与非工程性 BMPs 相结合,采用遗传算法对关键源区进行 BMPs 多目标优化设计,结果表明,在非工程性措施中,测土配方施肥较容易被筛选成为优化措施。在保证削减率效果的基础上,与仅采用工程性 BMPs 的优化方式相比,将工程性与非工程性 BMPs 相结合的优化方式可以节省成本 15% 左右,并增强可操作性。同时,非工程性措施还能带来后续的经济效益,可进一步节省成本,是长期治理非点源污染的重要手段。

参 考 文 献

仓恒瑾,许炼峰,李志安,等. 2005. 农业非点源污染控制中的最佳管理措施及其发展趋势. 生态科学,24(2):173-177.

段志勇,施汉昌,黄霞,等. 2002. 人工湿地控制滇池面源水污染适用性研究. 环境工程,20(6):64-66.

付菊英,高懋芳,王晓燕. 2014. 生态工程技术在农业非点源污染控制中的应用. 环境科学与技术,37(5):169-175.

耿润哲,王晓燕,段淑怀,等. 2013. 基于数据库的农业非点源污染最佳管理措施效率评估工具构建. 环境科学学报,33(12):3292-3300.

洪倩. 2011. 三峡库区农业非点源污染及管理措施研究(博士学位论文). 北京:北京师范大学.

蒋鸿昆,高海鹰,张奇. 2006. 农业面源污染最佳管理措施 (BMPs) 在我国的应用. 农业环境与管理,20(4):64-67.

彭超英,朱国洪,尹国,等. 2000. 人工湿地处理污水的研究. 重庆环境科学,22(6):43-45.

宋海生,傅仁毅,徐瑞松,等. 2009. 求解多背包问题的混合遗传法. 计算机工程与应用,45(20):45-48.

王晓燕. 2011. 非点源污染过程机理与控制管理. 北京:科学出版社.

王秀娟. 2010. 香溪河流域农业非点源污染研究及管理措施评价(硕士毕业论文). 北京:北京师范大学.

许亮. 2010. 基于遗传算法的农业非点源最佳管理措施多目标优化研究(硕士学位论文). 北京:北京师范大学.

尹澄清,毛战坡. 2002. 用生态工程技术控制农村非点源水污染. 应用生态学报,13(2): 229-232.

袁满,刘耀林. 2014. 基于多智能体遗传算法的土地利用优化配置. 农业工程学报,30(1): 191-199.

章明奎,李建国,边卓平. 2005. 农业非点源污染控制中的最佳管理实践. 浙江农业学报,17 (5):244-250.

张培培. 2014. 基于 SWAT 模型的香溪河流域非点源模拟和 BMPs 成本效益分析(硕士毕业论文). 北京:北京师范大学.

Braskerud B. 2002. Factors affecting phosphorus retention in small constructed wetlands treating agricultural non-point source pollution. Ecological Engineering,19(1):41-61.

Brown T C,Brown D,Binkcly D. 1993. Law and programs for controlling non-point source pollution in forest areas. Water Resource Bulletin,29(7):1-3.

Farahbakhshazad N,Morrison G M,Filho E S. 2000. Nutrient removal in a vertical up flow wetland in Piracicaba, Brazil. AMBIO,29(2):74-77.

Gustafson A,Fleischer S,Joelsson A. 2000. A catchment-oriented and cost-effective policy for water protection. Ecological engineering,14(4):419-427.

Liu R M, Wang J W, Shi J H, et al. 2014. Runoff characteristics and nutrient loss mechanism from plain farmland under simulated rainfall conditions. Science of the Total Environment,468-469:1069-1077.

Liu R M,Zhang P P,Wang X J, et al. 2013. Assessment of effects of best management practices on agricultural non-point source pollution in Xiangxi river watershed. Agricultural Water Management,117:9-18.

McKissock G,Jefferies C,DArcy B. 1999. An assessment of drainage best management practices in Scotland. Water and Environment Journal,13(1):47-51.

Morari F,Lugato E,Borin M. 2004. An integrated non-point source model-GIS system for selecting criteria of best management practices in the Po Valley, North Italy. Agriculture, Ecosystems and Environment,102(3):247-262.

Novotny V. 1994. Water Quality:Prevention Identification and Management of Diffuse Pollution. New York:Van Nostrand Reinhold.

Panagopoulos Y,Makropoulos C,Mimikou M. 2012. Decision support for diffuse pollution management. Environmental Modelling & Software,30:57-70.

Prunty L,Greenland R. 1997. Nitrate leaching using two potato-corn N-fertilizer plans on sandy soil. Agriculture,Ecosystems & Environment,65(6):1-3.

Ressler D E,Horton R,Baker J L,et al. 1997. Testing a nitrogen fertilizer applicator designed to reduce leaching losses. Applied Engineering in Agriculture,13(3):345.

Rao N S,Easton Z M,Schneiderman E M,et al. 2009. Modeling watershed-scale effectiveness of agricultural best management practices to reduce phosphorus loading. Journal of Environmental Management,90(3):1385-1395.

Shen Z Y,Chen L,Hong Q,et al. 2013a. Vertical variation of nonpoint source pollution in a mountainous region. PLOS One,8(8): e71194.

Shen Z Y,Chen L,Liao Q,et al. 2013b. A comprehensive study of the effect of GIS data on hydrology and non-point source pollution modeling. Agricultural Water Management, 118: 93-102.

Watanabe H,Grismer M. 2001. Diazinon transport through inter-row vegetative filter strips: Micro-ecosystem modeling. Journal of Hydrology,247(3-4):183-199.

Zhang X D,Huang G H,Nie X H. 2009. Optimal decision schemes for agricultural water quality management planning with imprecise objective. Agricultural Water Management, 96 (2): 1723-1731.

第8章 结 论

本书以三峡库区为研究区,将小流域精细模拟参数推广法引入三峡库区的非点源污染定量化研究中。根据水文地理数据可获得性等将研究区分为四个大区,通过对各个分区内典型流域的 SWAT 精细模拟,确定了具有代表性的分区参数组,在此基础上进行参数推广模拟,获得了三峡库区的非点源污染负荷,分析了不确定性因素,建立了 TMDL 框架,并优化了措施,为管理措施提供了相应的依据。主要结论如下:

(1) 结合我国国情,总结了相关的大尺度非点源污染定量化研究方法,提出了适合三峡库区特征的小流域精细模拟参数推广法来进行非点源污染定量化研究。通过对库区四条典型一级支流进行 SWAT 精细模拟可知,SWAT 模型在三峡库区具有较好的适用性。在获得四组参数组的基础上,利用 SWAT 模型,基于整个库区的土地利用图、土壤类型图、DEM、气象数据等相关资料,对整个三峡库区的非点源污染进行了参数分区推广模拟。通过与非分区推广模拟方法进行比较可知,采用分区参数推广模拟方法时,实测值和模拟值的相关系数高达 0.92,该方法在三峡库区具有较好的适用性,可获得更为合理可信的非点源污染模拟结果。

(2) 采用分区参数推广模拟方法对三峡库区进行非点源污染模拟,模拟时段为 2001～2009 年,获得了该区域相应的非点源污染时空分布特征。研究结果表明,整个三峡库区非点源污染空间差异较大,西部污染负荷较为严重,中部次之,东部最轻,主要原因在于西部耕地比重较大,易发生土壤侵蚀和营养物流失,东部以林地为主,植被覆盖率较高,因此土壤侵蚀量较低,氮磷负荷输出较少,中部林草地、耕地比重相对均衡,污染程度居中。在时间分布方面,泥沙量与降雨量有较好的相关性,营养物输出则不然,如 2006 年虽为典型枯水年,但溶解态氮磷污染物明显增加,导致营养物总输出负荷增加,推测可能为库区蓄水造成,同时,库区非点源污染近年来整体呈现上升趋势。

(3) 综合分析影响因素对三峡库区非点源污染造成的影响,包括土地利用类型、土壤类型、坡度、坡长、降雨量、施肥量六大因素。通过多因素方差分析,结果表明,不同污染物的各影响因子显著度排序有所差异。就营养物而言,最为显著的影响因子皆为施肥量,可见人为施肥对三峡库区非点源污染的产生量有着最为显著的影响。同时可以看出,对于泥沙和有机污染物以及吸附态污染物,其各因子影响程度表现出较好的一致性,影响因子按显著程度大小排序为施肥量、土地利用类型、土壤类型、降雨量、坡长、坡度;对于溶解态污染物,各因子的影响程度也表现出一致性,影响因子按显著程度大小排序为施肥量、土地利用类型、降雨、坡长、坡度、土壤类型。但两者中土壤类型和降雨的排序位置不同,导致总氮总磷污染的最终影响因素排序出现差异,对于总氮而言,降雨的影响程度强于土壤类型,对于总磷而言,土壤类型的影响程度强于降雨。这主要是因为 SWAT 模型中考虑了含氮污染物的大气沉降来源,而对于磷循环过程没有考虑大气沉降;另一方面,含氮污染物随径流流失比例较高,而含磷污染物大部分以吸附态形式随土壤侵蚀流失,因此,两者的影响因素排序出现了这一显著差异。

(4)根据各影响因素对三峡库区非点源污染程度的综合评判结果,系统开展下垫面条件的不确定性分析。研究中采用 FOEA 方法,对不同土地利用类型、不同土壤类型进行了非点源污染的不确定性分析。结果表明,水土保持措施因子和植被覆盖因子对旱地污染物输出的不确定性较大,这主要是因为旱地的耕作方式、植被类型较为多样,容易引起相应的不确定性,土壤可利用水量对于水田的污染物输出不确定性较大,主要是该参数表征着水田的保土保水情况,当水分充足时,营养物固相水相之间的交换较为充足,氮素容易水解,磷素容易释放,溶出状态的营养物都容易随水迁移,所以,水田中的土壤可利用水量会带来较多的不确定性。因此,旱地对非点源污染的管理应加强管理措施和植被覆盖度的合理化,而水田则应保证其保水能力,加强水分蓄排管理。在不同的土壤类型下,影响非点源污染物输出的不确定性差异也较大,集中在土壤初始含量对不确定性的差异上。总体而言,对于紫色土,应加强灌溉,增加有机质和氮的含量,合理轮作,引入伴生种植,以降低降雨径流带来的土壤侵蚀;对于黄壤,则应该深耕改土,保证有机肥的肥效,加强测土配方施肥。

(5)以大宁河流域(巫溪段)为研究区,结合中国国情,总结美国 TMDL 实践的经验教训,提出了适合三峡库区大宁河流域(巫溪段)特征的 TMDL 框架,尝试性地将美国 TMDL 方法引入大宁河流域的水污染防治中。根据干支流关系将研究区分为六个分区,通过分析总磷模拟过程中存在的不确定性,确定了 TMDL 中的不确定性项 MOS,在此基础上按枯水年、平水年、丰水年对各分区的 TMDL 总量分别进行了分配。对于不同分区,MOS/TMDL 的比值差异较大,其中巫溪水文站上游区最小,在 2.3% ~ 2.6%;后溪河分区最大,均大于 68.7%。除了东溪河分区的枯水年和巫溪水文站上游区各年无需进行 TP 负荷的削减以外,其余分区均需一定量的削减,且所需削减的比例也较高。

(6)将我国的水环境功能区划与排污权交易相结合,提出了基于水环境功能区划的排污权交易体系。该体系根据水环境容量的变化将一年内分为多个阶段分别实施排污交易,在实施排污交易的同时确保功能区划下游边界处水质达到国家规定标准。基于水环境容量的变化提出排污交易的时间效应,并以月份的变化划分排污交易实施期。基于污染源排放对受控断面的水质影响提出排污交易的空间效应,并分别提出针对点源和非点源的计算方法。在消减成本方面,随着水环境容量置信度的增加,环境容量不断减小,总量控制的约束不断变强,从而使得总消减成本也不断提高。在概率约束分析中,随着置信水平的增加,点源和非点源的总消减量不断增加,污染消减总成本不断增长。在 MOS 分析中,概率约束方法的计算结果在一定程度上高估了非点源的不确定性,造成一定的水环境容量浪费或污染物消减的不经济性。工程性 BMP 需要达到一定的规模才能体现出非点源消减的成本优越性。

(7) 在流域层面进行管理措施情景模拟,选择三大类管理措施,包括土地利用方式改变、耕作管理以及化肥施用管理,考察此三类管理措施对泥沙、总氮、总磷的削减效果。结果表明,退耕还林措施对于泥沙和营养物的输出都有较好的削减效果,随着退耕还林面积的增加,削减效果也显著提高。从 25°以上退耕还林到 15°以上退耕还林,泥沙削减率可提高近 10%,而总氮、总磷的削减率分别提高了7.4% 和 9.3%。耕作管理方式中对削减效果较为占优的为坡改梯和残茬覆盖,对各类污染物的削减率可分别达到 20% 和 15%;施肥量减少对于泥沙负荷的削减不明显,但对营养物的削减有较好的效果,且随着施肥量的不断减少,营养物的削减率也明显增加。因此,控制化肥施用量,采用测土配方施肥,是提高作物的化肥利用效率和控制农业非点源污染的重要手段之一。

(8) 将工程性与非工程性 BMPs 相结合,采用遗传算法对关键源区进行BMPs 多目标优化设计,结果表明,在非工程性措施中,测土配方施肥较容易被筛选成为优化措施。在保证削减率效果的基础上,与仅采用工程性 BMPs 的优化方式相比,采用工程性与非工程性 BMPs 相结合的优化方式可以节省成本 15%,并增强可操作性。此外,非工程性措施还能带来后续的经济效益,可进一步节省成本,是长期治理非点源污染的重要手段。

彩　　图

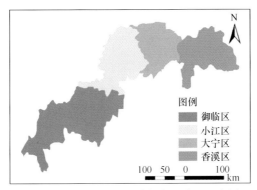

图 3.2　三峡库区小流域推广法分区示意图

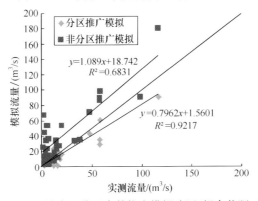

图 3.25　三峡库区分区参数推广模拟验证(拟合截距≠0)

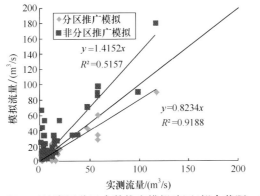

图 3.26　三峡库区分区参数推广模拟验证(拟合截距＝0)

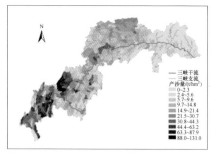

图 4.3　三峡库区多年平均产沙量分布图
（2001～2009 年）

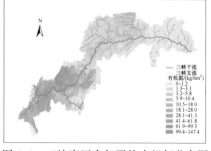

图 4.4　三峡库区多年平均有机氮分布图
（2001～2009 年）

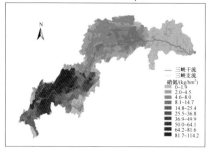

图 4.5　三峡库区多年平均硝氮分布图
（2001～2009 年）

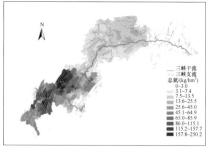

图 4.6　三峡库区多年平均总氮分布图
（2001～2009 年）

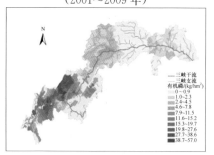

图 4.7　三峡库区多年平均有机磷分布图
（2001～2009 年）

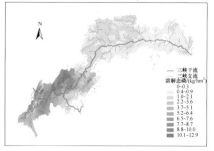

图 4.8　三峡库区多年平均溶解态磷分布图
（2001～2009 年）

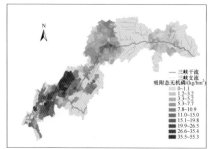

图4.9　三峡库区多年平均吸附态无机磷分布图
（2001～2009 年）

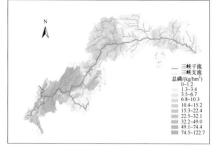

图 4.10　三峡库区多年平均总磷分布图
（2001～2009 年）

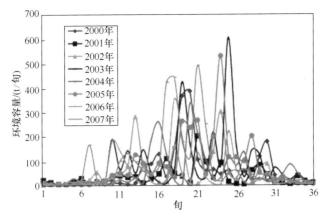

图 6.3 2000～2007 年东溪河每旬均环境容量变化

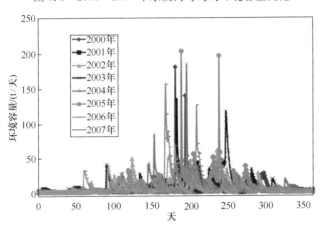

图 6.4 2000～2007 年东溪河日均环境容量变化图

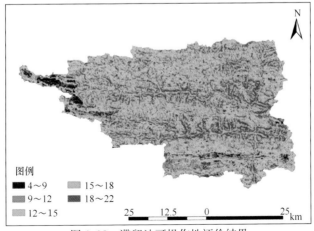

图 6.18 滞留池可操作性评价结果

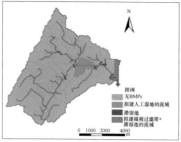

图 7.6　优化模式 I 下方案 A 的
BMPs 分布图

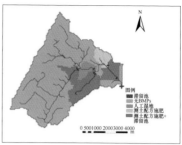

图 7.7　优化模式 II 下方案 A 的
BMPs 分布图

图 7.8　优化模式 I 下方案 B 的
BMPs 分布图

图 7.9　优化模式 II 下方案 B 的
BMPs 分布图

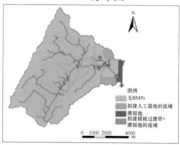

图 7.10　优化模式 I 下方案 C 的
BMPs 分布图

图 7.11　优化模式 II 下方案 C 的
BMPs 分布图

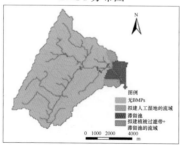

图 7.12　优化模式 I 下方案 D 的
BMPs 分布图

图 7.13　优化模式 II 下方案 D 的
BMPs 分布图